建筑构造与消防设施灭火救援实战应用指南

张元祥　张少晨　罗　毅　编著

中国建筑工业出版社

图书在版编目（CIP）数据

建筑构造与消防设施灭火救援实战应用指南 / 张元祥，张少晨，罗毅编著. —北京：中国建筑工业出版社，2023.10

ISBN 978-7-112-29029-1

Ⅰ. ①建… Ⅱ. ①张… ②张… ③罗… Ⅲ. ①建筑构造—消防设备—指南 Ⅳ. ① TU892-62

中国国家版本馆 CIP 数据核字（2023）第 154255 号

　　本书依据国家消防技术标准对建筑构造和消防设施的设置要求及标准，结合消防救援队伍灭火作战原则和战术方法，归纳总结了建筑构造和消防设施与灭火战术深度融合的方法及措施，阐述了建筑构造和消防设施在灭火救援实战中的应用。全书共分 10 章，内容包括：消防车道和消防救援场地在灭火实战中的应用，建筑物耐火等级在灭火实战中的应用，防火分区及其防火分隔设施在灭火实战中的应用，消防电梯、直升机停机坪及避难层（间）在灭火实战中的应用，市政消火栓和建筑室外消火栓给水系统在灭火实战中的应用，室内消火栓给水系统在灭火实战中的应用，自动喷水灭火系统在灭火实战中的应用，室内固定消防水炮系统在灭火实战中的应用，消防控制室和火灾自动报警系统在灭火实战中的应用，消防安全重点单位灭火救援信息与灭火救援预案等。

　　本书读者对象为消防救援队伍中的各级消防指挥员和消防监督人员，机关、团体、企业、事业单位的消防管理人员，居民物业管理单位的消防设施、设备管理维修人员，消防服务机构的建筑消防设施维护保养人员，高等院校消防专业的师生等。

责任编辑：徐仲莉　王砾瑶
责任校对：姜小莲
校对整理：李辰馨

建筑构造与消防设施灭火救援实战应用指南
张元祥　张少晨　罗　毅　编著

*

中国建筑工业出版社出版、发行（北京海淀三里河路 9 号）
各地新华书店、建筑书店经销
北京建筑工业印刷有限公司制版
北京圣夫亚美印刷有限公司印刷

*

开本：787 毫米×1092 毫米　1/16　印张：16　字数：330 千字
2023 年 10 月第一版　　2023 年 10 月第一次印刷
定价：**58.00** 元
ISBN 978-7-112-29029-1
（41766）

前　言

　　建（构）筑物消防的设防措施可分为主动设防和被动设防。主动设防就是防止火灾发生，从根本上杜绝火灾。这是人们所期望的，但是由于导致火灾发生的因素很多，涉及的范围也很广，虽然国内外有关专家花费了很大的气力，但是有效的防范措施十分有限。被动设防就是针对火灾发生后，如何及时发现和快速消灭火灾，将火灾损失降到最低限度。可以说，人类在与火灾做斗争的进程中，特别是新技术、新产品的研发并应用到消防工作实践中，总结出很多措施，研发并在建（构）物中应用了很多防止火灾蔓延和消灭火灾的技术及产品，为及时发现和消灭火灾做出了积极的贡献。

　　火灾自动报警系统的应用，为及时发现火灾争取了时间，自动灭火系统（包括自动喷水灭火系统、气体灭火系统、干粉灭火系统等）的应用为及时消灭火灾、减少火灾损失和人员伤亡做出了巨大的贡献。建筑防火分隔措施的应用为阻止火势的发展蔓延，将火灾限制在一定的区域，为灭火救援和迅速扑灭火灾创造了有利条件。建（构）筑物室内外消火栓给水系统，为消防救援队伍及时扑灭火灾奠定了坚实的基础。

　　本书的目标读者是保障建（构）筑物建筑防火构造完整好用、消防设施运行正常的单位消防安全管理人员，消防救援机构中的消防监督人员和消防救援机构中的各级灭火救援指挥人员及战斗人员。因此，对气体灭火系统、防排烟系统、消防应急照明系统、安全疏散系统等内容没有涉及。

　　虽然国家有关部门强调现代建筑火灾的扑救，要"以固为主，固移结合"，但由于种种因素的存在，直接参与灭火救援的人员（包括指挥员和战斗员），对建（构）筑物中的建筑防火构造和建筑消防设施研究不够透彻，特别是介绍建筑防火构造和建筑消防设施在实战中的应用资料少之又少，大家没有可以学习参考的资料，致使无法应用到实战中，在火灾扑救过程中往往事倍功半，甚至危及消防救援人员的生命安全。

　　作者在从事40多年的消防工作（一直在消防监督岗位和灭火救援岗位工作）中，通过对消防监督和灭火救援工作的理解和认识，认为：建筑设计师依据国家消防技术标准设计的建（构）筑物中的建筑防火构造和建筑消防设施，90%以上是给消防救援人员使用的！本书依据国家消防技术标准，论述了建筑构造和消防设施，特别是建筑消防设施在灭火救援实战中的应用，有些内容在国内属于第一次涉及，比如关于建（构）筑物耐火等级与建（构）筑物在火灾时坍塌时间的关系，是基于国家消防技术标准的数据提出的，之前从未有人论述过，本书尝试论述它们之间的关系，目的是抛砖引玉。

本书由张元祥策划并拟写目录，并对全书内容进行审定。第二章、第三章、第五章、第六章由张少晨编写，第一章、第四章、第七章、第八章、第九章、第十章由罗毅编写，有关消防专家提出了一些修改意见。

本书的技术数据引用国家消防技术标准和国家正式出版物，有些插图参考了部分专家的出版书籍，在此一并表示感谢。

本书可供单位的消防安全管理人员、消防救援机构的消防监督人员、各级消防救援机构的指挥员和战斗员、有关高等院校的师生、智慧消防机构的研发人员阅读。

由于作者的理论功底和消防专业知识不够全面，特别是在国内第一次详细论述的内容，如建（构）筑物的耐火等级与建（构）筑物在火灾中坍塌时间的关系、防火分区及防火分隔设施在灭火实战中的应用、室内消火栓给水系统管道的供水能力计算等，可能论述不当或不全面，请各位专家和读者给予批评指正，作者非常感谢！

编者
2023 年 7 月

目　录

Ⅴ

第一章

消防车道和消防救援场地在灭火实战中的应用

第一节 消防车道在灭火实战中的应用

一、消防车道的设置要求

1. 消防车道的净宽度和净高度均不应小于 4m。

2. 消防车道的转弯半径应满足消防车转弯的要求。

常见的消防车及消防车道参数见表 1.1-1。

表 1.1-1

常见的消防车及消防车道参数

消防车类型	转弯半径（m）	回车场（长×宽）(m)	消防车道的最大允许纵坡
普通消防车	$R \geqslant 9$	12×12	
消防登高车	$R \geqslant 12$	15×15	$i \leqslant 8\%$
重型消防车	$R \geqslant 16$	18×18	
消防车道的净宽度	$W \geqslant 4$	消防车道的净空高度	$H \geqslant 4$

注：表中 R、W、H、i，见图 1.1-1。

3. 消防车道与建筑之间不应设置妨碍消防车操作的树木、架空管线等障碍物。

4. 消防车道靠建筑外墙一侧的边缘距离建筑外墙不宜小于 5m。

5. 消防车道的坡度不宜大于 8%。

消防车道的设置要求见图 1.1-1。

6. 消防车道的边缘，距离可燃材料堆垛不应小于 5m。

7. 供消防车取水的天然水源和消防水池应设置消防车道。消防车道的边缘，距离取水点不宜大于 2m。

8. 消防车道的路面、消防车道地面下的管道和暗沟等应能承受重型消防车的压力。常见的消防车的满载总重量见表 1.1-2。

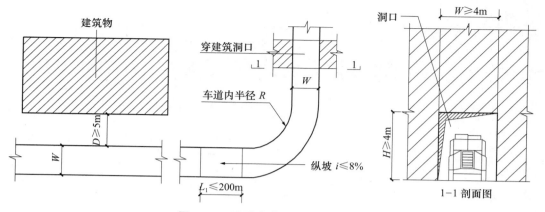

图 1.1-1　消防车道局部设置示意图

常见消防车的满载总重量（kg）　　　　　　　　　表 1.1-2

名称	型号	满载重量	名称	型号	满载重量
水罐车	SG65、SG65A	17286	水罐车	SG85	18525
	SHX5350、GXFSG160	35300		SG70	13260
	CG60	17000		SP30	9210
	SG120	26000		EQ144	5000
	SG40	13320		SG36	9700
	SG55	14500		EQ153A-F	5500
	SG60	14100		SG110	26450
	SG170	31200		SG35GD	11000
	SG35ZP	9365		SH5140GXFSG55GD	4000
	SG80	19000			
泡沫车	PM40ZP	11500	干粉—泡沫联用消防车	PF45	17286
	PM55	14100		PF110	2600
	PM60ZP	1900	登高平台车举高喷射消防车抢险救援车	CDZ53	33000
	PM80、PM85	18525		CDZ40	2630
	PM120	26000		CDZ32	2700
	PM35ZP	9210		CDZ20	9600
	PM55GD	14500		GJQ25	11095
	PP30	9410		SHX5110 TTXFQJ73	14500
	EQ140	3000			
	CPP181	2900	消防通信指挥车	CX10	3230
	PM35GD	11000		FXZ25	2160

续表

名称	型号	满载重量	名称	型号	满载重量
泡沫车	PM50ZD	12500	火场供给消防车	FXZ25A	2470
供水车	GS140ZP	26325		FXZ10	2200
	GS150ZP	31500		XXFZM10	3864
	GS150P	14100		XXFZM12	5300
	东风144	5500		TQXZ20	5020
	GS70	13315		QXZ16	4095
干粉车	GF30	1800	供水车	GS1802P	31500
	GF60	2600			

二、消防车道的设置范围

1. 街区内的道路应考虑消防车的通行，道路中心线间的距离不宜大于160m。

当建筑物沿街部分的长度大于150m或总长度大于220m时，应设置穿过建筑物的消防车道。确有困难时，应设置环形消防车道，如图1.1-2、图1.1-3所示。

2. 下列建筑应设置环形消防车道。确有困难时，可沿建筑的两个长边设置消防车道。

（1）高层民用建筑、高层厂房，如图1.1-4所示。

（2）超过3000个座位的体育馆，超过2000个座位的会堂，占地面积大于3000m²的商店建筑、展览馆等单、多层公共建筑，如图1.1-5所示。

（3）占地面积大于3000m²的甲、乙、丙类厂房和占地面积大于1500m²的乙、丙类仓库，如图1.1-6所示。

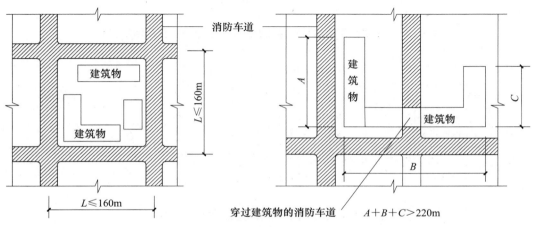

图 1.1-2　消防车道设置示意图

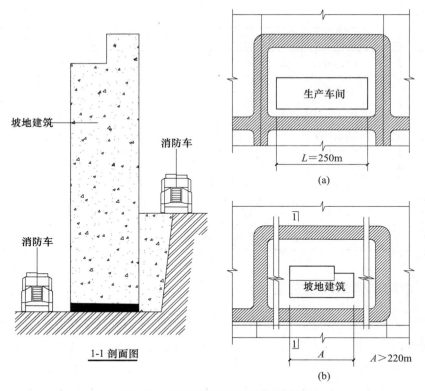

图 1.1-3　环形消防车道设置示意图

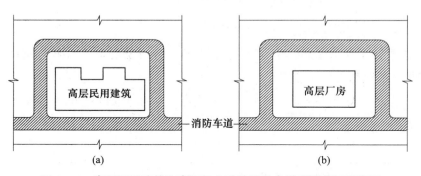

图 1.1-4　高层民用建筑和高层工业建筑消防车道设置范围示意图

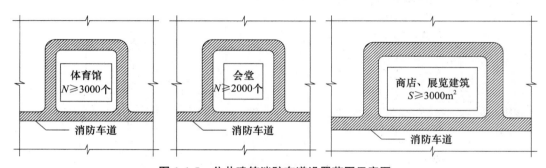

图 1.1-5　公共建筑消防车道设置范围示意图

注：N 为座位数，S 为占地面积。

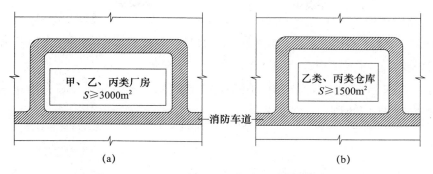

图 1.1-6　工厂、仓库消防车道设置范围示意图

注：S 为占地面积。

3. 下列建筑可沿建筑的一个长边设置消防车道，但该长边所在的建筑立面应为消防车登高操作面，如图 1.1-7 所示。

（1）高层住宅建筑。

（2）山坡地的高层民用建筑。

（3）河道边临空建造的高层民用建筑。

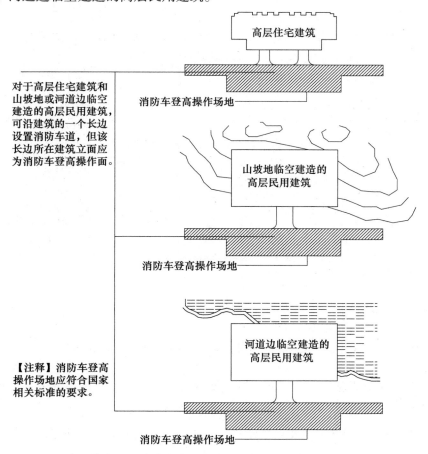

图 1.1-7　高层住宅、山坡地建筑和河道边临空建筑消防车道设置范围示意图

4. 有封闭内院或天井的建筑物，当内院或天井的短边长度大于 24m 时，宜设置进入内院或天井的消防车道；当该建筑物沿街时，应设置连通街道和内院的人行通道（可利用楼梯间），其间距不宜大于 80m，如图 1.1-8 所示。

在穿越建筑物或进入建筑物内院的消防车道两侧，不应设置影响消防车通行或人员安全疏散的设施，如图 1.1-9 所示。

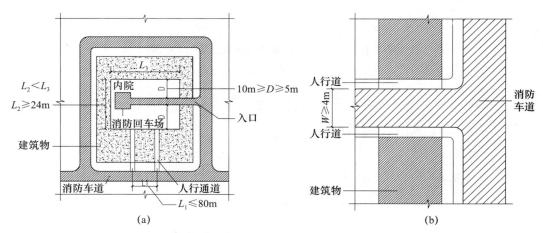

(a)   (b)

图 1.1-8　内院或天井的短边长度大于 24m 时，消防车道设置示意图

（a）消防车道、人行通道布置示意图；（b）入口处放大示意图

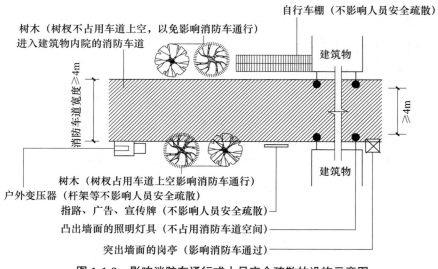

图 1.1-9　影响消防车通行或人员安全疏散的设施示意图

5. 可燃材料露天堆场区、液化石油气储罐区以及甲、乙、丙类液体储罐区和可燃气体储罐区，应设置消防车道。消防车道设置应符合下列要求：

（1）储量大于表 1.1-3 中规定的堆场、储罐区，宜设置环形消防车道，如图 1.1-10 所示。

堆场或储罐区的储量　　　　　　　　　　　表 1.1-3

名称	棉、麻、毛、化纤（t）	秸秆、芦苇（t）	木材（m³）	甲、乙、丙类液体储罐（m³）	液化石油气储罐（m³）	可燃气体储罐（m³）
储量	1000	5000	5000	1500	500	30000

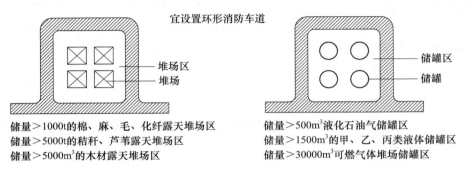

图 1.1-10　储量大于表 1.1-3 中规定的堆场、储罐区，设置环形消防车道示意图

（2）占地面积大于 30000m² 的可燃材料堆场，应设置与环形消防车道相通的中间消防车道，消防车道的间距不宜大于 150m。液化石油气储罐区以及甲、乙、丙类液体储罐区和可燃气体储罐区内的环形消防车道之间宜设置连通的消防车道。如图 1.1-11 所示。

（3）消防车道边缘，距离可燃材料堆垛不应小于 5m。

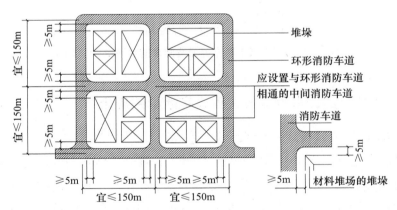

图 1.1-11　占地面积大于 30000 m² 的可燃材料堆场，设置环形消防车道示意图

6. 环形消防车道至少应有两处与其他车道连通，如图 1.1-12（a）所示。

7. 消防车道不宜与铁路正线平交。确需平交时，应设置备用车道，且两车道的间距不应小于一列火车的长度，如图 1.1-12（b）所示。

8. 尽头式消防车道应设置回车道或回车场，回车场的面积不应小于 12m×12m；对于高层建筑，回车场的面积不宜小于 15m×15m；供重型消防车使用时，回车场的面积不宜小于 18m×18m，如图 1.1-13 所示。

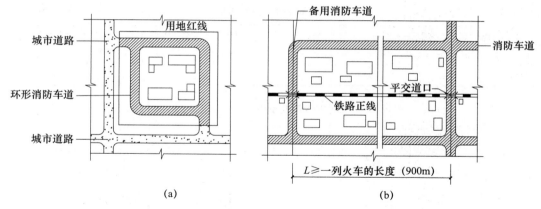

图 1.1-12　环形消防车道与其他道路关系示意图

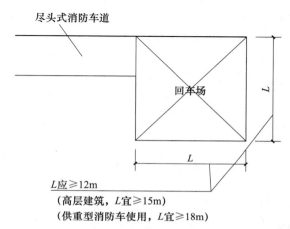

图 1.1-13　尽头式消防车道设置回车道或回车场示意图

三、消防车道的日常管理及在灭火实战中的应用

1. 消防车道的日常管理

（1）消防车道被私家车占用的问题。随着人民群众生活水平的提高，大量的私家车出现，特别是老旧小区私家车占用消防车道的情况比较严重。消防管理人员应加强与辖区派出所、社区居民委员会、小区物业管理部门的合作及联系，采取一切措施保障消防车道畅通。

（2）消防车道上设置路障的问题。有些单位和小区，为限制无关车辆进入，往往会在消防车道上设置路障，直接影响消防车通行，需要采取措施确保火灾时路障能够及时消除，保障消防车通行。

（3）设置妨碍消防车操作的树木、架空线路、架空管线问题。消防管理人员在防火检查时发现上述情况，要责令有关单位和个人整改。

（4）在消防车道上设置影响消防车通行、停靠的管道、暗沟、窨井等问题。上述问题发生在高层建筑消防车道的情况较多。国家标准要求在高层建筑设置四分之一周长的消防车登高场地。由于此登高场地不涉及裙房的问题，往往建筑设计师将电缆沟、管道沟和排污沟等设置在此区域，在使用过程中，如果管理不到位，将会影响重型消防车的停靠。如果重型消防车停靠在不符合要求的地面上，很容易发生事故。

（5）擅自堵塞消防车道的问题。在居民小区，有的居民为了存放私家物品，往往占用、乱搭乱建堵塞消防车道，影响消防车通行。

（6）在消防车道堆放货物的问题。有些企业，由于生产、储存需要，往往将生产的原料、产品、货物堆放在消防车道上，影响消防车通行。

2. 加强对消防车道灭火救援"六熟悉"

（1）灭火救援"六熟悉"是灭火救援工作的基础，辖区消防救援站要参照"消防车道的日常管理"中存在的问题重点关注。

（2）对于在"六熟悉"中发现的问题，一是要及时与消防监督人员沟通，利用法律手段，确保消防车道畅通；二是主动与辖区派出所、社区居民委员会、小区物业管理部门进行沟通，消除隐患，确保消防车道畅通。

3. 根据消防车道的设置情况，合理制定灭火救援预案

在制定消防重点单位灭火救援预案时，要深入现场查看消防车通道的设置情况，然后根据消防车道的基本情况确定行车路线，布置灭火救援车辆的停放位置，为灭火救援的胜利奠定坚实的基础。

4. 让消防车道服务灭火的需要

未雨绸缪，辖区消防救援站要结合"六熟悉"工作，在做好调研的基础上，做好以下工作：

（1）绘制辖区市政道路的消防车道图。

（2）绘制辖区居民住宅小区内的消防车通道图。

（3）绘制辖区消防重点单位内部的消防车通道图。

（4）绘制高层建筑、城市综合体、重要的公共建筑（体育馆、展览馆、会堂、大型商场）周围的消防车通道图，并根据实际情况及时修订。

第二节　消防救援场地在灭火实战中的应用

一、消防救援场地和入口的设置要求

1. 消防车登高操作场地应符合下列要求

（1）场地与厂房、仓库、民用建筑之间不应设置妨碍消防车操作的树木、架空管线等障碍物和车库出入口。

（2）场地的长度和宽度应分别不小于15m和10m。对于建筑高度大于50m的建筑，场地的长度和宽度应分别不小于20m和10m。

（3）场地及其下面的建筑结构、管道和暗沟等，应能承受重型消防车的压力。

（4）场地应与消防车道连通，场地靠近建筑外墙一侧的边缘，距离建筑外墙不宜小于5m，且不应大于10m，场地坡度不宜大于3%。

建筑高度大于50m的建筑，消防登高操作场地如图1.2-1、图1.2-3所示。

建筑高度不大于50m的建筑，消防登高操作场地如图1.2-2、图1.2-4所示。

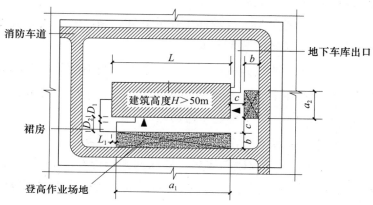

图1.2-1 建筑高度大于50m的建筑，消防登高操作场地布置示意图（矩形平面）

注：1. 登高操作场地长度 $a_1 + a_2 \geq L$，$D_1 \leq 4m$，$D_2 > 4m$；

地下车库出口坡道上方不应设雨篷。

2. 登高操作场地宽 $b \geq 10m$，$10m \geq c \geq 5m$，$a_2 \geq 20m$；

▲为首层入口。

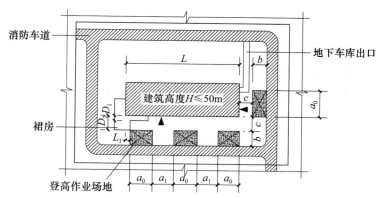

图1.2-2 建筑高度不大于50m的建筑，消防操作场地布置示意图（矩形平面）

注：1. 登高操作场地长度 $4a_0 \geq L$，$a_1 \leq 30m$，$D_1 \leq 4m$，$D_2 > 4m$；

地下车库出口坡道上方不应设雨篷。

2. 登高操作场地宽 $b \geq 8m$，$10m \geq c \geq 5m$，$a_0 \geq 15m$；

▲为首层入口。

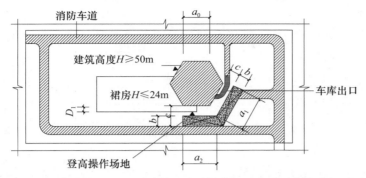

图 1.2-3　建筑高度大于 50m 的建筑，消防操作场地布置示意图（异形平面）

　　注：1. 登高操作场地长度 $a_1 + a_2$ 或 $2a_1 \geqslant L/4$，$L = 6a_0$（周长）；

　　　　　地下车库出口坡道上方不应设雨篷。

　　　　2. b 为登高操作场地的宽度，$b \geqslant 10m$，$10m \geqslant c \geqslant 5m$，$a_1 \geqslant 20m$，$D_1 \leqslant 4m$；

　　　　　▲ 为首层入口。

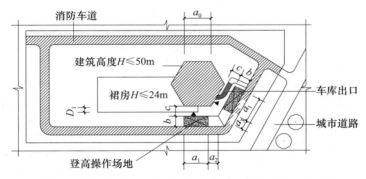

图 1.2-4　建筑高度不大于 50m 的建筑，消防操作场地布置示意图（异形平面）

　　注：1. 登高操作场地长度 $a_1 + a_2$ 或 $2a_1 \geqslant L/4$，$L = 6a_0$（周长）；

　　　　　$a_2 + a_3 \leqslant 30m$；地下车库出口坡道上方不应设雨篷。

　　　　2. b 为登高操作场地的宽度，$b \geqslant 8m$，$10m \geqslant c \geqslant 5m$，$a_1 \geqslant 15m$，$D_1 \leqslant 4m$；

　　　　　▲ 为首层入口。

2. 消防救援窗口应符合下列要求

　　供消防救援人员进入的窗口的净高度和净宽度均不应小于 1.0m，下沿距室内地面不宜大于 1.2m。窗口的玻璃应易于破碎。

二、消防车登高操作场地的布置要求

　　1. 高层建筑应至少沿一个长边或周边长度的 1/4 且不小于一个长边长度的底边连续布置消防车登高操作场地，该范围内的裙房进深不应大于 4m。

　　2. 建筑高度不大于 50m 的建筑，连续布置消防车登高操作场地确有困难时，可间隔布置，但间距不宜大于 30m，且消防车登高操作场地的总长度仍应符合上述要求。

　　高层建筑底边布置消防车登高场地，如图 1.2-5 所示。

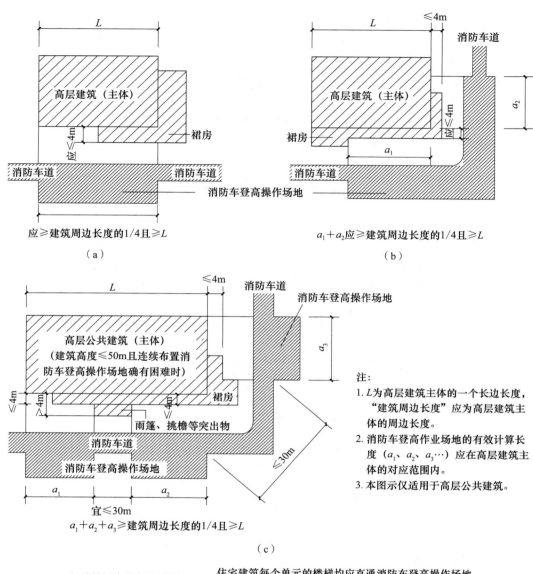

（a）

应≥建筑周边长度的1/4且≥L

a_1+a_2应≥建筑周边长度的1/4且≥L

（b）

注：
1. L为高层建筑主体的一个长边长度，"建筑周边长度"应为高层建筑主体的周边长度。
2. 消防车登高作业场地的有效计算长度（a_1、a_2、a_3…）应在高层建筑主体的对应范围内。
3. 本图示仅适用于高层公共建筑。

$a_1+a_2+a_3$≥建筑周边长度的1/4且≥L

（c）

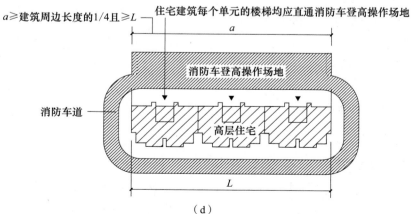

（d）

图1.2-5　高层建筑底边布置消防车登高场地示意图（一）

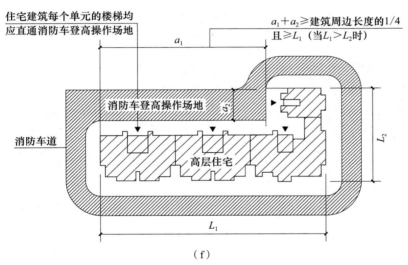

（e）

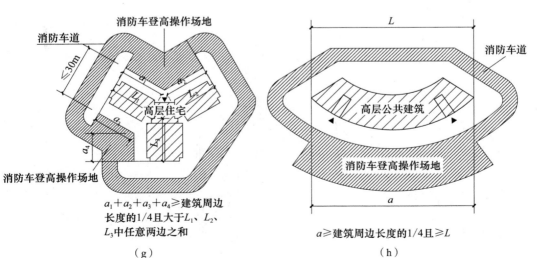

（f）

（g）

$a_1+a_2+a_3+a_4≥$建筑周边
长度的1/4且大于L_1、L_2、
L_3中任意两边之和

（h）

$a≥$建筑周边长度的1/4且$≥L$

图 1.2-5 高层建筑底边布置消防车登高场地示意图（二）

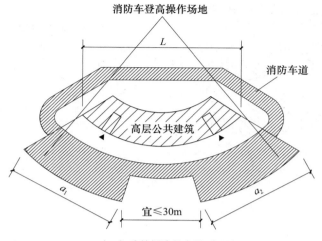

$a_1+a_2 \geqslant$ 建筑周边长度的1/4且$\geqslant L$
（建筑高度≤50m且连续布置消防车登高操作场地确有困难时）

（i）

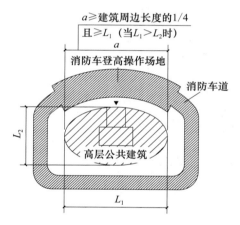

（j）

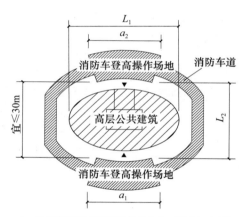

$a_1+a_2 \geqslant$ 建筑周边长度的1/4且$\geqslant L_1$（当$L_1 > L_2$时）
（建筑高度≤50m且连续布置消防车登高操作场地确有困难时）

（k）

$a_1+a_2 \geqslant$ 建筑周边长度的1/4且$\geqslant L_1$（当$L_1 > L_2$时）

（m）

$a_1+a_2+a_3 \geqslant$ 建筑周边长度的1/4$\geqslant L_1$（当$L_1 > L_2$时）

（建筑高度≤50m且连续布置消防车登高操作场地确有困难时）消防车登高操作场地

（n）

图 1.2-5　高层建筑底边布置消防车登高场地示意图（三）

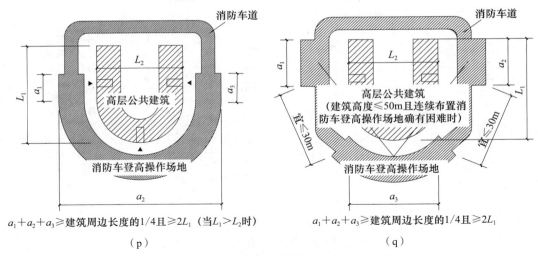

$a_1+a_2+a_3 \geq$建筑周边长度的1/4且$\geq 2L_1$（当$L_1>L_2$时）

（p）

$a_1+a_2+a_3 \geq$建筑周边长度的1/4且$\geq 2L_1$

（q）

图 1.2-5 高层建筑底边布置消防车登高场地示意图（四）

三、消防救援窗口的布置要求

除有特殊要求的建筑和甲类厂房可不设置消防救援窗口外，在建筑外墙上应设置便于消防救援人员出入的消防救援口并应符合下列要求（图 1.2-6）：

1. 沿外墙的每个防火分区在对应消防救援操作面范围内设置的消防救援口不应少于 2 个。

2. 无外窗的建筑应每层设置消防救援口，有外窗的建筑应自第三层起每层设置消防救援口。

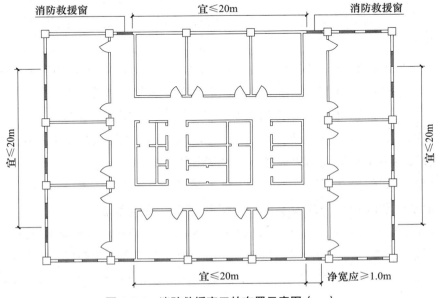

图 1.2-6 消防救援窗口的布置示意图（一）

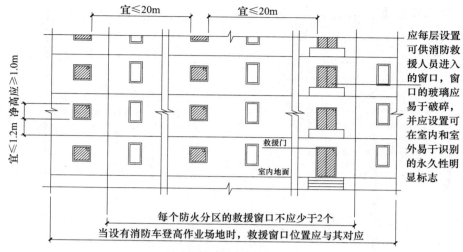

图 1.2-6 消防救援窗口的布置示意图（二）

3. 消防救援口的净高度和净宽度均不应小于 1.0m，当利用门时，净宽度不应小于 0.8m。

4. 消防救援口应易于从室内和室外打开或破拆，采用玻璃窗时，应选用安全玻璃。

5. 消防救援口应设置可在室内和室外易于识别的永久性明显标志。

四、消防救援场地和入口的日常管理及在灭火实战中的应用

1. 消防救援场地的日常管理

（1）消防救援场地被私家车占用问题。消防管理人员应加强与辖区派出所、社区居民委员会、小区物业管理部门的合作及联系，采取一切措施保障消防救援场地不被私家车占用。

（2）消防救援场地改变使用性质问题。有些高层建筑单位占用消防救援场地，擅自乱搭乱建，有的高层建筑单位将消防救援场地改为绿化等违规行为。

（3）设置妨碍消防车登高操作的树木、架空管道、高压电线等问题。

（4）在消防救援场地地面下面设置管道、暗沟等影响大型消防车承重的问题。

2. 加强对消防救援场地灭火救援"六熟悉"

见本章"加强对消防车道灭火救援'六熟悉'"部分。

3. 根据消防救援场地的设置情况合理制定灭火救援预案

在制定消防重点单位的灭火救援预案时，要深入现场查看消防救援场地的设置情况，然后根据消防救援场地的基本情况（能够停放什么样的消防登高车、火场供水车，地面的承重是否符合要求，有无影响登高消防车登高的树木、管道、高压线等障碍物），然后制定符合现场情况的灭火预案。

4. 让消防救援场地服务灭火需要

（1）绘制消防救援场地位置图。

（2）绘制消防车登高场地位置图和消防车登高场地的范围图。

（3）绘制消防车通道与消防车登高场地的关系图。

5. 消防救援窗口在实战中的应用

（1）火场指挥员应根据火灾现场的态势，决定是否需要通过消防救援窗口进入建筑物内部实施灭火救援。

（2）战斗员在使用灭火救援窗口时注意，人不能正对救援窗口击碎玻璃，应在窗口的一侧击碎，并做好防护措施，以保证战斗员的安全。

（3）战斗员通过消防救援窗口进入建筑物内部时，要确保救援窗口一定范围内没有烟气危害。

第二章

建筑物耐火等级在灭火实战中的应用

第一节　生产和储存物品的火灾危险性分类

一、生产和储存物品火灾危险性分类的意义

火灾和爆炸事故具有很大的破坏作用，火灾发生后，随着时间的延续，损失数量迅速增长，损失大约与时间的平方成比例，如火灾时间延长 1 倍，损失可能增加 4 倍。爆炸则是猝不及防的，爆炸会产生振荡、冲击波、碎片冲击，造成火灾、中毒和环境污染等破坏作用，可能仅在 1s 内爆炸过程已经结束，设备损坏、厂房倒塌、人员伤亡等巨大损失也在瞬间发生。

对生产和储存物品的火灾危险性进行分类，对保护劳动者和广大人民群众的人身安全、维护企业正常生产秩序、保护国家财产，具有非常重要的意义。

1. 根据生产、储存物品的火灾危险性，确定建筑物的耐火等级，可以减少火灾给建筑物造成的损失。

国家规定火灾、爆炸危险性较大的建筑物在相同的耐火等级条件下，其防火分区的面积较火灾爆炸危险性较小的要少。由于防火分区的面积较小，一旦发生爆炸或火灾事故，造成的经济损失也就相对较小。

2. 根据生产、储存物品的火灾危险性，确定建筑物的耐火等级，可以给火灾扑救创造良好的条件。

国家规定火灾危险性较大的生产和储存建筑物，其耐火等级较高。耐火等级较高的建筑物，在火灾中的耐火时间就较长，这样在火灾扑救中，给灭火救援人员内攻灭火争取了一定的时间。耐火等级高的建筑物其建筑构件的耐火性能就强，不会因为建筑物坍塌而影响消防救援人员的生命安全。

3. 根据生产、储存物品的火灾危险性，可以对生产、储存建筑物进行设防，提高预警和扑救火灾的能力。

根据国家标准，有些生产、储存建筑物要安装火灾自动报警系统和自动喷水灭火

系统，这些消防设施在发生火灾时会在第一时间感知报警并自动将火灾扑灭，最大限度地减少火灾损失。对于生产、储存火灾危险性较小的建筑物，其耐火等级可以较低，从而节约资金和资源。

二、生产的火灾危险性分类

生产的火灾危险性分类见表 2.1-1。

生产的火灾危险性分类　　　　　　　　　　　　　　　　　　表 2.1-1

生产的火灾危险性类别	使用或产生下列物质生产的火灾危险性特征
甲	1. 闪点小于 28℃的液体； 2. 爆炸下限小于 10% 的气体； 3. 常温下能自行分解或在空气中氧化能导致迅速自燃或爆炸的物质； 4. 常温下受到水或空气中水蒸气的作用，能产生可燃气体并引起燃烧或爆炸的物质； 5. 遇酸、受热、撞击、摩擦、催化以及遇有机物或硫黄等易燃的无机物，极易引起燃烧或爆炸的强氧化剂； 6. 受撞击、摩擦或与氧化剂、有机物接触时能引起燃烧或爆炸的物质； 7. 在密闭设备内操作温度不小于物质本身自燃点的生产
乙	1. 闪点不小于 28℃，但小于 60℃的液体； 2. 爆炸下限不小于 10% 的气体； 3. 不属于甲类的氧化剂； 4. 不属于甲类的易燃固体； 5. 助燃气体； 6. 能与空气形成爆炸性混合物的浮游状态的粉尘、纤维、闪点不小于 60℃的液体雾滴
丙	1. 闪点不小于 60℃的液体； 2. 可燃固体
丁	1. 对不燃烧物质进行加工，并在高温或熔化状态下经常产生强辐射热、火花或火焰的生产； 2. 利用气体、液体、固体作为燃料或将气体、液体进行燃烧作为其他用途的各种生产； 3. 常温下使用或加工难燃烧物质的生产
戊	常温下使用或加工不燃烧物质的生产

三、生产的火灾危险性分类示例

生产的火灾危险性分类示例见表 2.1-2。

生产的火灾危险性分类示例 表 2.1-2

生产的火灾危险性类别	示例
甲类	1. 闪点小于 28℃的油品和有机溶剂的提炼、回收或洗涤部位及其泵房，橡胶制品的涂胶和胶浆部位，二硫化碳的粗馏、精馏工段及其应用部位，青霉素提炼部位，原料药厂的非纳西汀车间的烃化、回收及电感精馏部位，皂素车间的抽提、结晶及过滤部位，冰片精制部位，农药厂乐果厂房，敌敌畏的合成厂房、磺化法糖精厂房，氯乙醇厂房，环氧乙烷、环氧丙烷工段，苯酚厂房的磺化、蒸馏部位，焦化厂吡啶工段，胶片厂片基车间，汽油加铅室，甲醇、乙醇、丙酮、丁酮异丙醇、醋酸乙酯、苯等的合成或精制厂房，集成电路工厂的化学清洗间（使用闪点小于 28℃的液体），植物油加工厂的浸出车间；白酒液态法酿酒车间、酒精蒸馏塔，酒精度为 38 度及以上的勾兑车间、灌装车间、酒泵房；白兰地蒸馏车间、勾兑车间、灌装车间、酒泵房； 2. 乙炔站，氢气站，石油气体分馏（或分离）厂房，氯乙烯厂房，乙烯聚合厂房，天然气、石油伴生气、矿井气、水煤气或焦炉煤气的净化（如脱硫）厂房压缩机室及鼓风机室，液化石油气灌瓶间，丁二烯及其聚合厂房，醋酸乙烯厂房，电解水或电解食盐厂房，环己酮厂房，乙基苯和苯乙烯厂房，化肥厂的氢氮气压缩厂房，半导体材料厂使用氢气的拉晶间，硅烷热分解室； 3. 硝化棉厂房及其应用部位，赛璐珞厂房，黄磷制备厂房及其应用部位，三乙基铝厂房，染化厂某些能自行分解的重氮化合物生产，甲胺厂房，丙烯腈厂房； 4. 金属钠、钾加工厂房及其应用部位，聚乙烯厂房的一氧二乙基铝部位，三氯化磷厂房，多晶硅车间三氯氢硅部位，五氧化二磷厂房； 5. 氯酸钠、氯酸钾厂房及其应用部位，过氧化氢厂房，过氧化钠、过氧化钾厂房，次氯酸钙厂房； 6. 赤磷制备厂房及其应用部位，五硫化二磷厂房及其应用部位； 7. 洗涤剂厂房石蜡裂解部位，冰醋酸裂解厂房
乙类	1. 闪点大于或等于 28℃至小于 60℃的油品和有机溶剂的提炼、回收、洗涤部位及其泵房，松节油或松香蒸馏厂房及其应用部位，醋酸酐精馏厂房，己内酰胺厂房，甲酚厂房，氯丙醇厂房，樟脑油提取部位，环氧氯丙烷厂房，松针油精制部位，煤油罐桶间； 2. 一氧化碳压缩机室及净化部位，发生炉煤气或鼓风炉煤气净化部位，氨压缩机房； 3. 发烟硫酸或发烟硝酸浓缩部位，高锰酸钾厂房，重铬酸钠（红矾钠）厂房； 4. 樟脑或松香提炼厂房，硫黄回收厂房，焦化厂精萘厂房； 5. 氧气站，空分厂房； 6. 铝粉或镁粉厂房，金属制品抛光部位，煤粉厂房、面粉厂的碾磨部位、活性炭制造及再生厂房，谷物筒仓的工作塔，亚麻厂的除尘器和过滤器室
丙类	1. 闪点大于或等于 60℃的油品和有机液体的提炼、回收工段及其抽送泵房，香料厂的松油醇部位和乙酸松油脂部位，苯甲酸厂房，苯乙酮厂房，焦化厂焦油厂房，甘油、桐油的制备厂房，油浸变压器室，机器油或变压油罐桶间，润滑油再生部位，配电室（每台装油量大于 60kg 的设备），沥青加工厂房，植物油加工厂的精炼部位； 2. 煤、焦炭、油母页岩的筛分、转运工段和栈桥或储仓，木工厂房，竹、藤加工厂房，橡胶制品的压延、成型和硫化厂房，针织品厂房，纺织、印染、化纤生产的干燥部位，服装加工厂房，棉花加工和打包厂房，造纸厂备料、干燥车间，印染厂成品厂房，麻纺厂粗加工车间，谷物加工厂房，卷烟厂的切丝、卷制、包装车间，印刷厂的印刷车间，毛涤厂选毛车间，电视机、收音机装配厂房，显像管厂装配工煅烧枪间，磁带装配厂房，集成电路工厂的氧化扩散间、光刻间，泡沫塑料厂的发泡、成型、印片压花部位，饲料加工厂房，畜（禽）屠宰、分割及加工车间、鱼加工车间

续表

生产的火灾危险性类别	示例
丁类	1. 金属冶炼、锻造、铆焊、热轧、铸造、热处理厂房； 2. 锅炉房，玻璃原料熔化厂房，灯丝烧拉部位，保温瓶胆厂房，陶瓷制品的烘干、烧成厂房，蒸汽机车库，石灰焙烧厂房，电石炉部位，耐火材料烧成部位，转炉厂房，硫酸车间焙烧部位，电极煅烧工段，配电室（每台装油量小于或等于60kg的设备）； 3. 难燃铝塑料材料的加工厂房，酚醛泡沫塑料的加工厂房，印染厂的漂炼部位，化纤厂后加工润湿部位
戊类	制砖车间，石棉加工车间，卷扬机室，不燃液体的泵房和阀门室，不燃液体的净化处理工段，除镁合金外的金属冷加工车间，电动车库，钙镁磷肥车间（焙烧炉除外），造纸厂或化学纤维厂的浆粕蒸煮工段，仪表、器械或车辆装配车间，氟利昂厂房，水泥厂的轮窑厂房，加气混凝土厂的材料准备、构件制作厂房

四、储存物品的火灾危险性分类

储存物品的火灾危险性分类见表2.1-3。

储存物品的火灾危险性分类 　　　　　　表 2.1-3

储存物品的火灾危险性类别	储存物品的火灾危险性特征
甲	1. 闪点小于28℃的液体； 2. 爆炸下限小于10%的气体，受到水或空气中水蒸气的作用能产生爆炸下限小于10%气体的固体物质； 3. 常温下能自行分解或在空气中氧化能导致迅速自燃或爆炸的物质； 4. 常温下受到水或空气中水蒸气的作用，能产生可燃气体并引起燃烧或爆炸的物质； 5. 遇酸、受热、撞击、摩擦以及遇有机物或硫黄等易燃的无机物，极易引起燃烧或爆炸的强氧化剂； 6. 受撞击、摩擦或与氧化剂、有机物接触时能引起燃烧或爆灯的物质
乙	1. 闪点不小于28℃，但小于60℃的液体； 2. 爆炸下限不小于10%的气体； 3. 不属于甲类的氧化剂； 4. 不属于甲类的易燃固体； 5. 助燃气体； 6. 常温下与空气接触能缓慢氧化，积热不散引起自燃的物品
丙	1. 闪点不小于60℃的液体； 2. 可燃固体
丁	难燃烧物品
戊	不燃烧物品

五、储存物品的火灾危险性分类示例

储存物品的火灾危险性分类示例见表2.1-4。

储存物品的火灾危险性分类示例 表 2.1-4

火灾危险性类别	示例
甲类	1. 己烷，戊烷，环戊烷，石脑油，二硫化碳，苯、甲苯，甲醇，乙醇，乙醚，蚁酸甲酯，醋酸甲酯，硝酸乙酯，汽油，丙酮，丙烯，酒精度为 38 度及以上的白酒； 2. 乙炔，氢，甲烷，环氧乙烷，水煤气，液化石油气，乙烯、丙烯、丁二烯，硫化氢，氯乙烯，电石，碳化铝； 3. 硝化棉，硝化纤维胶片，喷漆棉，火胶棉，赛璐珞棉，黄磷； 4. 金属钾、钠、锂、钙、锶，氢化锂、氢化钠，四氢化锂铝； 5. 氯酸钾、氯酸钠，过氧化钾、过氧化钠，硝酸铵； 6. 赤磷，五硫化二磷，三硫化二磷
乙类	1. 煤油，松节油，丁烯醇、异戊醇，丁醚，醋酸丁酯，硝酸戊酯，乙酰丙酮，环己胺，溶剂油，冰醋酸，樟脑油，蚁酸； 2. 氨气、一氧化碳； 3. 硝酸铜，铬酸，亚硝酸钾，重铬酸钠，铬酸钾，硝酸，硝酸汞、硝酸钴，发烟硫酸，漂白粉； 4. 硫黄，镁粉，铝粉，赛璐珞板（片），樟脑，萘，生松香，硝化纤维漆布，硝化纤维色片； 5. 氧气，氟气，液氯； 6. 漆布及其制品，油布及其制品，油纸及其制品，油绸及其制品
丙类	1. 动物油、植物油，沥青，蜡，润滑油、机油、重油，闪点大于或等于 60℃ 的柴油，糖醛，白兰地成品库； 2. 化学、人造纤维及其织物，纸张，棉、毛、丝、麻及其织物，谷物，面粉，粒径大于或等于 2mm 的工业成型硫黄，天然橡胶及其制品，竹、木及其制品，中药材，电视机、收录机等电子产品，计算机房已录数据的磁盘储存间，冷库中的鱼、肉间
丁类	自熄性塑料及其制品，酚醛泡沫塑料及其制品，水泥刨花板
戊类	钢材、铝材、玻璃及其制品、搪瓷制品、陶瓷制品，不燃气体，玻璃棉、岩棉、陶瓷棉、硅酸铝纤维、矿棉，石膏及其无纸制品，水泥、石、膨胀珍珠岩

第二节　生产和储存物品建筑的耐火等级

一、厂房和仓库的耐火等级分类

厂房和仓库的耐火等级可分为一级、二级、三级、四级，相应建筑构件的燃烧性能和耐火极限不应低于表 2.2-1 的规定。

不同耐火等级厂房和仓库建筑构件的燃烧性能和耐火极限（单位：h）　表 2.2-1

构件名称		耐火等级			
		一级	二级	三级	四级
墙	防火墙	不燃性 3.00	不燃性 3.00	不燃性 3.00	不燃性 3.00

续表

构件名称		耐火等级			
		一级	二级	三级	四级
墙	承重墙	不燃性 3.00	不燃性 2.50	不燃性 2.00	难燃性 0.50
	楼梯间和前室的墙 电梯井的墙	不燃性 2.00	不燃性 2.00	不燃性 1.50	难燃性 0.50
	疏散走道两侧的隔墙	不燃性 1.00	不燃性 1.00	不燃性 0.50	难燃性 0.25
	非承重外墙 房间隔墙	不燃性 0.75	不燃性 0.50	难燃性 0.50	难燃性 0.25
柱		不燃性 3.00	不燃性 2.50	不燃性 2.00	难燃性 0.50
梁		不燃性 2.00	不燃性 1.50	不燃性 1.00	难燃性 0.50
楼板		不燃性 1.50	不燃性 1.00	不燃性 0.75	难燃性 0.50
屋顶承重构件		不燃性 1.50	不燃性 1.00	难燃性 0.50	可燃性
疏散楼梯		不燃性 1.50	不燃性 1.00	不燃性 0.75	可燃性
吊顶（包括吊顶搁栅）		不燃性 0.25	难燃性 0.25	难燃性 0.15	可燃性

注：二级耐火等级建筑内采用不燃材料的吊顶，其耐火极限不限。

各类非木结构构件的燃烧性能和耐火极限，见"附表 各类非木结构构件的燃烧性能和耐火极限"。

二、厂房和仓库的耐火等级要求

1. 高层厂房以及甲、乙类厂房的耐火等级不应低于二级，建筑面积不大于300m²的独立甲、乙类单层厂房可采用三级耐火等级的建筑。

2. 单、多层丙类厂房和多层丁、戊类厂房的耐火等级不应低于三级。

使用或生产丙类液体的厂房和有火花、赤热表面、明火的丁类厂房，其耐火等级均不应低于二级，当为建筑面积不大于500m²的单层丙类厂房或建筑面积不大于1000m²的单层丁类厂房时，可采用三级耐火等级的建筑。

3. 使用或储存特殊贵重的机器、仪表、仪器等设备或物品的建筑，其耐火等级不应低于二级。

4. 锅炉房的耐火等级不应低于二级，当为燃煤锅炉房且锅炉的总蒸发量不大于

4t/h 时，可采用三级耐火等级的建筑。

5. 油浸变压器室、高压配电装置室的耐火等级不应低于二级。

6. 高架仓库、高层仓库、甲类仓库、多层乙类仓库和储存可燃液体的多层丙类仓库，其耐火等级不应低于二级。

单层乙类仓库、单层丙类仓库、储存可燃固体的多层丙类仓库和多层丁、戊类仓库，其耐火等级不应低于三级。

7. 粮食筒仓的耐火等级不应低于二级；二级耐火等级粮食筒仓可采用钢板仓。

粮食平房仓的耐火等级不应低于三级；二级耐火等级的散装粮食平房仓可采用无防火保护的金属承重构件。

8. 甲、乙类厂房和甲、乙、丙类仓库内的防火墙，其耐火极限不应低于 4.00h。

9. 一、二级耐火等级单层厂房（仓库）的柱，其耐火极限分别不应低于 2.50h 和 2.00h。

10. 采用自动喷水灭火系统全保护的一级耐火等级单、多层厂房（仓库）的屋顶承重构件，其耐火极限不应低于 1.00h。

11. 除甲、乙类仓库和高层仓库外，一、二级耐火等级建筑的非承重外墙，当采用不燃性墙体时，其耐火极限不应低于 0.25h；当采用难燃性墙体时，其耐火极限不应低于 0.50h。

12. 4 层及 4 层以下的一、二级耐火等级的丁、戊类地上厂房（仓库）的非承重外墙，当采用不燃性墙体时，其耐火极限不限。

13. 二级耐火等级厂房（仓库）内的房间隔墙，当采用难燃性墙体时，其耐火极限应提高 0.25h。

14. 二级耐火等级多层厂房和多层仓库内采用预应力钢筋混凝土的楼板，其耐火极限不应低于 0.75h。

15. 一、二级耐火等级厂房（仓库）的上人平屋顶，其屋面板的耐火极限应分别不低于 1.50h 和 1.00h。

第三节　厂房和仓库的层数、面积与其火灾危险类别、建筑物耐火等级的关系

一、厂房的层数、防火分区面积与生产火灾危险性类别、厂房耐火等级的关系

厂房的层数、每个防火分区的最大允许建筑面积与生产火灾危险性类别、厂房耐

火等级的关系应符合表 2.3-1 的要求。

厂房的层数、每个防火分区的最大允许建筑面积
与生产火灾危险性类别、厂房耐火等级的关系　　　　表 2.3-1

生产的火灾危险性类别	厂房的耐火等级	最多允许层数	每个防火分区的最大允许建筑面积（m²）			
			单层厂房	多层厂房	高层厂房	地下或半地下厂房（包括地下或半地下室）
甲	一级	宜采用单层	4000	3000	—	—
	二级		3000	2000	—	—
乙	一级	不限	5000	4000	2000	—
	二级	6	4000	3000	1500	—
丙	一级	不限	不限	6000	3000	500
	二级	不限	8000	4000	2000	500
	三级	2	3000	2000	—	—
丁	一、二级	不限	不限	不限	4000	1000
	三级	3	4000	2000	—	—
	四级	1	1000	—	—	—
戊	一、二级	不限	不限	不限	6000	1000
	三级	3	5000	3000	—	—
	四级	1	1500	—	—	—

注：1. 防火分区之间应采用防火墙分隔。除甲类厂房外的一、二级耐火等级厂房外，当其防火分区的建筑面积大于本表规定，且设置防火墙确有困难时，可采用防火卷帘或防火分隔水幕分隔。采用防火卷帘和采用防火分隔水幕时，应符合国家现行标准的规定。

2. 除麻纺厂房外，一级耐火等级的多层纺织厂房和二级耐火等级的单、多层纺织厂房，其每个防火分区的最大允许建筑面积可按本表的规定增加 0.5 倍，但厂房内的原棉开包、清花车间与厂房内其他部位之间均应采用耐火极限不低于 2.50h 的防火隔墙分隔，需要开设门、窗、洞口时，应设置甲级防火门、窗。

3. 一、二级耐火等级的单、多层造纸生产联合厂房，其每个防火分区的最大允许建筑面积可按本表的规定增加 1.5 倍。一、二级耐火等级的湿式造纸联合厂房，当纸机烘缸罩内设置自动灭火系统，完成工段设置有效灭火设施保护时，其每个防火分区的最大允许建筑面积可按工艺要求确定。

4. 一、二级耐火等级的谷物筒仓工作塔，当每层工作人数不超过 2 人时，其层数不限。

5. 一、二级耐火等级卷烟生产联合厂房内的原料、备料及成组配方、制丝、储丝和卷接包、辅料周转、成品暂存、二氧化碳膨胀烟丝等生产用房应划分独立的防火分隔单元，当工艺条件许可时，应采用防火墙进行分隔。其中制丝、储丝和卷接包车间可划分为一个防火分区，且每个防火分区的最大允许建筑面积可按工艺要求确定，但制丝、储丝及卷接包车间之间应采用耐火极限不低于 2.00h 的防火隔墙和 1.00h 的楼板进行分隔。厂房内各水平和竖向防火分隔之间的开口应采取防止火灾蔓延的措施。

6. 厂房内的操作平台、检修平台，当使用人数少于 10 人时，平台的面积可不计入所在防火分区的建筑面积内。

7. "—"表示不允许。

二、仓库的层数、防火分区面积与储存物品的火灾危险性类别、仓库耐火等级的关系

仓库的层数、防火分区面积与储存物品的火灾危险性类别、仓库建筑耐火等级的

关系应符合表 2.3-2 的要求。

仓库的层数、防火分区面积与储存物品的火灾危险性类别、仓库建筑耐火等级的关系　表 2.3-2

储存物品的火灾危险性类别		仓库的耐火等级	最多允许层数	每座仓库的最大允许占地面积和每个防火分区的最大允许建筑面积（m²）						
				单层仓库		多层仓库		高层仓库		地下或半地下仓库（包括地下或半地下室）
				每座仓库	防火分区	每座仓库	防火分区	每座仓库	防火分区	防火分区
甲	3、4项	一级	1	180	60	—	—	—	—	—
	1、2、5、6项	一、二级	1	750	250	—	—	—	—	—
乙	1、3、4项	一、二级	3	2000	500	900	300	—	—	—
		三级	1	500	250	—	—	—	—	—
	2、5、6项	一、二级	5	2800	700	1500	500	—	—	—
		三级	1	900	300	—	—	—	—	—
丙	1项	一、二级	5	4000	1000	2800	700	—	—	150
		三级	1	1200	400	—	—	—	—	—
	2项	一、二级	不限	6000	1500	4800	1200	4000	1000	300
		三级	3	2100	700	1200	400	—	—	—
丁		一、二级	不限	不限	3000	不限	1500	4800	1200	500
		三级	3	3000	1000	1500	500	—	—	—
		四级	1	2100	700	—	—	—	—	—
戊		一、二级	不限	不限	不限	不限	2000	6000	1500	1000
		三级	3	3000	1000	2100	700	—	—	—
		四级	1	2100	700	—	—	—	—	—

注：1. 仓库内的防火分区之间必须采用防火墙分隔，甲、乙类仓库内防火分区之间的防火墙不应开设门、窗、洞口；地下或半地下仓库（包括地下或半地下室）的最大允许占地面积，不应大于相应类别地上仓库的最大允许占地面积。

2. 石油库区内的桶装油品仓库应符合现行国家标准《石油库设计规范》GB 50074 的规定。

3. 一、二级耐火等级的煤均化库，每个防火分区的最大允许建筑面积不应大于12000m²。

4. 独立建造的硝酸铵仓库、电石仓库、聚乙烯等高分子制品仓库、尿素仓库、配煤仓库、造纸厂的独立成品仓库，当建筑耐火等级不低于二级时，每座仓库的最大允许占地面积和每个防火分区的最大允许建筑面积可按本表的规定增加1.0倍。

5. 一、二级耐火等级粮食平房仓的最大允许占地面积不应大于12000m²，每个防火分区的最大允许建筑面积不应大于3000m²；三级耐火等级粮食平房仓的最大允许占地面积不应大于3000m²，每个防火分区的最大允许建筑面积不应大于1000m²。

6. 一、二级耐火等级且占地面积不大于2000m²的单层棉花库房，其防火分区的最大允许建筑面积不应大于2000m²。

7. 一、二级耐火等级冷库的最大允许占地面积和防火分区的最大允许建筑面积，应符合现行国家标准《冷库设计标准》GB 50072 的规定。

8. "—"表示不允许。

第四节　厂房和仓库的特殊消防要求

一、厂房的特殊消防要求

1. 厂房内设置自动灭火系统时，每个防火分区的最大允许建筑面积可按表 2.3-1 的规定增加 1.0 倍。当丁、戊类的地上厂房内设置自动灭火系统时，每个防火分区的最大建筑面积不限。厂房内局部设置自动灭火系统时，其防火分区的增加面积可按该局部面积的 1.0 倍计算。

2. 甲、乙类生产场所不应设置在地下或半地下。

3. 员工宿舍严禁设置在厂房内。

办公室、休息室等不应设置在甲、乙类厂房内，确需贴邻本厂房时，其耐火等级不应低于二级，并应采用耐火极限不低于 3.00h 的防爆墙与厂房分隔，且应设置独立的安全出口。

办公室、休息室设置在丙类厂房内时，应采用耐火极限不低于 2.50h 的防火隔墙和 1.00h 的楼板与其他部位分隔，并应至少设置 1 个独立的安全出口。如隔墙上需要开设相互连通的门时，应采用乙级防火门。

4. 厂房内设置中间仓库时，应符合下列规定：

（1）甲、乙类中间仓库应靠外墙布置，其储量不宜超过 1 昼夜的需要量。

（2）甲、乙、丙类中间仓库应采用防火墙和耐火极限不低于 1.50h 的不燃性楼板与其他部位分隔。

（3）丁、戊类中间仓库应采用耐火极限不低于 2.00h 的防火隔墙和 1.00h 的楼板与其他部位分隔。

二、仓库的特殊消防要求

1. 仓库内设置自动灭火系统时，除冷库的防火分区外，每座仓库的最大允许占地面积和每个防火分区的最大允许建筑面积可按本章表 2.3-2 的规定增加 1.0 倍。

2. 甲、乙类仓库不应设置在地下或半地下。

3. 员工宿舍严禁设置在仓库内。

（1）办公室、休息室等严禁设置在甲、乙类仓库内，也不应贴邻。

（2）办公室、休息室设置在丙丁类仓库内时，应采用耐火极限不低于 2.50h 的防火隔墙和 1.00h 的楼板与其他部位分隔，并应设置独立的安全出口。隔墙上开设相互连通的门时，应采用乙级防火门。

三、物流建筑的消防要求

物流建筑的防火设计应符合下列规定：

1. 当建筑功能以分拣、加工等作业为主时，应按有关厂房的规定确定，其中仓储部分应按中间仓库确定。

2. 当建筑功能以仓储为主或建筑难以区分主要功能时，应按有关仓库的规定确定，但当分拣等作业区采用防火墙与储存区完全分隔时，作业区和储存区的防火要求可分别按有关厂房和仓库的规定确定。其中，当分拣等作业区采用防火墙与储存区完全分隔且符合下列条件时，除自动化控制的丙类高架仓库外，储存区的防火分区最大允许建筑面积和储存区部分建筑的最大允许占地面积，可按表 2.3-2（不含注）的规定增加 3.0 倍：

（1）储存除可燃液体、棉、麻、丝、毛及其他纺织品、泡沫塑料等物品外的丙类物品且建筑耐火等级不低于一级。

（2）储存丁、戊类物品且建筑耐火等级不低于二级。

（3）建筑内全部设置自动喷水灭火系统和火灾自动报警系统。

第五节　民用建筑火灾危险性分类

一、民用建筑火灾危险性分类的意义

现行国家标准《民用建筑设计统一标准》GB 50352 将民用建筑分为居住建筑和公共建筑两大类，其中居住建筑包括住宅建筑、宿舍建筑等。在消防方面，除住宅建筑外，其他类型居住建筑的火灾危险性与公共建筑类似，其消防要求需按公共建筑的有关规定执行。因此，国家消防技术标准将民用建筑分为住宅建筑和公共建筑两大类，并进一步按照建筑高度分为高层民用建筑和单层、多层民用建筑。

1. 根据民用建筑火灾危险性分类，可以在保证消防安全的前提下，节约投资。

为了保障人民生命财产安全，不同类型的民用建筑其耐火等级、安全疏散、防火分区、消防设施等，在国家标准中具有不同的要求，因此解决了"一刀切"的问题。层数少、功能单一的建筑，其消防设施的要求就相对较低，从而节省投资。

2. 不同火灾危险性的建筑，灭火进攻方式不同，能够给消防救援人员创造良好的灭火救援条件。

国家标准规定，符合有关要求的高层民用建筑，要设置消防电梯，消防电梯的设置及其在灭火实战中的应用，不仅使消防救援人员快速到达高层建筑的着火层，而且还节省了大量的体力，同时也方便运送灭火救援装备供一线消防救援人员应用。

3. 不同火灾危险性的建筑，设防方式不同，能够将火灾消灭在萌芽状态。

根据民用建筑建筑高度的不同和建筑物重要程度的差异等，国家标准规定了不同的设防方式，比如有些民用建筑中的重点部位要设置自动灭火系统，有些高层民用建筑要设置防排烟设施等，建筑物一旦发生火灾，这些自动灭火系统就会及时将火灾扑灭，最大限度地减少火灾损失。

二、民用建筑的分类

民用建筑根据其建筑高度和层数可分为单层、多层民用建筑和高层民用建筑。高层民用建筑根据其建筑高度、使用功能和楼层的面积等可分为一类和二类，见表2.5-1。

民用建筑的分类　　　　　　　　　　　　　　表 2.5-1

名称	高层民用建筑		单、多层民用建筑
	一类	二类	
住宅建筑	建筑高度大于54m 的住宅建筑（包括设置商业服务网点的住宅建筑）	建筑高度大于27m，但不大于54m 的住宅建筑（包括设置商业服务网点的住宅建筑）	建筑高度不大于27m 的住宅建筑（包括设置商业服务网点的住宅建筑）
公共建筑	1. 建筑高度大于 50m 的公共建筑； 2. 建筑高度24m 以上部分任一楼层建筑面积大于1000m² 的商店、展览、电信、邮政、财贸金融建筑和其他多种功能组合的建筑； 3. 医疗建筑、重要公共建筑、独立建造的老年人照料设施； 4. 省级及以上的广播电视和防灾指挥调度建筑、网局级和省级电力调度建筑； 5. 藏书超过 100 万册的图书馆、书库	除一类高层公共建筑外的其他高层公共建筑	1. 建筑高度大于 24m 的单层公共建筑； 2. 建筑高度不大于 24m 的其他公共建筑

注：表中未列入的建筑，其类别应根据本表类比确定。

第六节　民用建筑的耐火等级分类及要求

一、民用建筑的耐火等级分类

民用建筑的耐火等级可分为一级、二级、三级、四级，不同耐火等级民用建筑相应建筑构件的燃烧性能和耐火极限，不应低于表 2.6-1 的规定。

不同耐火等级民用建筑相应建筑构件的燃烧性能和耐火极限（单位：h）　表 2.6-1

构件名称		耐火等级			
		一级	二级	三级	四级
墙	防火墙	不燃性 3.00	不燃性 3.00	不燃性 3.00	不燃性 3.00

续表

构件名称		耐火等级			
		一级	二级	三级	四级
墙	承重墙	不燃性 3.00	不燃性 2.50	不燃性 2.00	难燃性 0.50
	非承重外墙	不燃性 1.00	不燃性 1.00	不燃性 0.50	可燃性
	楼梯间和前室的墙、电梯井的墙、住宅建筑单元之间的墙和分户墙	不燃性 2.00	不燃性 2.00	不燃性 1.50	难燃性 0.50
	疏散走道两侧的隔墙	不燃性 1.00	不燃性 1.00	不燃性 0.50	难燃性 0.25
	房间隔墙	不燃性 0.75	不燃性 0.50	难燃性 0.50	难燃性 0.25
柱		不燃性 3.00	不燃性 2.50	不燃性 2.00	难燃性 0.50
梁		不燃性 2.00	不燃性 1.50	不燃性 1.00	难燃性 0.50
楼板		不燃性 1.50	不燃性 1.00	不燃性 0.50	可燃性
屋顶承重构件		不燃性 1.50	不燃性 1.00	可燃性 0.50	可燃性
疏散楼梯		不燃性 1.50	不燃性 1.00	不燃性 0.50	可燃性
吊顶（包括吊顶搁栅）		不燃性 0.25	难燃性 0.25	难燃性 0.15	可燃性

　　各类非木结构构件的燃烧性能和耐火极限，见"附表，各类非木结构构件的燃烧性能和耐火极限"。

二、民用建筑的耐火等级要求

　　1. 民用建筑的耐火等级应根据其建筑高度、使用功能、重要性和火灾扑救难度等确定，并应符合下列要求：

　　（1）地下或半地下建筑（室）和一类高层建筑的耐火等级不应低于一级。

　　（2）单、多层重要公共建筑和二类高层建筑的耐火等级不应低于二级。

　　2. 建筑高度大于100m的民用建筑，其楼板的耐火极限不应低于2.00h。

　　一、二级耐火等级建筑的上人平屋顶，其屋面板的耐火极限应分别不低于1.50h和1.00h。

3. 一、二级耐火等级建筑的屋面板应采用不燃材料。

4. 二级耐火等级建筑内采用难燃性墙体的房间隔墙，其耐火极限不应低于 0.75h；当房间面积不大于 $100m^2$ 时，房间隔墙可采用耐火极限不低于 0.50h 的难燃性墙体或耐火极限不低于 0.30h 的不燃性墙体。

二级耐火等级多层住宅建筑内采用预应力钢筋混凝土的楼板，其耐火极限不应低于 0.75h。

三、民用建筑的耐火等级与建筑的允许建筑高度或层数、防火分区最大允许建筑面积的关系

民用建筑的耐火等级与建筑的允许建筑高度或层数、防火分区最大允许建筑面积的关系，见第三章第一节中"民用建筑防火分区面积和防火分区划分要求"。

第七节　生产和储存物品火灾危险性与建筑物耐火等级匹配示例

一、生产火灾危险性与建筑物耐火等级匹配示例

某消防救援大队消防监督人员到某企业进行消防监督检查。该企业有一栋针织品厂房，厂房为二层，单层建筑面积为 $7000m^2$，每层为一个防火分区，该厂房防火墙的燃烧性能为不燃性，耐火极限 3.00h；承重墙的燃烧性能为不燃性，耐火极限 2.50h；柱的燃烧性能为不燃性，耐火极限 2.00h；梁的燃烧性能为不燃性，耐火极限 1.50h；楼板的燃烧性能为不燃性，耐火极限 1.00h；屋顶承重构件的燃烧性能为不燃性，耐火极限 1.00h。该厂房没有安装自动喷水灭火系统。请问：该针织品厂房的防火分区面积和耐火等级是否与针织品厂房要求的防火分区面积和耐火等级相匹配？并说明原因。

消防监督人员的判定为：针织品厂房防火分区的面积与有关要求针织品厂房建筑物的防火分区不匹配，该针织品厂房的耐火等级与有关要求生产的火灾危险性不匹配，应进行整改。

整改措施一：将该针织品厂房建筑构件"柱"的耐火极限增加 0.50h，达到 2.50h，使厂房的耐火等级达到"二级耐火等级"；在该针织品厂房内的适当部位增设一道防火墙（当设置防火墙确有困难时，可采用防火卷帘或防火分隔水幕分隔），设为两个防火分区，使每个防火分区的建筑面积不超过 $4000m^2$。

整改措施二：将该针织品厂房的建筑构件"柱"的耐火极限增加 0.50h，达到

2.50h，使厂房的耐火等级达到"二级耐火等级"；根据本章第四节中"厂房的特殊消防要求"中 1. 的要求，在该针织品厂房内安装自动喷水灭火系统，则每个防火分区的建筑面积允许扩大 1 倍，可以达到 8000m²。

确定生产火灾危险性与建筑耐火等级匹配的步骤和方法：

第一步：确定针织品厂房的生产火灾危险性。

查表 2.1-2"生产的火灾危险性分类示例"得知：针织品厂房的生产火灾危险性为"丙类"。注意：如果表 2.1-2"生产的火灾危险性示例"中没有涉及针织品厂房的生产火灾危险性，则需要根据表 2.1-1"生产的火灾危险性分类"中规定的要求，综合分析后确认生产的火灾危险性。

第二步：核定针织品厂房建筑物的耐火等级、允许建设层数、防火分区的面积等。

查表 2.3-1"厂房的层数、每个防火分区的最大允许建筑面积与生产火灾危险性类别、厂房耐火等级的关系"确定针织品厂房建筑的耐火等级是否匹配。

该针织品厂房的建筑层数为二层，单层建筑面积为 7000m²，每层为一个防火分区。根据表 2.3-1 的要求，在"生产的火灾危险性类别"一栏中，查到"丙"；在"厂房的耐火等级"一栏中，对应"丙"的一栏中，查到"一级、二级、三级"三个选项；在"最多允许层数"一栏中，对应"丙"的一栏，查到"不限、不限、2"三个选项；在"每个防火分区的最大允许建筑面积（m²）"一栏中，对应"丙"的一栏，查到"单层厂房、多层厂房、高层厂房和地下或半地下厂房（包括地下室或半地下室）"三个选项，并且在这三个选项下均有不同的数据要求。该针织品厂房共计二层，根据"最多允许层数"一栏中的要求，选择"一级、二级、三级"三个耐火等级都可以。该针织品厂房单层建筑面积为 7000m²，每层为一个防火分区，显然在多层厂房"6000、4000、2000"这三个选项中，均不能达到要求，如果选择"三级耐火等级"，则需要划分四个防火分区（7000÷2000 = 3.5）；如果选择"一级或二级耐火等级"，则需要分别划分两个防火分区（7000÷6000 或 7000÷4000）；考虑一级耐火等级和二级耐火等级建筑物建设成本的需要，结合目前该建筑防火墙、承重墙、柱、梁、楼板和屋顶承重构件的实际情况，确定该厂房选用"二级耐火等级"。故划分为两个防火分区，只需要按照每个防火分区的建筑面积不超过 4000m² 的要求，在合适的位置增设一道防火墙就可以。

第三步：核实针织品厂房各建筑构件的燃烧性能和耐火极限。

根据该建筑确定为"二级耐火等级"的实际情况，查表 2.2-1"不同耐火等级厂房和仓库建筑构件的燃烧性能和耐火极限（单位：h）"，查出该建筑物有关建筑构件的燃烧性和耐火极限的要求如下：

（1）防火墙：不燃性，耐火极限 3.00h。

（2）承重墙：不燃性，耐火极限 2.50h。

（3）柱：不燃性，耐火极限 2.50h。

（4）梁：不燃性，耐火极限 1.50h。

（5）楼板：不燃性，耐火极限 1.00h。

（6）屋顶承重构件：不燃性，耐火极限 1.00h。

将上述数据与该针织品厂房各建筑构件的燃烧性能和耐火极限进行对比，发现柱的实际耐火极限与要求的耐火极限相差 0.50h。因此，应增加柱的防火保护，使其达到 2.50h。

二、储存火灾危险性与建筑物耐火等级匹配示例

某消防救援大队消防监督人员到某企业进行消防监督检查，该企业有一幢储存电视机和收录机的仓库。该仓库共六层，建筑高度 30m，每层建筑面积 600m²，总建筑面积 3600m²，每层为一个防火分区。该建筑承重墙的燃烧性能为不燃性，耐火极限 3.00h；楼梯间墙的燃烧性能为不燃性，耐火极限 2.00h；非承重外墙的燃烧性能为不燃性，耐火极限 0.75h；柱的燃烧性能为不燃性，耐火极限 3.00h；梁的燃烧性能为不燃性，耐火极限 2.00h；楼板的燃烧性能为不燃性，耐火极限 1.50h；疏散楼梯的燃烧性能为不燃性，耐火极限 1.50h。请问：该电视机和收录机仓库建筑物的防火分区面积和耐火等级是否与电视机和收录机仓库建筑物要求的防火分区面积和耐火等级相匹配？并说明原因。

消防监督人员的判定为：电视机和收录机仓库建筑的防火分区的面积与该建筑物匹配、电视机和收录机仓库建筑的耐火等级匹配，符合要求。

确定储存物品的火灾危险性与建筑物耐火等级匹配的步骤和方法：

第一步：确定电视机和收录机仓库建筑物储存物品的火灾危险性。

查表 2.1-4 "储存物品的火灾危险性分类示例" 得知：电视机和收录机仓库的火灾危险性为 "丙类 2 项"。注意：如果表 2.1-4 "储存物品的火灾危险性分类示例" 中没有电视机和收录机仓库建筑物储存物品的火灾危险性，则需根据表 2.1-3 "储存物品的火灾危险性分类" 规定的要求，综合分析确认电视机和收录机仓库火灾危险性。

第二步：核定电视机和收录机仓库建筑物的耐火等级。

查表 2.3-2 "仓库的层数、防火分区面积与储存物品的火灾危险性类别、仓库建筑耐火等级的关系"，确定该电视机和收录机仓库储存物品的火灾危险性是否与该仓库耐火等级、最多允许层数、每座仓库的最大允许占地面积和每个防火分区的最大允许建筑面积（m²）匹配。

根据表 2.3-2 "仓库的层数、防火分区面积与储存物品的火灾危险类别、仓库建筑耐火等级的关系" 要求，"丙类" 储存物品的火灾危险性类别为 "丙类 2 项"，仓库的耐火等级有两个选项（一、二级耐火等级和三级耐火等级），其中一、二级耐火等级

的建筑最多允许层数不限，三级耐火等级的建筑层数最多允许建筑层数为 3 层。本仓库建筑为六层，建筑高度为 30m。因此，只能选择表中的"一、二级耐火等级"建筑，并且在"高层仓库"一栏中选择。因为我国规定"建筑高度大于 24m 的非单层厂房、仓库为高层建筑"，该建筑为 30m，属于高层建筑。表中与"丙类 2 项"和与一、二级耐火等级相对应的高层仓库，其每座仓库的最大允许占地面积和每个防火分区的最大允许建筑面积（m²）分别不超过 4000m²、1000m²，而该电视机和收录机仓库的建筑占地面积和每个防火分区的建筑面积（m²）分别为 600m²、600m²，不超过 4000m² 和 1000m² 的要求。表中"一、二级耐火等级"建筑的最多允许层数不限，而该仓库的建筑层数为六层。因此，该仓库的"储存物品的火灾危险类别"与"仓库建筑耐火等级"、仓库的"最多允许层数""每座仓库的最大允许占地面积和每个防火分区的最大允许建筑面积（m²）"是匹配的，符合要求。

第三步：确定电视机和收录机仓库各建筑构件的燃烧性能和耐火极限。

查表 2.3-2 "仓库的层数、防火分区面积与储存物品的火灾危险性类别、仓库建筑耐火等级的关系"得到的结果是，该电视机和收录机仓库为"丙类 2 项"，建筑高度为 30m，属于高层仓库，只能选择"一、二级"耐火等级。按照这个要求，查表 2.2-1 "不同耐火等级厂房和仓库建筑构件的燃烧性能和耐火极限（单位：h）"，查出该仓库"一级耐火等级"和"二级耐火等级"有关建筑构件的燃烧性能和耐火极限分别列表 2.7-1。

电视机和收录机仓库建筑物一、二级耐火等级
各建筑构件的燃烧性能和耐火极限对照表　　　　表 2.7-1

构件名称		承重墙	楼梯间的墙	非承重外墙	柱	梁	楼板	疏散楼梯
耐火等级	一级	不燃性 3.00	不燃性 2.00	不燃性 0.75	不燃性 3.00	不燃性 2.00	不燃性 1.50	不燃性 1.50
	二级	不燃性 2.50	不燃性 2.00	不燃性 0.50	不燃性 2.50	不燃性 1.50	不燃性 1.00	不燃性 1.00

将表 2.7-1 与该建筑选用的各建筑构件的燃烧性能和耐火极限进行比对，其燃烧性能和耐火极限均能达到"一级耐火等级"，故该建筑的"储存物品的火灾危险性类别"与仓库建筑"耐火等级"是匹配的，符合要求。

当然，如果采用"二级耐火等级"建筑也同样符合防火要求，并且节约建设成本。

> 【注意】这种情况在消防管理中符合要求，但是在灭火救援过程中，如果在没有确定该建筑为一级耐火等级或者二级耐火等级建筑的情况下，估算建筑物受火作用坍塌时间，要按最不利条件下进行估算，也就是说，估算该建筑坍塌时间要按二级耐火等级建筑条件下各建筑构件的耐火极限进行估算。

第八节　民用建筑的类别与建筑物耐火等级匹配示例

一、单、多层民用建筑与建筑耐火等级匹配示例

某消防救援大队消防监督人员到某企业进行消防监督检查，该单位有一幢建筑高度为 25m 的礼堂，该建筑为单层建筑，防火分区的建筑面积为 2200m²。请确定该建筑各建筑构件的燃烧性能和耐火等级。

第一步：确定该礼堂的建筑分类。

查表 2.5-1 "民用建筑的分类" 得知，该建筑为单层、公共建筑，建筑高度大于 24m。该礼堂应为公共建筑。

第二步：确定该礼堂建筑物的耐火等级。

按照本章第六节 "民用建筑的耐火等级分类及要求" 中 "民用建筑的耐火等级要求" 得知，"单、多层重要公共建筑和二类高层民用建筑的耐火等级不应低于二级"，故该礼堂可以选择 "一级耐火等级" 或者 "二级耐火等级"。

第三步：确定礼堂各建筑构件的燃烧性能和耐火极限。

当确定为 "一级耐火等级" 时，建筑构件的燃烧性能和耐火极限查表 2.6-1 "不同耐火等级民用建筑相应建筑构件的燃烧性能和耐火极限（单位：h）"，其建筑构件的燃烧性能和耐火等级为：

（1）防火墙：不燃性，耐火极限 3.00h。

（2）承重墙：不燃性，耐火极限 3.00h。

（3）非承重外墙：不燃性，耐火极限 1.00h。

（4）疏散走道两侧的隔墙：不燃性，耐火极限 1.00h。

（5）房间隔墙：不燃性，耐火极限 0.75h。

（6）柱：不燃性，耐火极限 3.00h。

（7）梁：不燃性，耐火极限 2.00h。

（8）楼板：不燃性，耐火极限 1.50h。

（9）屋顶承重构件：不燃性，耐火极限 1.50h。

（10）吊顶：不燃性，耐火极限 0.25h。

当确定为 "二级耐火等级" 时，其建筑构件的燃烧性能和耐火极限为：

（1）防火墙：不燃性，耐火极限 3.00h。

（2）承重墙：不燃性，耐火极限 2.50h。

（3）非承重外墙：不燃性，耐火极限 1.00h。

（4）疏散走道两侧的隔墙：不燃性，耐火极限 1.00h。

（5）房间隔墙：不燃性，耐火极限 0.50h。

（6）柱：不燃性，耐火极限 2.50h。

（7）梁：不燃性，耐火极限 1.50h。

（8）楼板：不燃性，耐火极限 1.00h。

（9）屋顶承重构件：不燃性，耐火极限 1.00h。

（10）吊顶：难燃性，耐火极限 0.25h。

消防监督员在确定该礼堂各建筑构件燃烧性能和耐火等级的过程中，管理礼堂的负责人到单位档案室找到了礼堂的设计图纸。通过与设计图纸比对，该礼堂是按一级耐火等级设计的，符合有关消防要求。

二、高层民用建筑与建筑物耐火等级匹配示例

某消防救援大队消防监督人员到某医院检查，该医院一幢高度为60m的门诊大楼，请确定该建筑物各建筑构件的燃烧性能和耐火等级。

第一步：确定该医院门诊大楼的建筑类别。

根据建筑高度为 60m、使用性质为医院门诊楼的实际情况，查表 2.5-1 "民用建筑的分类" 得知，该建筑为 "一类高层民用建筑"。

第二步：确定该医院门诊楼的耐火等级。

按照本章第六节 "民用建筑的耐火等级分类及要求" 中 "民用建筑的耐火等级要求" 得知，"地下或半地下建筑（室）和一类高层民用建筑的耐火等级不应低于一级"，故确定该医院门诊大楼的耐火等级为 "一级"。

第三步：确定该门诊大楼各建筑构件的燃烧性能和耐火极限。

查表 2.6-1 "不同耐火等级民用建筑相应建筑构件的燃烧性能和耐火极限（单位：h）" 得知，"一级耐火等级" 建筑各建筑构件的燃烧性能和耐火极限分别为：

（1）防火墙：不燃性，耐火极限 3.00h。

（2）承重墙：不燃性，耐火极限 3.00h。

（3）非承重外墙：不燃性，耐火极限 1.00h。

（4）楼梯间和前室的墙、电梯井的墙：不燃性，耐火极限 2.00h。

（5）疏散走道两侧的隔墙：不燃性，耐火极限 1.00h。

（6）房间隔墙：不燃性，耐火极限 0.75h。

（7）柱：不燃性，耐火极限 3.00h。

（8）梁：不燃性，耐火极限 2.00h。

（9）楼板：不燃性，耐火极限 1.50h。

（10）屋顶承重构件：不燃性，耐火极限 1.50h。

（11）疏散楼梯：不燃性，耐火极限 1.50h。

（12）吊顶：不燃性，耐火极限 0.25h。

第九节　建筑物耐火等级的日常消防管理及在灭火实战中的应用

一、日常消防管理

建筑物的耐火等级与生产、储存物品以及与民用建筑的使用性质是否匹配，关系到建筑物的定性问题。不同的生产、储存以及与民用建筑的使用性质，其火灾危险等级不同，其相对应建筑物的耐火等级也不相同，如果生产、储存物品与建筑物的耐火等级匹配，一旦发生火灾，能够最大限度地减少火灾造成的损失。同理，如果建筑物的耐火等级与民用建筑的使用性质匹配，发生火灾时，为人员的安全疏散和火灾扑救奠定了良好的基础。

1. 检查工业建筑生产、储存物品的火灾危险性是否与建筑物的耐火等级相匹配；检查民用建筑的类别与建筑耐火等级是否匹配。

2. 检查建筑物的建筑构件是否有改造、移位、破损等问题。

3. 检查防火分区的面积是否有改变。

4. 检查生产和储存物品建筑物的层数是否与生产、储存物品的性质和建筑耐火等级相匹配。检查民用建筑的建筑高度、使用性质和建筑的耐火等级是否匹配。

二、运用建筑物耐火等级估算灭火救援实战中建筑物坍塌时间示例

1. 高层民用建筑

某消防救援支队指挥中心接到报警，辖区内一幢建筑高度为30m的商店发生火灾，该商店共计五层，每层建筑面积均为1500m²。请估算该商店在火灾作用下发生坍塌的时间。

估算灭火救援实战中建筑物坍塌时间的步骤和方法：

第一步，确定该商店的建筑类别。

根据该商店建筑高度为30m、每层建筑面积均为1500m²的实际情况，查表2.5-1"民用建筑的分类"得知，该商店为高层民用建筑"一类公共建筑"（表中"一类"竖栏和"公共建筑"横栏中显示，"建筑高度24m以上部分任一楼层建筑面积大于1000m²的商店……"）。确定该商店的建筑类别为"高层民用建筑一类公共建筑"，简称"一类高层建筑"。

第二步，确定该商店的耐火等级。

根据本章第六节"民用建筑的耐火等级分类及要求"中"民用建筑的耐火等级要求"中"地下或半地下建筑（室）和一类高层建筑的耐火等级不应低于一级"的要求，该商店的耐火等级应为一级。

第三步，确定该商店建筑物各建筑构件的燃烧性能和耐火极限。

查表 2.6-1 "不同耐火等级民用建筑相应建筑构件的燃烧性能和耐火极限（单位：h）"得知，"耐火等级一级"建筑物各建筑构件的燃烧性能和耐火极限分别为：

（1）防火墙：不燃性，耐火极限 3.00h。

（2）承重墙：不燃性，耐火极限 3.00h。

（3）非承重外墙：不燃性，耐火极限 1.00h。

（4）楼梯间和前室的墙：不燃性，耐火极限 2.00h。

（5）疏散走道两侧的隔墙：不燃性，耐火极限 1.00h。

（6）电梯井的墙：不燃性，耐火极限 2.00h。

（7）柱：不燃性，耐火极限 3.00h。

（8）梁：不燃性，耐火极限 2.00h。

（9）楼板：不燃性，耐火极限 1.50h。

（10）屋顶承重构件：不燃性，耐火极限 1.50h。

（11）疏散楼梯：不燃性，耐火极限 1.50h。

从上述数据中可以看出，除非承重外墙和疏散走道两侧的隔墙外，耐火极限最低的是楼板、疏散楼梯和屋顶承重构件，它们的耐火极限均为 1.50h。也就是说该建筑物受火作用坍塌的理论最短时间为 1.50h；如果消防救援人员依托楼板和屋顶承重构件作掩护内攻灭火时，内攻灭火的极限理论时间为 1.50h，当从火灾发生至 1.50h 这个时间段内可以进行内攻抢救人员和灭火，否则楼板或屋顶承重构件将会坍塌。如果消防救援人员依托梁作掩护内攻灭火时，内攻灭火的极限理论时间为 2.00h，当从火灾发生至 2.00h 这个时间段内可以进行内攻抢救人员和灭火，否则梁可能坍塌从而危害内攻消防救援人员的生命安全。

> **【注意】**火场指挥员必须注意：上述 1.50h（依托楼板作掩护内攻）或 2.00h（依托梁作掩护内攻），这些都是理论估算内攻的时间。众所周知，火场情况瞬息万变，火场温度和建筑构件受火焰作用的时间与火场上的风力及火灾荷载有很大的关系。在有些情况下，建筑构件的坍塌时间可能比理论数值要短一些；在有些情况下，建筑构件的坍塌时间可能比理论数值要长一些。因此，火场指挥员要根据理论数据，结合火场实际情况，经综合分析判断后作出决策。

2. 单层民用建筑

某消防救援支队指挥中心接到报警，辖区内一幢建筑高度为 25m 的展览馆建筑发生火灾，该展览馆为单层建筑，建筑面积为 1200m²。请估算该展览馆在火灾作用下发生坍塌的时间。

估算灭火救援实战中建筑物坍塌时间的步骤和方法：

第一步，确定该展览馆的建筑类别。

根据该展览馆建筑高度为 25m、单层建筑、建筑面积为 1200m² 的实际情况，查

表 2.5-1 "民用建筑的分类"得知，该展览馆为"公共建筑"（表中"单、多层民用建筑"竖栏和"公共建筑"横栏中显示，符合"建筑高度大于 24m 的单层公共建筑"）。

第二步，确定该展览馆的耐火等级。

根据本章第六节"民用建筑的耐火等级分类及要求"中"民用建筑的耐火等级要求"中"单、多层重要公共建筑和二类高层建筑的耐火等级不应低于二级"的要求，该展览馆的耐火等级可能为一级耐火等级或二级耐火等级。

第三步，确定该展览馆建筑物各建筑物构件的燃烧性能和耐火极限。

查表 2.6-1 "不同耐火等级民用建筑相应建筑构件的燃烧性能和耐火极限（单位：h）"得知，"一级耐火等级和二级耐火等级"建筑物各建筑构件的燃烧性能和耐火极限分别列表 2.9-1。

展览馆建筑一、二级耐火等级建筑物各构件的燃烧性能和耐火极限对照表　表 2.9-1

构件名称		防火墙	承重墙	非承重外墙	疏散走道两侧的墙	柱	梁	屋顶承重构件
耐火等级	一级	不燃性 3.00	不燃性 3.00	不燃性 1.00	不燃性 1.00	不燃性 3.00	不燃性 2.00	不燃性 1.50
	二级	不燃性 3.00	不燃性 2.50	不燃性 1.00	不燃性 1.00	不燃性 2.50	不燃性 1.50	不燃性 1.00

根据表 2.9-1 可知，当该展览馆的耐火等级分别为一、二级耐火等级时，其承重墙、柱、梁、屋顶承重构件的耐火极限是不同的，相差时间达 0.50h。因此，当没有得到该展览馆建筑设计图纸、不能确定其耐火等级的情况下，火场指挥员务必牢固树立安全第一的思想，确定内攻的时间，要按照最不利情况二级耐火等级建筑的要求，估算该建筑物在火灾中的坍塌时间。当然，如果得到设计图纸，只需在按照设计图纸确定的耐火等级的基础上，通过查表确定各建筑构件的燃烧性能和耐火极限。

【注意】因火场上的火灾荷载、气象情况、消防救援人员用水枪冷却建筑构件的强弱程度不同，以及火灾现场建筑构件的施工质量与国家规定标准可能存在差异，所以火场指挥员要根据建筑构件的耐火性能，结合火场实际情况，经综合分析后估算建筑物坍塌时间。坍塌时间，有些情况要小于国家规定的耐火极限，有些情况要大于国家规定的耐火极限。

三、不同耐火等级建筑物在火灾作用下坍塌时间估算

在不考虑火灾现场的风速和建筑物中火灾荷载等的外界条件下，根据建筑构件耐火极限实验条件和实验结果，结合国家消防技术标准的要求，为方便读者，总结出不同耐火等级建筑物在火灾作用下坍塌时间的估算，供在实际工作中参考。

1. 不同耐火等级厂房和仓库建筑在火灾作用下坍塌时间估算

不同耐火等级厂房和仓库建筑在火灾作用下坍塌时间估算见表 2.9-2。

不同耐火等级厂房和仓库建筑在火灾作用下坍塌时间估算　　表 2.9-2

坍塌时间估算（h） 建筑耐火等级	以楼板作为依托时内攻	以梁作为依托时内攻
一级	1.50	2.00
二级	1.00	1.50
三级	0.75	1.00
四级	0.50	0.50

2. 不同耐火等级民用建筑在火灾作用下坍塌时间估算

不同耐火等级民用建筑在火灾作用下坍塌时间估算见表 2.9-3。

不同耐火等级民用建筑在火灾作用下坍塌时间估算　　表 2.9-3

坍塌时间估算（h） 建筑耐火等级	以楼板作为依托时内攻	以梁作为依托时内攻
一级	1.50	2.00
二级	1.00	1.50
三级	0.50	1.00
四级	—	0.50

四、通过建筑物耐火等级估算灭火救援实战中建筑物坍塌时间的方法

1. 未雨绸缪

在"六熟悉"和制定灭火作战预案时，要通过查找图纸、现场调研以及与单位有关人员座谈等方式方法，取得第一手资料。

（1）通过了解，掌握生产、储存物品的性质和民用建筑的使用性质，对照分析确定生产、储存物品的火灾危险性类别。

（2）如果能取得建筑物的施工图纸，可以直接通过施工图纸查找该建筑物的耐火等级（因为建筑设计师在设计建筑物时严格按照国家标准进行设计）。

（3）根据建筑物的耐火等级，查出该建筑物中各主要建筑构件的燃烧性能和耐火等级。

2. 建账立册

建筑物的耐火等级是决定指挥员确定内攻时间的一个最基本、最关键的要素。在灭火战斗中，如何保障内攻人员的安全，其建筑物梁、柱、楼板、承重构件的燃烧性能和耐火极限最为关键，也是唯一的技术数据，在火灾现场，即使请到有关建筑专家，

如果他们拿不到上述建筑构件的技术数据，也不敢随意发表意见和建议。因此，我们必须在做好调研、取得第一手资料的基础上去粗取精、去伪存真，建账立册，以备实战中应用。内容包括：

（1）文字部分：

1）生产工艺、原料、产品的理化性质。

2）储存物品的理化性质。

3）国家标准对建筑物的耐火等级要求。

4）建筑物楼板、梁、柱、墙等承重构件的燃烧性能和耐火极限等。

（2）图示部分：建筑物各层的平面图：① 在平面图上标出各主要建筑构件的燃烧性能和耐火极限；② 在平面图上标出梁的走向及位置。

3. 灭火实战中的应用

（1）数据是基础。平时"建账立册"中的数据，是指挥员灭火实战决策的基础，这些数据具有一定的科学性，具有较高的参考价值。在实战中，我们主要依据建筑物中主要承重构件的燃烧性能和耐火极限来决定内攻时间的长短。比如，本章第八节"民用建筑的类别与建筑物耐火等级匹配示例"中"高层民用建筑与建筑物耐火等级匹配示例"中的各建筑构件的燃烧性能和耐火极限中，其"承重墙：不燃性，耐火极限3.00h；柱：不燃性，耐火极限3.00h；梁：不燃性，耐火极限2.00h；楼板：不燃性，耐火极限1.50h。"当该建筑发生火灾时，在发生火灾1.50h内楼板就不会坍塌，指挥员可以命令战斗员利用这1.50h进行内攻。如果指挥员命令内攻人员必须依托室内的梁作掩护进攻，内攻队员必须在建筑物的梁下作业，其内攻时间可以扩展为2.00h（因为梁的耐火极限为2.00h）。

（2）现场情况是关键。众所周知，火灾现场情况复杂多样，需要火场指挥员既胆大心细，又要结合实际，死搬教条不行、无知命令更不行。各类数据是从实验室取得的，在火灾现场要灵活处理。

（3）关于"耐火极限"问题。建筑构件的耐火极限是根据规定的试验条件，构件从受到火的作用起至达到规定的试验要求这一段时间。所以建筑构件的耐火极限是一个参考值，这个值与火灾现场的火灾荷载和灭火救援过程中射水冷却的强度有很大的关系。如果火灾荷载小，其建筑构件的耐火时间就会比实验的数据长。当火灾现场的火灾荷载大，如果灭火救援时用水枪冷却有关受到火势威胁的建筑构件，其建筑构件的耐火时间就会比实验的数据长，形成坍塌的时间就会延长，给内攻提供了更长的时间。反之，坍塌的时间就会较早的到来。

第三章

防火分区及其防火分隔设施在灭火实战中的应用

第一节　防火分区

　　一般而言，建筑物火灾是在某个局部范围内引发的，火灾发生后，火势会因热对流、热辐射的作用，或者从楼板、墙壁的烧损处和门窗、洞口处向其他空间蔓延扩大，最后发展成为整个楼层燃烧，直至整栋建筑物燃烧。因此，限制火灾规模和减少火灾损失最有效的办法之一是划分防火分区。在建筑物中划分防火分区是建筑防火设计的重点，同样，也是灭火救援贯彻"先控制、后消灭"原则需要采取的重要措施。

一、防火分区的分类和防火分隔设施

1. 防火分区的概念

　　防火分区是指采用具有一定耐火性能的分隔设施或防火分隔措施划分的，能在一定时间内防止火灾向同一建筑物的其他部分蔓延的局部区域（或称为空间单元）。划分防火分区的目的是在建筑物发生火灾时，能够有效地把火势控制在一定的局部范围内，减少火灾损失，为人员安全疏散、火灾扑救提供有利条件。

2. 防火分区的分类

　　防火分区可分为竖向防火分区和水平防火分区两类。竖向防火分区指上、下层分别用耐火楼板等建筑构件进行分隔，用以防止火灾竖向层与层之间蔓延扩大。水平防火分区是指在同一水平面内，利用防火分隔物将建筑平面分为若干个防火分区、防火单元，用以防止火灾向水平方向蔓延扩大。

3. 防火分隔设施

　　防火分隔设施是指能在一定时间内阻止火势蔓延，且能把建筑内部空间分隔成若干较小防火空间的具有一定耐火性能的物体。

　　防火分隔设施是防火分区的必要构件，各种建筑物划分防火分区必须通过防火分隔设施来实现。常用的防火分隔设施有防火墙、防火门、防火窗、防火卷帘、防火阀、

排烟防火阀、耐火楼板、窗间墙、窗槛墙等。

4. 防火隔离带

防火隔离带是指利用不燃材料、室内防火间距、水幕、水雾等形成的能阻止火势蔓延的一种隔离带。

（1）防火水幕带

防火水幕带是指采用自动喷水灭火系统形成的连续的起到防火隔离作用的水幕带。防火水幕带可以起到防火墙的作用，在某些需要设置防火墙或其他防火分隔物而无法设置的情况下，可采用防火水幕带进行分隔。防火水幕带的设置应符合现行国家标准《自动喷水灭火系统设计规范》GB 50084 的要求。

（2）防火隔离带

防火隔离带：当厂房内由于生产工艺连续性的要求等原因，无法设置防火墙时，可以改设防火隔离带。防火隔离带的具体做法是：在有可燃构件的建筑物中间划出一段区域，将这个区域内的建筑构件全部改用不燃烧材料，并采取措施阻挡防火隔离带一侧的火不会蔓延至另一侧，从而起到防火分隔的作用。

室内防火隔离带：室内防火隔离带是将防火间距的理念应用于室内。在不便于设置防火墙、防火卷帘的大空间，如展览馆、物流中心等场所，根据室内物质的火灾危险性，设置一定宽度的空间距离作为防火隔离带，阻止火灾连续蔓延。在防火隔离带内不得采用可燃物装修，不得堆放可燃物。

二、厂房和仓库建筑防火分区面积和防火分区划分要求

1. 厂房建筑防火分区面积和防火分区的划分要求

（1）厂房建筑防火分区面积

厂房建筑防火分区面积与厂房的生产火灾危险性、厂房建筑的耐火等级、最多允许层数有关，厂房建筑防火分区面积应符合表 2.3-1 "厂房的层数、每个防火分区的最大允许面积与生产火灾危险性类别、厂房耐火等级的关系"的要求。

（2）厂房建筑防火分区的划分要求

① 防火分区之间应采用防火墙分隔。

② 除甲类厂房外的一、二级耐火等级厂房，当其防火分区面积大于规定数值，且设置防火墙有困难时，可采用防火卷帘或防火分隔水幕。

③ 防火隔墙上需要开设门、窗、洞口时，应设置甲级防火门、窗。

④ 其他要求，应符合表 2.3-1 "厂房的层数、每个防火分区的最大允许面积与生产火灾危险性类别、厂房耐火等级的关系"中"注"的要求。

2. 仓库建筑防火分区面积和防火分区的划分要求

（1）仓库建筑防火分区面积

仓库建筑防火分区面积与储存物品的火灾危险性类别、仓库建筑的耐火等级、最多允许层数有关。仓库建筑的防火分区面积应符合表 2.3-2 "仓库的层数、防火分区面积与储存物品的火灾危险性类别、仓库建筑耐火等级的关系"的要求。

（2）仓库建筑防火分区的划分要求

① 仓库内的防火分区之间必须采用防火墙分隔。

② 甲、乙类仓库内防火分区之间的防火墙不应开设门、窗、洞口。

三、民用建筑防火分区面积和防火分区划分要求

1. 民用建筑防火分区面积

民用建筑防火分区面积与建筑物的使用性质、建筑高度或层数、建筑的耐火等级等有关。民用建筑的防火分区一般情况下的面积应符合表 3.1-1 "不同耐火等级建筑的允许建筑高度或层数、防火分区最大允许建筑面积"的要求。

不同耐火等级建筑的允许建筑高度或层数、防火分区最大允许建筑面积　　表 3.1-1

名称	耐火等级	允许建筑高度或层数	防火分区最大允许建筑面积（m²）	备注
高层民用建筑	一、二级	按第二章表 2.5-1 确定	1500	对于体育馆、剧场的观众厅，防火分区最大允许建筑面积可适当增加
单、多层民用建筑	一、二级	按第二章表 2.5-1 确定	2500	
	三级	5 层	1200	
	四级	2 层	600	
地下或半地下建筑（室）	一级	一	500	设备用房的防火分区最大允许建筑面积不应大于 1000m²

注：1. 表中规定的防火分区最大允许建筑面积，当建筑物内设置自动灭火系统时，可按本表的规定增加 1.0 倍；局部设置时，防火分区的增加面积可按该局部面积的 1.0 倍计算。

2. 裙房与高层建筑主体之间设置防火墙时，裙房的防火分区可按单、多层建筑的要求确定。

2. 民用建筑防火分区的划分要求

（1）建筑内设置自动扶梯、敞开楼梯等上、下层相连通的开口时，其防火分区的建筑面积应按上、下层相连通的建筑面积叠加计算；当叠加计算后的建筑面积大于表 3.1-1 的规定时，应划分防火分区。

建筑内设置中庭时，其防火分区建筑面积应按上、下层相连通的建筑面积叠加计算；当叠加计算后的建筑面积大于表 3.1-1 的规定时，应符合下列规定：

① 与周围连通空间应进行防火分隔：采用防火隔墙时，其耐火极限不应低于 1.00h；采用防火玻璃墙时，其耐火隔热性和耐火完整性不应低于 1.00h，采用耐火完整性不低于 1.00h 的非隔热性防火玻璃墙时，应设置自动喷水灭火系统进行保护；采

用防火卷帘时，其耐火极限不应低于 3.00h；与中庭相连通的门、窗，应采用火灾时能自行关闭的甲级防火门、窗。

②高层建筑内的中庭回廊应设置自动喷水灭火系统和火灾自动报警系统。

③中庭应设置排烟设施。

④中庭内不应布置可燃物。

建筑内中庭防火分区设置如图 3.1-1 所示。建筑内中庭防火分隔设置如图 3.1-2、图 3.1-3 所示。

（2）防火分区之间应采用防火墙分隔，确有困难时，可采用防火卷帘等防火分隔设施分隔，如图 3.1-4 所示。

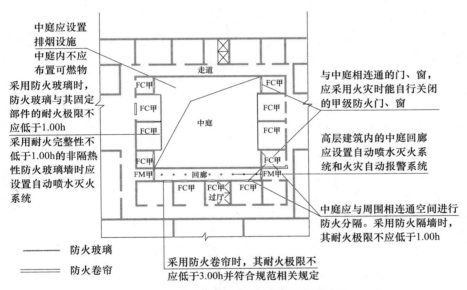

图 3.1-1　建筑内中庭防火分区设置示意图

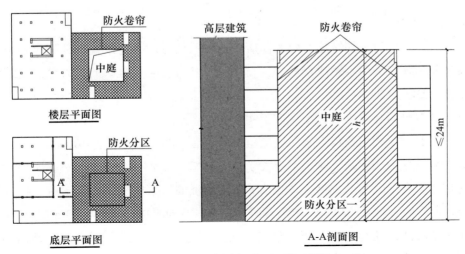

图 3.1-2　建筑内中庭防火分隔设置示意图（一）

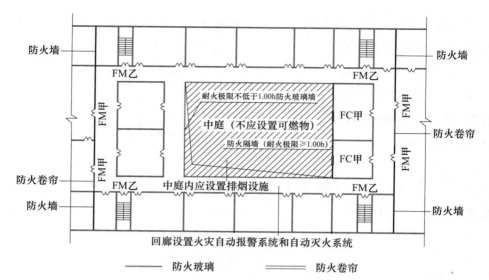

—————— 防火玻璃　　　 ＝＝＝＝＝ 防火卷帘

图 3.1-3　建筑内中庭防火分隔设置示意图（二）

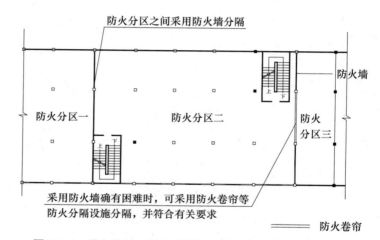

图 3.1-4　防火分区之间应采用防火墙和防火卷帘分隔示意图

（3）一、二级耐火等级建筑内的商店营业厅、展览厅，当设置自动灭火系统和火灾自动报警系统并采用不燃或难燃装修材料时，其每个防火分区的最大允许建筑面积应符合下列要求：

① 设置在高层建筑内时，不应大于 4000m²。

② 设置在单层建筑或仅设置在多层建筑的首层内时，不应大于 10000m²。

③ 设置在地下或半地下时，不应大于 2000m²。

（4）总建筑面积大于 20000m² 的地下或半地下商店，应采用无门、窗、洞口的防火墙、耐火极限不低于 2.00h 的楼板分隔为多个建筑面积不大于 20000m² 的区域。相邻区域确需局部连通时，应采用下沉式广场等室外敞开空间、防火隔间、避难走道、防烟楼梯间等方式进行连通，并应符合下列规定：

① 下沉式广场等室外敞开空间应能防止相邻区域的火灾蔓延和便于安全疏散。

② 防火隔间的墙应为耐火极限不低于 3.00h 的防火隔墙。

③ 防烟楼梯间的门应为甲级防火门。

（5）餐饮、商店等商业设施通过有顶棚的步行街连接，且步行街两侧的建筑需要利用步行街进行安全疏散时，应符合下列要求：

① 步行街两侧建筑的耐火等级不应低于二级。

② 步行街两侧建筑相对面的最近距离均不应小于国家标准相对应高度建筑的防火间距要求且不应小于 9m。步行街的端部在各层均不宜封闭，确需封闭时，应在外墙上设置可开启的门窗，且可开启门窗的面积不应小于该部位外墙面积的一半。步行街的长度不宜大于 300m，如图 3.1-5 所示。

③ 步行街两侧建筑的商铺之间应设置耐火极限不低于 2.00h 的防火隔墙，每间商铺的建筑面积不宜大于 300m²，如图 3.1-6 所示。

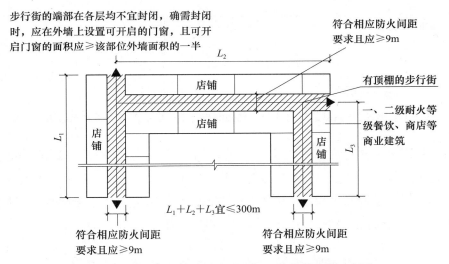

图 3.1-5　步行街两侧建筑和步行街端部设置要求示意图

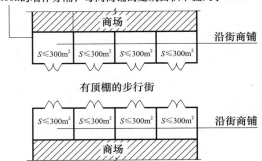

图 3.1-6　步行街两侧建筑的商铺耐火极限和面积示意图

④ 步行街两侧建筑的商铺，其面向步行街一侧的围护构件耐火极限不应低于1.00h，并宜采用实体墙，其门、窗应采用乙级防火门、窗；当采用防火玻璃墙（包括门、窗）时，其耐火隔热性和耐火完整性不应低于1.00h；当采用耐火完整性不低于1.00h的非隔热性防火玻璃墙（包括门、窗）时，应设置闭式自动喷水灭火系统进行保护。相邻商铺之间面向步行街一侧应设置宽度不小于1.0m、耐火极限不低于1.00h的实体墙，如图3.1-7所示。

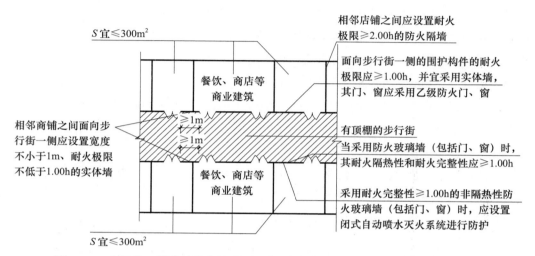

图3.1-7　步行街两侧建筑的商铺，其面向步行街一侧的围护构件耐火极限示意图

当步行街两侧的建筑为多个楼层时，每层面向步行街一侧的商铺均应设置防止火灾竖向蔓延的措施。设置回廊或挑檐时，其出挑宽度不应小于1.2m；步行街两侧的商铺在上部各层需设置回廊和连接天桥时，应保证步行街上部各层楼板的开口面积不应小于步行街地面面积的37%，且开口宜均匀布置，如图3.1-8所示。

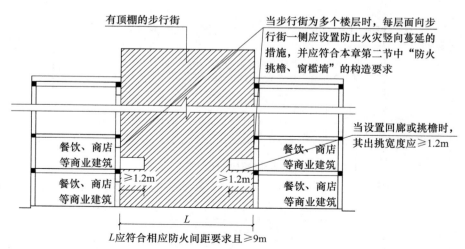

图3.1-8　步行街两侧建筑为多个楼层，每层面向步行街一侧的商铺设置回廊或挑檐要求示意图

⑤ 步行街顶棚材料应采用不燃或难燃材料，其承重结构的耐火极限不应低于1.00h。步行街内不应布置可燃物，如图 3.1-9 所示。

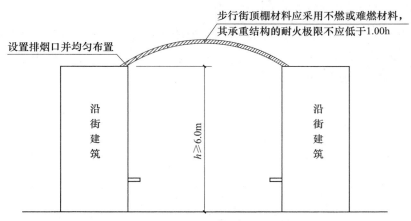

图 3.1-9　步行街顶棚材料及其承重结构的耐火极限

⑥ 步行街两侧建筑的商铺应每隔 30m 设置 DN65 的消火栓，并应配备消防软管卷盘或消防水龙，商铺内应设置自动喷水灭火系统和火灾自动报警系统；每层回廊均应设置自动喷水灭火系统。步行街内宜设置自动跟踪定位射流灭火系统。

第二节　防火分隔设施

一、防火墙和防火隔墙

1. 定义和作用

防火墙和防火隔墙是由不燃烧材料构成的，具有一定的耐火极限和耐久性，为防止火灾蔓延设置在建筑物基础上或钢筋混凝土框架上的竖向分隔墙体。防火墙和防火隔墙是建筑围护结构中最基本也是最重要的建筑构造之一，是针对建筑物内外不同部位和火势蔓延的途径，在建筑内外设置划分防火区段的建筑构件，是防火分区的主要分隔物。

（1）防火墙。防止火灾蔓延至相邻建筑或相邻水平防火分区，且耐火极限不低于3.00h 的不燃性墙体。

（2）防火隔墙。建筑内防止火灾蔓延至相邻区域，且耐火极限不低于规定要求的不燃性墙体。

2. 防火墙的构造

防火墙根据其在建筑中所处的位置和构造形式，分为横向防火墙（与平面纵轴垂直）、纵向防火墙（与平面横轴垂直）、内防火墙、外防火墙、独立防火墙等。防火墙一般采用砖、石或钢筋混凝土制造，必须为不燃烧体。在火灾条件下，防火墙任一侧的屋顶和其他内部结构倒塌不应影响防火墙的整体性和稳定性；能吸收因热膨胀、建筑内部结构倒塌和地震产生的应力，防火墙应直接设置在建筑物的基础或钢筋混凝土框架、梁等承重结构上。

3. 防火墙的建造要求

（1）防火墙应直接设置在建筑物的基础或框架、梁等承重结构上，框架、梁等承重结构的耐火极限不应低于防火墙的耐火极限，如图 3.2-1、图 3.2-2 所示。

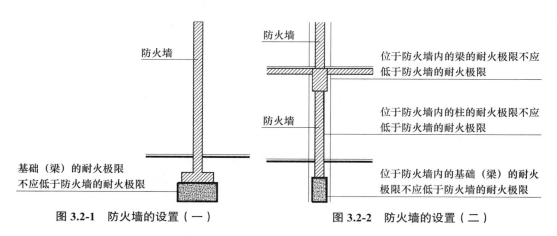

图 3.2-1　防火墙的设置（一）　　　　图 3.2-2　防火墙的设置（二）

防火墙应从楼地面基层隔断至梁、楼板或屋面的底面基层。当高层厂房（仓库）屋顶承重结构和屋面板的耐火极限低于 1.00h，其他建筑屋顶承重结构和屋面板的耐火极限低于 0.50h 时，防火墙应高出屋面 0.50m 以上，如图 3.2-3、图 3.2-4 所示。

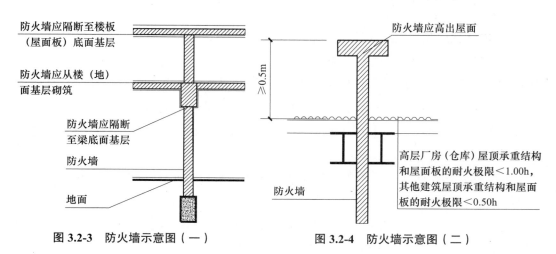

图 3.2-3　防火墙示意图（一）　　　　图 3.2-4　防火墙示意图（二）

（2）防火墙横截面中心线水平距离天窗端面小于 4.00m，且天窗端面为可燃性墙体时，应采用防止火势蔓延的措施，如图 3.2-5 所示。

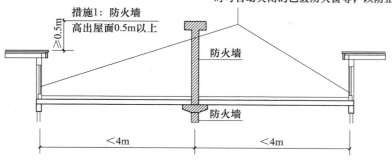

【注释】措施1、2为示例，可采取其他防止火灾蔓延的措施

图 3.2-5　防火墙与天窗端面剖面示意图

（3）建筑外墙为难燃性或可燃性墙体时，防火墙应凸出墙外表面 0.40m 以上，且防火墙两侧的外墙均应为宽度不小于 2.00m 的不燃性墙体，其耐火极限不应低于外墙的耐火极限，如图 3.2-6 所示。

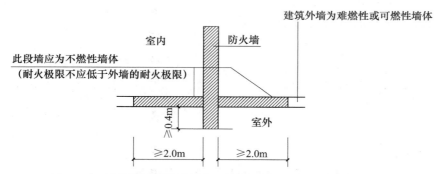

图 3.2-6　建筑外墙为难燃性或可燃性墙体时，防火墙设置示意图

建筑外墙为不燃性墙体时，防火墙可不凸出墙的外表面，紧靠防火墙两侧的门、窗、洞口之间最近边缘的水平距离不应小于 2.00m；采取设置乙级防火窗等防止火灾水平蔓延的措施时，该距离不限，如图 3.2-7 所示。

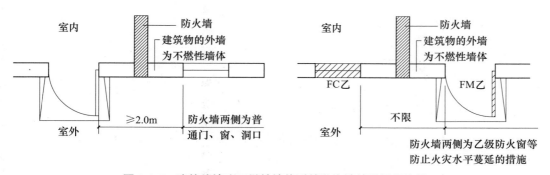

图 3.2-7　建筑外墙为不燃性墙体时的防火墙的设置示意图

（4）建筑内的防火墙不宜设置在转角处，确需设置时，内转角两侧墙上的门、窗、洞口之间最近边缘的水平距离不应小于4.00m；采取设置乙级防火窗等防止火灾水平蔓延的措施时，该距离不限，如图3.2-8所示。

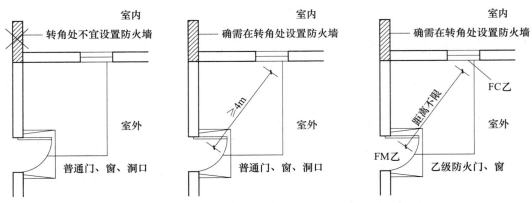

图3.2-8　建筑内的防火墙设置在转角处示意图

（5）防火墙上不应开设门、窗、洞口，确需开设时，应设置不可开启或火灾时能自动关闭的甲级防火门、窗，如图3.2-9所示。

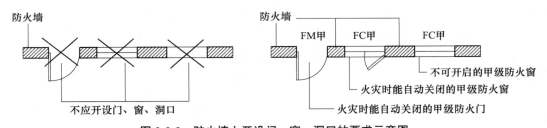

图3.2-9　防火墙上开设门、窗、洞口的要求示意图

注：确需开设时，应设置不可开启或火灾时能自动关闭的甲级防火门、窗。

可燃气体和甲、乙、丙类液体的管道严禁穿越防火墙。防火墙内不应设置排气道，如图3.2-10所示。

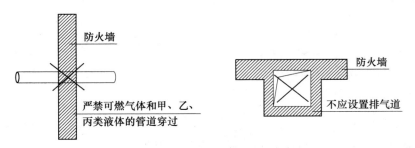

图3.2-10　可燃气体和甲、乙、丙类液体的管道以及排气道与防火墙的设置示意图

（6）除上述第（5）条要求外的其他管道不宜穿过防火墙，确需穿过时，应采用防火封堵材料将墙与管道之间的空隙紧密填实。穿过防火墙处的管道保温材料，应采用不燃烧材料；当管道为难燃及可燃材料时，应在防火墙两侧的管道上采取防火措施，如图 3.2-11 所示。

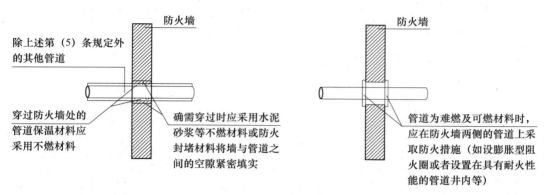

【注释】防火封堵材料应符合现行国家标准《防火封堵材料》GB 23864要求。

图 3.2-11　不宜穿过防火墙时的管道的设置示意图

（7）防火墙的构造应能在防火墙任意一侧的屋架、梁、楼板等受到火灾的影响而破坏时，不会导致防火墙倒塌。

二、楼板、建筑缝隙

1. 楼板

楼板是楼层之间的主要分隔物，与竖向防火墙、隔墙等共同构成防火分区。楼板在建筑物中的作用举足轻重，由于楼板的耐火等级相对较低，火灾中楼板受火损坏往往意味着一个防火分区的破坏。

2. 建筑缝隙

建筑缝隙是结构构件之间的缝隙，如伸缩缝、沉降缝、抗震缝和建筑构件的构造缝隙等。

建筑缝隙按所在的建筑部位可以分为五类：楼板与楼板之间的建筑缝隙；楼板与防火分隔墙体侧面之间的建筑缝隙；防火分隔墙体顶端与楼板下侧之间的建筑缝隙（即墙头缝）；防火分隔墙体之间的建筑缝隙（即墙间缝）；建筑幕墙与楼板、窗间墙或窗槛墙之间的建筑缝隙，如图 3.2-12 所示。

建筑物的伸缩缝、沉降缝、抗震缝等各种变形缝是火灾蔓延的途径之一，尤其是纵向变形缝具有很强的拔烟火作用，由于存在烟囱效应，火灾和烟气可以通过此部位迅速蔓延扩大，从而导致竖向防火分区完全失效，具有很大的危险性。

变形缝的基层应采用不燃材料，其表面装饰层宜采用不燃材料，严格限制使用可燃材料，变形缝内不准敷设电缆、可燃气体管道和甲、乙、丙类液体管道。

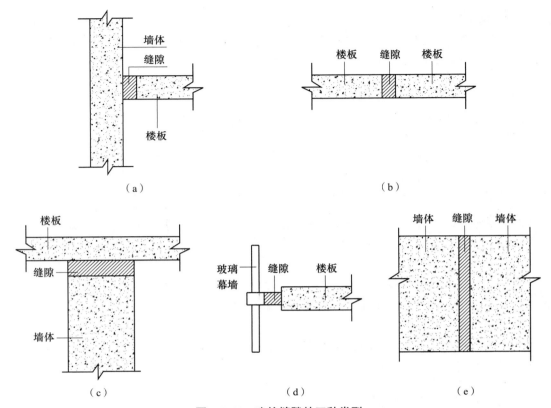

（a） （b）

（c） （d） （e）

图 3.2-12 建筑缝隙的五种类型

（a）楼板与防火分隔墙体侧面之间的建筑缝隙；（b）楼板与楼板之间的建筑缝隙；

（c）防火分隔墙体顶端与楼板下侧之间的建筑缝隙（即墙头缝）；

（d）建筑幕墙与楼板、窗间墙或窗槛墙之间的建筑缝隙；

（e）防火分隔墙体之间的建筑缝隙（即墙间缝）

电缆、电线、可燃气体管道和甲、乙、丙类液体的管道不宜穿过建筑内的变形缝，确需穿过时，应在穿过处加注不燃材料制作的套管或采取其他防变形措施，并应采用防火封堵材料封堵，如图 3.2-13 所示。

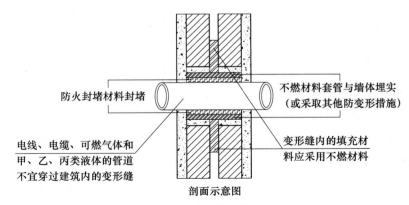

防火封堵材料封堵

不燃材料套管与墙体埋实（或采取其他防变形措施）

电线、电缆、可燃气体和甲、乙、丙类液体的管道不宜穿过建筑内的变形缝

变形缝内的填充材料应采用不燃材料

剖面示意图

图 3.2-13 变形缝封堵示意图

3. 设备缝隙

防烟、排烟、供暖、通风和空气调节系统中的管道及建筑内的其他管道，在穿越防火隔墙、楼板和防火墙处的孔隙时应采用防火封堵材料封堵，如图 3.2-14 所示。

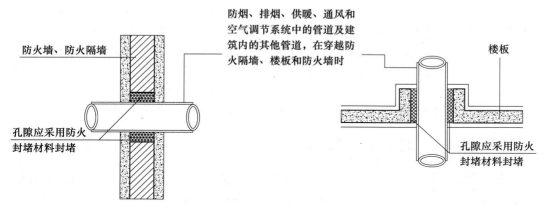

图 3.2-14　防烟、排烟、供暖、通风和空气调节系统中的管道及建筑内的其他管道，在穿越防火隔墙、楼板和防火墙处的孔隙时采用防火封堵材料封堵示意图

风管穿过防火隔墙、楼板和防火墙时，穿越处风管上的防火阀、排烟防火阀两侧各 2.00m 范围内的风管应采用耐火风管或风管外壁应采取防火保护措施，且耐火极限不应低于该防火分隔体的耐火极限，如图 3.2-15 所示。

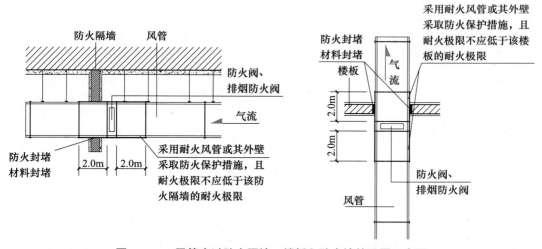

图 3.2-15　风管穿过防火隔墙、楼板和防火墙的设置示意图

建筑内受高温或火焰作用易变形的管道，在贯穿楼板部位和穿越防火隔墙的两侧时宜采取阻火措施，如图 3.2-16 所示。

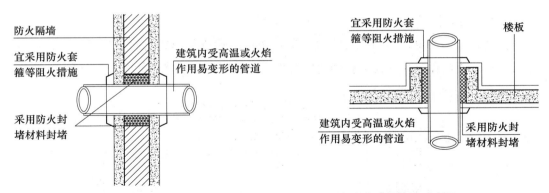

图 3.2-16　建筑内受高温或火焰作用易变形的管道的防火措施示意图

三、电缆井、管道井、垃圾道

建筑内发生火灾时，电缆竖井、电缆沟及墙体、楼板中被电缆、管道等贯穿时形成的孔洞和缝隙是引发大面积火灾蔓延的主要途径，会造成巨大的经济损失，所以应采用性能优良的防火封堵材料对这些部位进行封堵，实现有效的防火分隔，阻止火灾蔓延。

1. 电气竖井、管道井、排烟或通风道、垃圾等竖向井道，应分别独立设置。井壁的耐火极限不应低于 1.00h，井壁上的检查门应符合下列要求（图 3.2-17）：

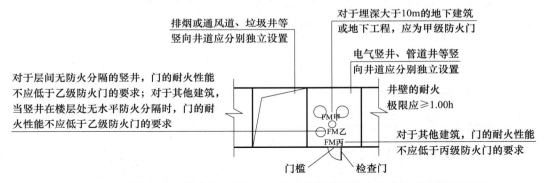

图 3.2-17　电气竖井、管道井、排烟或通风道垃圾井等竖向井道防火设置示意图

（1）对于埋深大于 10m 的地下建筑或地下工程应为甲级防火门。

（2）对于建筑高度大于 100m 的建筑，应为甲级防火门。

（3）对于层间无防火分隔的竖井，门的耐火性能不应低于乙级防火门的要求。

（4）对于其他建筑，门的耐火性能不能低于丙级防火门的要求；当竖井在楼层处无水平防火分隔时，门的耐火性能不应低于乙级防火门的要求。

2. 建筑内的电缆井、管道井应在每层楼板处采用不低于楼板耐火极限的不燃材料或防火封堵材料封堵，如图 3-2-18 所示。

3. 建筑内的电缆井、管道井与房间、走道等相连的孔隙应采用防火封堵材料封堵，如图 3.2-19 所示。

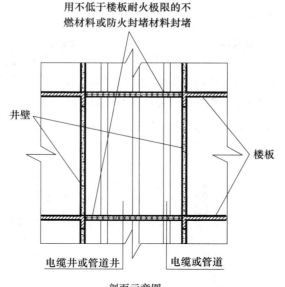

剖面示意图

图 3.2-18 建筑内的电缆井、管道井封堵示意图

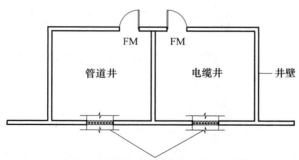

建筑内的电缆井、管道井与房间、走道等
相连通的孔隙应采用防火封堵材料封堵

图 3.2-19 建筑内的电缆井、管道井与房间、走道等相连通的孔隙封堵示意图

4. 建筑内的垃圾道宜靠外墙设置，垃圾道的排气应直接开向室外，垃圾斗应采用不燃材料制作，并应能自动关闭，如图 3.2-20 所示。

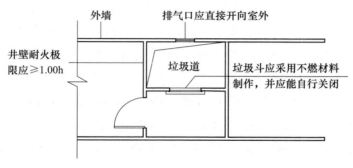

图 3.2-20 建筑内垃圾道设置示意图

四、防火挑檐、窗槛墙、建筑幕墙

在建筑火灾中，室内火灾通过外部竖向蔓延主要有两种途径：一种是火灾沿着外墙可燃物竖向蔓延，另一种是室内火焰和热烟气通过窗户等开口或楼板与外墙连接处的缝隙，在热辐射和卷吸等作用下，引燃上部楼层的可燃物而造成竖向蔓延。后一种蔓延方式为主要的蔓延方式。为了阻止火灾通过窗户竖向蔓延，可以采用防火挑檐、窗槛墙、裙墙等方式。

1. 防火挑檐

防火挑檐是位于建筑物外表面开口上部，并伸出建筑物外表面一定长度和宽度，具有一定耐火极限的不燃烧体。防火挑檐可以是钢筋混凝土楼板，也可以是耐火板、防火玻璃等。

2. 窗槛墙

《建筑设计防火规范》GB 50016—2006，称作"窗槛墙"；《建筑设计防火规范》GB 50016—2014（2018 版），称作"建筑外墙上、下层开口之间的实体墙"。窗槛墙是建筑的下层窗户顶至本层窗户底之间的墙体。窗槛墙一般为砖混或混凝土构造。

3. 裙墙

裙墙是位于建筑幕墙内侧，具有一定耐火极限的不燃烧体构件。它可以是防火玻璃、砖混或混凝土墙体。

4. 建筑幕墙

建筑幕墙是现代建筑的一项新技术，是将建筑构造装饰于建筑物外表的外墙构造形式。从某种角度上理解，它是建筑物外窗的无限扩大，以致将建筑物的外表全部用玻璃包上。

5. 防火挑檐、窗槛墙和建筑幕墙的构造要求

（1）建筑外墙上、下层开口之间应设置高度不小于 1.20m 的实体墙（也称窗槛墙）或挑出宽度不小于 1.00m、长度不小于开口宽度的防火挑檐；当室内设置自动喷水灭火系统时，上、下层开口之间的实体墙（也称窗槛墙）高度不应小于 0.80m。当上、下层开口之间设置实体墙（也称窗槛墙）确有困难时，可设置防火玻璃墙，但高层建筑防火玻璃墙的耐火完整性不应低于 1.00h，多层建筑防火玻璃墙的耐火完整性不应低于 0.50h。外窗的耐火完整性不应低于防火玻璃墙耐火完整性的要求，如图 3.2-21、图 3.2-22 所示。

（2）住宅建筑外墙上相邻户开口之间的墙体宽度不应小于 1.00m；小于 1.00m 时，应在开口之间设置凸出外墙不小于 0.60mm 的隔板，如图 3.2-23 所示。

（3）实体墙、防火挑檐和隔板的耐火极限和燃烧性能，均不应低于相应耐火等级建筑外墙的要求。

（4）建筑幕墙应在每层楼板外沿处采取符合上述第（1）（2）（3）要求的防火措施，幕墙与每层楼板、隔墙处的缝隙应采用防火封堵材料封堵，如图 3.2-24 所示。

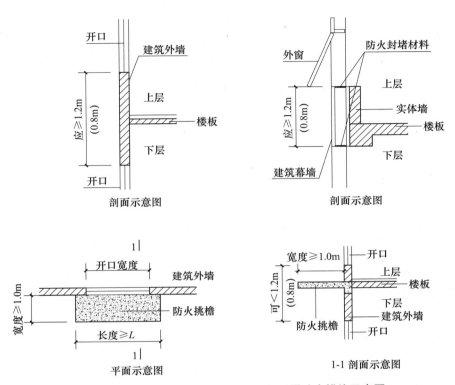

图 3.2-21　建筑外墙上、下层开口之间设置防火措施示意图

注：1. 当室内设置自动喷水灭火系统时，上、下层开口之间的墙体高度执行括号内的数字。

　　2. 如下部外窗的上沿以上为上一层的梁时，该梁的高度应计入上、下层开口间的墙体高度。

　　3. 实体墙、防火挑檐的耐火极限和燃烧性能，均不应低于相应耐火等级建筑外墙的要求。

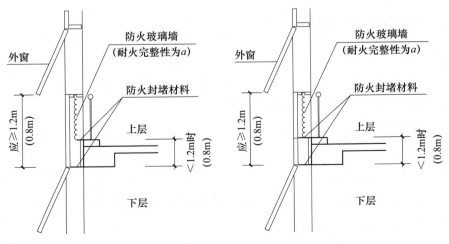

高层建筑：$a \geq 1.00\text{h}$；多层建筑：$a \geq 0.50\text{h}$

图 3.2-22　防火玻璃墙示意图

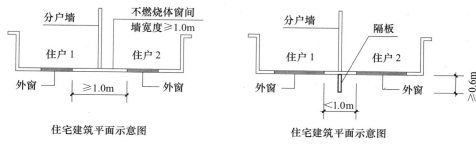

图 3.2-23　住宅建筑外墙上相邻户开口之间的防火措施示意图

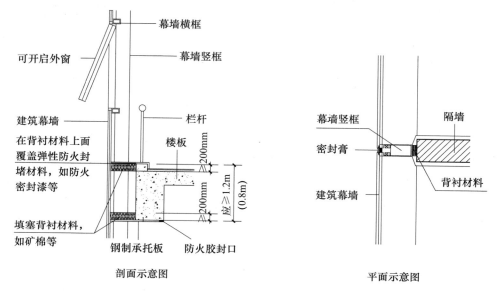

注：当室内设置自动喷水灭火系统时，上下层开口之间的墙体高度执行括号内数字。

图 3.2-24　建筑幕墙封堵示意图

五、防火门、防火窗和防火卷帘

1. 防火门

防火门通常用于防火墙的开口、楼梯间出入口、疏散通道、管道井、电缆井开口等部位，对防火分隔和人员疏散起到重要的作用。

防火门根据门框、门扇骨架或门扇面板使用的材料可分为钢质防火门、木质防火门、钢木复合防火门和无机防火门等，防火门按耐火极限可分为甲级（≥1.20h）、乙级（≥0.90h）、丙级（≥0.60h）防火门；按防火门产品标准可分为A类（隔热）防火门、B类（部分隔热）防火门、C类（非隔热）防火门。防火门的耐火性能分类如表3.2-1所示。

防火门的设置要求应符合下列规定：

（1）设置在建筑内经常有人通行处的防火门宜采用常开防火门。常开防火门应能在火灾时自行关闭，并应具有信号反馈的功能，如图3.2-25所示。

防火门、窗的耐火性能分类　　　　　　表 3.2-1

耐火性能分类	耐火等级代号	耐火性能	
隔热防火门、窗（A类）	A0.50（丙级）	耐火隔热性≥0.50h，且耐火完整性≥0.50h	
	A1.00（乙级）	耐火隔热性≥1.00h，且耐火完整性≥1.00h	
	A1.50（甲级）	耐火隔热性≥1.50h，且耐火完整性≥1.50h	
	A2.00	耐火隔热性≥2.00h，且耐火完整性≥2.00h	
	A3.00	耐火隔热性≥3.00h，且耐火完整性≥3.00h	
部分隔热防火门（B类）	B1.00	耐火隔热性≥0.50h	耐火完整性≥1.00h
	B1.50		耐火完整性≥1.50h
	B2.00		耐火完整性≥2.00h
	B3.00		耐火完整性≥3.00h
非隔热防火门（C类）	C1.00	耐火完整性≥1.00h	
	C1.50	耐火完整性≥1.50h	
	C2.00	耐火完整性≥2.00h	
	C3.00	耐火完整性≥3.00h	
非隔热防火窗（C类）	C0.50	耐火完整性≥0.50h	
	C1.00	耐火完整性≥1.00h	
	C1.50	耐火完整性≥1.50h	
	C2.00	耐火完整性≥2.00h	
	C3.00	耐火完整性≥3.00h	

注：1. 防火门分类引自《防火门》GB 12955—2008。

　　2. 防火窗引自《防火窗》GB 16809—2008。

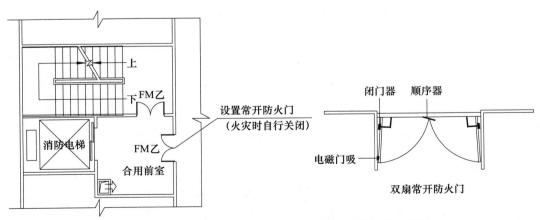

注：常开防火门应能在火灾时自行关闭，并应具有信号反馈的功能。

图 3.2-25　常开防火门和双扇常开防火门示意图

（2）除允许设置常开防火门的位置外，其他位置的防火门均应采用常闭防火门。常闭防火门应在其明显位置设置"保持防火门关闭"等提示标识。

（3）除管道井检修门和住宅的户门外，防火门应具有自行关闭功能。双扇防火门应具有按顺序自行关闭的功能，如图 3.2-26 所示。

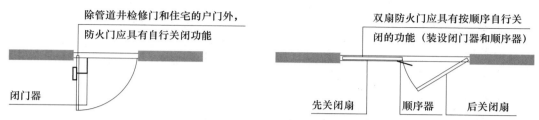

图 3.2-26　防火门自行关闭功能和双扇防火门按顺序自行关闭功能示意图

（4）防火门应能在其内外两侧手动开启。

（5）防火门设置在建筑变形缝附近时，防火门应设置在楼层较多的一侧，并应保证防火门开启时门扇不跨越变形缝，如图 3.2-27 所示。

（6）防火门关闭后应具有防烟性能。

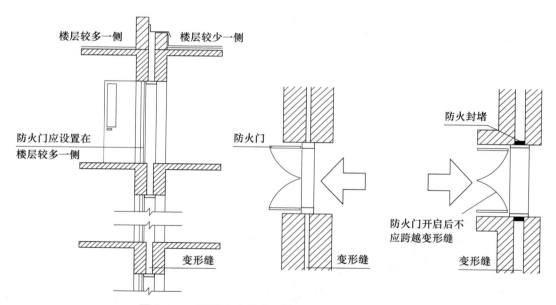

图 3.2-27　设置在建筑变形缝附近时的防火门示意图

2. 防火窗

当防火墙或防火隔墙上必须开设洞口，但并不用于疏散，又有采光／换气要求时，应设置耐火极限符合相应要求的防火窗。

防火窗按其材质分为钢质、木质等，但采用的玻璃均应为防火玻璃；防火窗按其产品标准可分为 A 类（隔热性）防火窗、C 类（非隔热性）防火窗。防火窗的耐火性能分类如表 3.2-1 所示。

防火窗的设置要求应符合下列规定：

（1）设置在防火墙、防火隔墙上的防火窗，应采用不可开启的窗扇或具有火灾时能自行关闭的功能。

（2）设置在防火墙的防火窗应为甲级防火窗。

3. 防火卷帘

防火卷帘广泛地应用于工业与民用建筑中防火分区的分隔，能有效地阻止火灾蔓延，是建筑中不可缺少的防火措施。

防火卷帘的品种较多，按安装形式可分为垂直式、平卧式、侧向式，多数情况下为垂直式；当垂直安装不能克服跨度过大而带来较大变形时宜采用侧向式防火卷帘；当垂直空间较高且需作水平防火分隔时宜选用平卧式防火卷帘。防火卷帘按帘片结构可分为单片式和复合式；单片式为单层冷轧带钢轧制成形，根据需要有时会在帘片受火面涂防火涂料或覆盖其他防火材料以提高其耐火极限，一般用于耐火时间要求较低的部位。复合式为双层冷轧带钢轧制成形，内填不燃材料。防火卷帘按主体材料分为钢质防火卷帘和无机防火卷帘，钢质防火卷帘帘片一般采用 0.6～1.2mm 厚冷轧镀锌钢带制成；无机防火卷帘片为整片式或分块式，主体材料由阻燃材料、建筑丝布等组成。

防火卷帘应配置导轨、卷轴、卷门机、控制箱等必需的附属设施，其控制方式有手动、电动两种，一般在大型建筑中宜采用联动控制方式与消防控制中心相连。当火灾发生时，用作防火分隔的防火卷帘，火灾探测器动作后，卷帘下降到底；用作疏散通道上的防火卷帘，采用感烟探测器和感温探测器共同控制，当感烟探测器动作后，卷帘下降至距地（楼）面1.8m，当感温探测器动作后，卷帘下降到底。平时如有需要，可手动控制使其上升或下降，所有卷帘的动作均由消防控制中心发出信号执行。

防火分隔部位设置防火卷帘时，应符合下列要求：

（1）除中庭外，当防火分隔部位的宽度不大于 30m 时，防火卷帘的宽度不应大于 10m；当防火分隔部位的宽度大于 30m 时，防火卷帘的宽度不应大于该部位宽度的 1/3，且不应大于 20m，如图 3.2-28 所示。

（2）防火卷帘应具有火灾时依靠自重自动关闭的功能。

（3）防火卷帘的耐火极限不应低于所设置部位墙体的耐火极限。

（4）当防火卷帘的耐火极限符合国家有关标准的耐火完整性和耐火隔热性的判定条件时，可不设自动喷水灭火系统。

（5）当防火卷帘的耐火极限仅符合国家有关标准的耐火完整性的判定条件时，应设自动喷水灭火系统。以防火卷帘代替防火墙时，其耐火极限应按 3.00h 计算，其自动喷水灭火系统的火灾延续时间，应按 3.00h 计算，如图 3.2-29 所示。

（6）防火卷帘应具有防烟性能，与楼板、梁、墙、柱之间的空隙应采用防火封堵材料封堵。

（7）需在火灾时自动降落的防火卷帘，应具有信号反馈的功能。

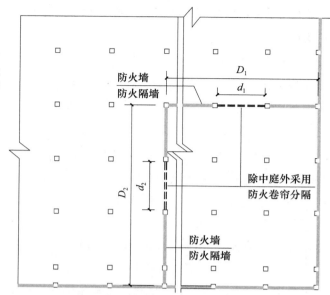

注：D：某一防火分隔区域与
相邻防火分隔区域两两之
间需要进行分隔的部位的
总宽度，$D=D_1+D_2$。

d：防火卷帘的宽度，
$d=d_1+d_2$；
当$D \leqslant 30m$时，$d \leqslant 10m$；
当$D>30m$时，$d \leqslant D/3$，
且$d \leqslant 20m$。

图 3.2-28　防火卷帘布置示意图

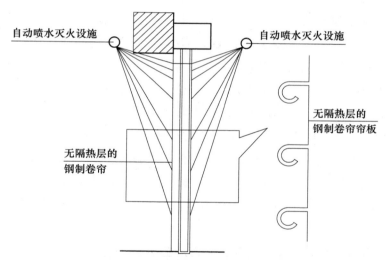

图 3.2-29　需要自动喷水灭火系统保护的防火卷帘

六、防火阀、排烟防火阀、通风管道、电缆桥架

1. 防火阀

防火阀是指安装在通风、空调系统的送回风管路上，平时呈开启状态。火灾时当管道内气体温度达到 70℃时，自动关闭，在一定时间内能满足耐火稳定性和耐火完整性要求，起阻火作用的阀门。

防火阀主要用于：

（1）管道穿越防火分区处。

（2）穿越通风、空气调节机房及重要的或火灾危险性大的房间隔墙和楼板处。

（3）垂直风管与每层水平风管交接处的水平管段上。

（4）穿越防火分隔处的变形缝两侧，如图3.2-30所示。

（5）厨房、浴室、厕所等的垂直排风管道的支管上。

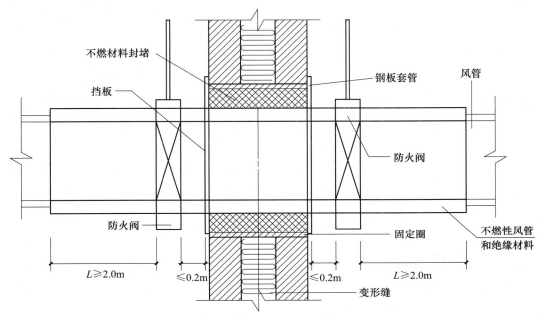

图 3.2-30　防火阀穿越变形缝时的布置示意图

2. 排烟防火阀

排烟防火阀是指安装在排烟系统管道上，平时呈关闭状态，根据需要排放烟气时由消防控制中心发出信号将其打开，当管道内气体温度达到280℃时，会自动关闭以阻止火势蔓延，在一定时间内能满足耐火稳定性和耐火完整性的要求，起隔烟防火作用的阀门。

高层民用建筑和其他各类现代建筑几乎都设有通风、空调和防烟、排烟系统，建筑物一旦发生火灾，这些系统中的管道将成为火和烟气蔓延的途径。

排烟防火阀主要用于：

（1）机械排烟系统的排烟支管。

（2）设在顶棚上或靠近顶棚的墙面上排烟口。

（3）排烟风机的机房入口。

（4）排烟管道穿过防火墙时。

3. 通风管道

通风管道主要用于中央空调的送回风系统和空气调节系统，一般由难燃或不燃材料制成。

4. 电缆桥架

电缆桥架是现代建筑工程中电线、电缆敷设的重要设施，电线、电缆穿越建筑物的垂直和水平分隔以及防火分区，大多数隐蔽设置，是火灾蔓延的一种途径。电缆桥架当竖向垂直安装时，大多数情况下是以电缆井（电气竖井）的形式出现，只要按照电缆井（电气竖井）的防火要求即可。当电缆桥架以水平形式穿越防火分区时，往往会被忽视。

第三节　防火分区和防火分隔设施的日常管理及灭火实战中的应用

现行国家标准《建筑设计防火规范》GB 50016 对防火分区的定义是：在建筑内部采用防火墙、楼板及其他防火分隔设施分隔而成，能在一定时间内防止火灾向同一建筑的其余部分蔓延的局部空间。

《公安消防部队执勤战斗条令》第 69 条：公安消防部队在灭火战斗中，应当按照先控制、后消灭，集中兵力、准确迅速，攻防并举、固移结合的作战原则，果断灵活地运用堵截、突破、夹攻、合击、分割、围歼、排烟、破拆、封堵、监护、撤离等战术方法，科学有效地开展火灾扑救行动。

一、防火分区和防火分隔设施在灭火实战中的意义

1. 是"先控制、后消灭"的具体体现

消防部队灭火战斗的原则是"先控制、后消灭"，在扑救建筑火灾中，只要坚持这个原则，灭火战斗就会取得胜利。在实战中，指挥员必须牢固树立将火灾消灭在防火分区内的基本原则，绝对不允许火势突破防火分区，这是灭火作战指挥"先控制、后消灭"的具体措施，也是灭火作战取得胜利的底线，在控制火势的基础上将其消灭。

分析历次建筑火灾扑救的经验教训，凡是一幢建筑全部被烧毁的，实际上就是火场指挥员没有充分利用防火分区进行设防或者设防没有到位，使火势突破了防火分区，造成蔓延扩大，将一幢建筑全部烧毁。

2. 是"攻防并举、固移结合"的具体应用

利用防火墙、楼板及其他防火分隔设施形成的防火分区，从大处来说就是一个防止火势蔓延的固定消防系统，这是建筑设计师在建筑防火设计中，为消防救援人员实施火灾扑救创造的有利条件。只要充分运用这个条件，消防救援人员在灭火战斗中就会在防止火势蔓延的过程中实施进攻。在保证火势不突破防火分区的情况下，利用室内消火栓系统、自动喷水灭火系统和消防车辆装备积极进攻、消灭火灾，从而贯彻

"攻防并举、固移结合"的灭火原则。而上述所说的防火墙和防火分隔设施就是固定消防系统，消防车辆装备就是移动设施，这样也就实现了"固移结合"的灭火原则。

3. 是"堵截、突破、夹攻"战术方法的运用

防火分区中防火墙、楼板及其防火分隔设施形成了防止火势蔓延的屏障，为消防救援人员实现"堵截"灭火战术的运用奠定了基础，在确保火势不突破防火分区的基础上，消防救援人员通过内攻，运用"突破和夹攻"的灭火战术，将火势进行消灭。

二、正确处理"先控制、后消灭"的关系

先控制，就是利用防火分区的建筑构造和防火分隔设施所形成的阻止火势蔓延的屏障，将火势控制在一定的范围。在灭火战斗中，消防指挥员安排消防救援人员，以防火分区的范围进行设防，由于形成防火分区的防火墙、楼板及其他防火分隔设施的存在，为消防救援人员阻止火势蔓延减少了工作压力，消防救援人员可以利用较少的作战力量，防止和控制火势蔓延扩大。

后消灭，就是在利用防火分区进行设防的同时，安排较强的兵力直接消灭火灾。

先控制是基础，后消灭是目的，在灭火实战中二者不可偏废，二者是并行的关系。利用防火分区控制火势的蔓延，不是消极的防御，而是积极的进攻。当火灾区域不是很大，通过快速进攻能够消灭火灾时，应该尽快消灭，而不是等待其发展扩大。

三、防火分区和防火分隔设施的日常消防管理

防火分区和防火分隔设施在灭火作战中的地位和作用非常重要，如果形成防火分区的防火墙、楼板及其防火分隔设施，日常管理到位，保证其完整好用，在发生火灾时就会发挥其应有的作用，为消防救援工作创造良好的条件，从而将火势控制在防火分区内并将其消灭。反之，如果在日常消防管理过程中不仔细、不到位，一旦发生火灾往往会造成严重的后果。纵观国内大型火灾现场，火灾时凡是整幢建筑全部过火的，无一不是火势突破了防火分区而蔓延扩大，造成重大的经济损失。因此，平时必须加强对防火分区及防火分隔设施的管理。

1. 竖向防火分区的管理和检查

（1）楼板是组成竖向防火分区的关键建筑构件。主要检查楼板上是否有生产生活、储存和平时维修过程中开设的孔洞、洞口等，一旦发现，应立即整改。

（2）建筑缝隙的封堵是否被破坏。主要包括：楼板与楼板之间的缝隙，楼板与防火分隔墙体侧面之间的缝隙，防火分隔墙之间的建筑缝隙，建筑幕墙与楼板、窗间墙或窗槛墙之间的建筑缝隙等。如果封堵被破坏，应立即整改。

（3）建筑物的伸缩缝、沉降缝、抗震缝等建筑封堵是否保持良好的状态。

（4）电线、电缆、可燃气体管道和甲、乙、丙类液体管道穿越建筑内变形缝时的

防火封堵是否被破坏。

（5）防烟、排烟、供暖、通风和空气调节系统的管道穿越楼板处的孔隙防火封堵是否被破坏。

（6）电缆井、管道井和垃圾道的井道防火保护情况，井道的耐火等级是否符合要求，井道壁是否有裂缝等容易形成火势蔓延的孔洞、洞口，井道上的检查门是否为符合等级要求的防火门，防火门是否关闭严密。电缆井、管道井内楼板处的防火封堵是否严密，电缆、管道维修后是否恢复至严密封堵的状态。

（7）建筑外墙上、下层开口之间实体墙（窗槛墙）的设置是否符合高度不小于1.20m的要求。如果达不到1.20m时，是否设有挑出宽度不小于1.00m、长度不小于开口宽度的防火挑檐；当室内设有自动喷水灭火系统时，建筑外墙上、下层开口之间实体墙（窗槛墙）的设置高度是否大于0.80m，如果达不到0.80m时，是否设有挑出宽度不小于1.00m、长度不小于开口宽度的防火挑檐。

上述部位的实体墙如果达不到1.20m或0.80m的要求时，并且没有设置防火挑檐时，是否采用防火玻璃墙。如果设置的是防火玻璃墙，查看单位提供的防火玻璃的有关资料，高层建筑防火玻璃墙的耐火完整性不应低于1.00h，多层建筑防火玻璃墙的耐火完整性不应低于0.50h。

（8）建筑幕墙的防火分隔应按序号（7）的检查方法和检查要求实施。

2. 水平防火分区的管理和检查

（1）在日常生产、储存和生活中，是否在防火墙上开设洞口、孔口等。一旦发现，必须使用相应耐火极限的不燃材料封堵。

（2）防火墙是否破损，发生穿透裂缝等。

（3）防火墙上防火门、窗的设置方式是否符合要求，常闭式防火门、窗是否处于关闭状态。检查能够开启的防火门、窗是否能够自动关闭，防火门、窗上的防火玻璃是否完整，防火门、窗关闭后是否处于严密状态。

（4）是否有可燃气体及甲、乙、丙类液体管道穿越防火墙。

（5）除可燃气体及甲、乙、丙类液体管道外，其他穿越防火墙的管道（防烟、排烟、供暖、通风和空气调节管道）其周围的防火封堵是否被破坏。

（6）防火墙体顶端与楼板下侧之间的建筑缝隙封堵是否被破坏。

（7）建筑内的电缆井、管道井与房间、走道等相连的孔隙采用的防火封堵是否被破坏。特别注意：建筑内电缆井、管道井壁与建筑内吊顶上侧的连接处，往往因施工单位偷工减料，致使电缆井、管道井与吊顶上侧的空间相连，火灾时会形成蔓延通道，务必引起高度重视。

（8）防火卷帘能否从现场控制其升降，能否从消防控制室控制其升降。防火卷帘在断电的情况下，能否通过现场机械操作，利用其自重下降至地面。

（9）防火卷帘周围的防火封堵是否符合防止火势蔓延的要求。

（10）现场实际操作试验防火卷帘能否下降至地面，起到防火分隔作用。

（11）电缆桥架的防火封堵是否被破坏。

（12）用来保护防火卷帘的自动喷水灭火系统是否完整有效。

（13）室内"防火隔离带"范围内是否堆放可燃物等引起火势蔓延扩大的物品。

（14）防火分隔带的完整性是否被破坏，在防火分隔带区域范围内是否堆放有可燃材料。

（15）防火水幕带的功能是否保持国家规定的要求。

3. 中庭、自动扶梯形成的防火分区的管理和检查

中庭、自动扶梯形成的防火分区与竖向防火分区和水平防火分区有很大的不同。

（1）逐层检查中庭、自动扶梯形成防火分区的防火墙，防火墙是否因在生产、储存、生活过程中被破坏，形成孔口、洞口和裂缝等隐患。

（2）逐层检查设在防火墙上的防火门、防火窗、防火卷帘等的完好情况。

（3）检查防火卷帘的现场控制、消防控制室控制升降的情况。现场检查防火卷帘在断电的情况下，通过机械方式利用其自重自动下降情况。

（4）中庭的排烟情况是否符合要求。

（5）中庭、自动扶梯周围防火门关闭和防火卷帘下降形成防火分区后，消防救援人员进攻的通道、楼梯、防火门的畅通情况。

四、防火分区和防火分隔设施在灭火实战中的应用

1. 单层建筑火灾

对于单层建筑火灾，防火分区只设有水平防火分区，只需按照水平防火分区及防火分隔设施的位置安排作战力量设防控制火势，就可以起到"先控制、后消灭"的作用。

2. 多层及高层建筑火灾竖向防火分区和防火分隔设施在灭火实战中的应用

对于多层及高层建筑火灾，要综合运用竖向防火分区和水平防火分区的天然优势堵截火势，形成"先控制、后消灭"的态势。在扑救多层及高层建筑火灾时，火场指挥员必须牢固树立竖向防火分区的意识。因为在该类建筑火灾中，火势往往首先突破竖向防火分区的防火分隔，向着火层的上一层或上几层蔓延，而水平防火分区是随着火势沿水平方向发展蔓延时才能发挥作用。例如，某一楼层发生火灾，虽然火灾面积不是很大（比如约 $50m^2$），此时，火场指挥员要在安排作战力量直接灭火的同时，必须派出战斗员进入着火层的上一层巡查设防，其原因是在着火区域内可能有孔洞、管道井、建筑缝隙等穿越楼板处没有进行防火封堵或者封堵不合格的缝隙或孔洞，火势就会沿孔洞、管道井、建筑缝隙等向上蔓延（俗称"蹿火"），虽然本层的着火区域通

过"堵截、夹击"等战术得到控制直至将火灾消灭，但火势往往蔓延至上一层，甚至更上一层，使火势蔓延扩大，这方面的教训可以说是比较多的。

当然，在防止火势向上一层发展蔓延的同时，还要派出力量到火灾发生层的下一层设防，只有这样才能及时控制火势，消灭火灾。

（1）直接进入着火层，采用室内消火栓系统、自动喷水灭火系统以及利用消防车辆等移动消防装备，运用固移结合的原则，直接对着火区域进行"夹攻、合击、分割、围歼"。

（2）派出力量进入着火层的上一层巡查，利用竖向防火分区及防火分隔设施形成的屏障，将火势死死地阻隔在楼板之下，并将其消灭。

1）加强以着火层火灾区域投影范围内的楼层孔洞、缝隙、管道井、电缆井，建筑中的伸缩缝、沉降缝，防烟、排烟、通风和空气调节管道的周围封堵，建筑上、下层开口之间的实体墙、建筑幕墙等进行重点巡查。

2）在着火层的上一层划分设防区域，确保及时发现并处理各类火势向上蔓延的隐患。根据火灾现场火势区域的大小，可以分为若干个小组巡查，每个小组1～2人，佩戴个人防护装备，在确保消防救援人员安全的情况下进行。

3）在着火层的上一层做好灭火准备和封堵火势向上蔓延的准备。巡查人员应携带防火封堵材料以备急用。巡查人员应采用室内消火栓系统或消防车提供的灭火水源设防，本着"见火就打、无火不射水"的原则进行巡查，如果发现蔓延的范围大，应及时向火场指挥员报告，请求增派救援力量。

4）巡查人员必须具有高度的责任心，巡查时要特别注意隐蔽设置的管道井、电缆井、排烟、通风管道等。

（3）派出力量进入着火层的下一层巡查，利用竖向防火分区及防火分隔设施形成的屏障，防止火势向下一层蔓延。要参照"派出力量进入着火层的上一层巡查"的方法进行设防。

3. 多层及高层建筑火灾水平防火分区和防火分隔设施在灭火实战中的应用

对水平防火分区和防火分隔设施在灭火实战中的应用，要根据火势发展蔓延的情况实施。

这里所说的运用水平防火分区和防火分隔设施阻止火势的蔓延，并不是火灾发生后，立即将火灾区域的防火分区全部封闭、被动防御。而是火场指挥员根据火势发展蔓延的方向，适时应用防火分隔设施中防火门、防火卷帘等的作用。

（1）对距离防火分区分界线和防火分隔设施较远的火灾区域，要集中优势兵力打歼灭战，将其消灭在较小的范围内。

（2）火场指挥员要根据火灾发展蔓延的方向，及时派出力量，依托防火分区分界线所形成的阻火屏障，阻止火灾突破防火分区，以较少的灭火力量，发挥较大的作用。

（3）应用水平防火分区时，应派消防救援人员沿防火墙对防火分隔设施进行巡查，防止火势突破水平防火分区的分界线蔓延，造成更大的火灾损失。

4. 水平防火分区的设防措施

在对水平防火分区设防时，要派出力量，明确任务，分段负责，不留空白。每组力量宜为1～2名战斗员，佩戴个人防护装备，利用室内消火栓系统接出水带、水枪或者利用消防车辆等移动消防装备接出水带、水枪做好射水准备。

（1）查看防火墙上是否有孔洞、洞口、裂缝等方便火势蔓延的隐患。

（2）查看防火水幕是否动作，若没有动作，查找原因，如果不能使用，则告知火场指挥员，设立水枪阵地，阻止火势蔓延。

（3）查看防火隔离带，在此区域内是否堆有能够引起火势蔓延的可燃物。若存在可燃物，要报告火场指挥员，由火场指挥员安排力量进行处理。

（4）查看防火门和防火窗是否处于关闭状态，防火门、防火窗是否完好，其中的玻璃是否完好，防火门、防火窗关闭是否严密。

（5）查看防火卷帘是否已经完全降落至地面，防火卷帘周围密封是否严密。

防火卷帘没有降落或没有完全降落至地面的处理。根据实战经验，从消防控制室远程控制降落防火卷帘往往没有降落或没有完全降落至地面。巡查人员首先要利用现场的防火卷帘升降按钮操作防火卷帘下降。当向防火卷帘供电的电源损坏、防火卷帘升降按钮失去作用时，巡查人员要利用单杠梯等登高装备，查找防火卷帘检修口的一侧，架设登高装备登高，将检修口打开，发现有一条拉线，战斗员只需将该线向下拉动，防火卷帘就会自动下降至地面，从而起到阻止火势蔓延的目的。

（6）有些防火卷帘在火灾时需要喷水冷却防护，当火势到达时，自动喷水灭火系统就会自动喷水冷却。如果自动喷水灭火系统损坏，则需要用水枪冷却，以保障防火卷帘的耐火完整性，防止火势烧穿防火卷帘从而突破防火分区导致蔓延扩大。

（7）查看通风、空调的送、回风管道在穿越防火墙时，其周围的防火封堵情况，如果此处有烟雾冒出，说明没有封堵严密，此处可能是火势蔓延的通道，巡查人员要进行设防，防止火势蔓延扩大。

（8）电缆桥架穿越防火墙时，不仅与防火墙之间进行防火封堵，而且桥架内部电缆与电缆之间也要封堵严密，巡查时要注意。

（9）通风管道穿越防火墙时，均安装了防火阀，该防火阀在管道内的温度达到70℃时就会自动关闭，为防止该类阀门失去作用，在巡查时要注意观察。

（10）管道井、电缆井井道壁与房间、走道等处的吊顶上面往往在平时维修中被破坏，如果孔洞没有及时封堵，也是火灾传播的通道，要引起巡查人员的重视。

5. 自动扶梯、中庭防火分区设防的措施

自动扶梯和中庭的防火分区兼顾了竖向防火分区和水平防火分区的特点，在扑救此类型火灾时，火场指挥员必须综合考虑各方面的因素，严格按照防火分区划分的范围和防火分隔设施的设置位置进行立体设防。

在中庭、自动扶梯的防火分区划分时，防火分隔设施的位置不同，所形成的防火分区的区域也有很大差别。有的自动扶梯或中庭防火分区的划分范围不仅是将自动扶梯或中庭区域划为独立的防火分区，还将某一楼层的楼面或若干楼层的楼面与自动扶梯或中庭区域划为一个防火分区。在这样的情况下，火场指挥员必须根据火灾发生的具体位置与防火分区中防火分隔设施之间的关系以及火势发展蔓延的方向综合分析后，安排作战力量进行设防。

（1）纯自动扶梯、中庭区域防火分区的设防。这类防火分区的划分，一般采用防火墙、防火卷帘或单独采用防火卷帘、防火水幕带等防火分隔物划分防火分区。

在进行设防时，需要按照竖向防火分区和水平防火分区火灾时的设防方式进行。需要强调的是，当某一楼层发生火灾时，要将着火层和着火上一层自动扶梯、中庭周围的防火分隔设施设置成为阻止火势蔓延的状态，并派出数组战斗员进入各层进行巡查，将有可能形成火灾向上层蔓延的隐患清除。

（2）自动扶梯、中庭与楼层的楼面划为一个防火分区的设防。这类防火分区的设防要兼顾水平防火分区和竖向防火分区设防的方式，在确保水平防火分区不被火势突破的情况下，同时要考虑着火层、着火层上一层和着火层下一层的设防。否则，将会顾此失彼。

第四章

消防电梯、直升机停机坪及避难层（间）在灭火实战中的应用

第一节　消防电梯在灭火实战中的应用

一、设置消防电梯的意义

消防电梯主要用于高层建筑中，是高层建筑特有的消防救援设施。高层建筑竖向高度大，火灾扑救时难点多、困难大。高层建筑发生火灾时，由于建筑构件耐火性能和其他因素的影响，为阻止人员伤亡，普通电梯需要停止运行，消防队员若要靠徒步攀登楼梯登高灭火，由于其需要携带灭火设备和装备，如果通过楼梯到达起火楼层，既浪费时间，又会过多地消耗大量的体力，还会与疏散人群发生冲突，往往贻误灭火战机，影响火灾扑救和被困人员的抢救。因此，为方便消防救援人员迅速到达火灾现场和及时将灭火救援装备运抵火灾现场，高层建筑必须设有专用的或者兼用的消防电梯。

20世纪80年代初，《高层民用建筑设计防火规范》编制组会同原北京市公安局消防总队，在北京市前三门的长椿街203号楼，进行了消防队员实际攀登能力测试。

1. 基本情况

长椿街203号楼，住宅楼建筑，共计12层。每层高度2.90m，总建筑高度34.80m，当天气温为32℃。

参加攀登测试消防队员（年龄在20~22岁）的体质为中等，共计15人，分成3个小组，身着战斗服，穿战斗靴，每人手提两盘ϕ65mm、长度20m的水带，身背一支口径为ϕ19mm的水枪，从底层楼梯口起跑，到达规定的楼层之后，铺设ϕ65mm的水带2盘，并接上水枪，做出射水姿势（不射水）。

测试楼层分别是第8层、第9层和第11层，相应的建筑高度分别为20.30m、23.20m和29.00m。每个小组登上一个楼层。

测定登高前、后每人的心率、呼吸次数和登高所用的时间。这次测试15人登高前后的实际心率、呼吸次数，与一般短跑运动员所允许的正常心率（180次/min）、呼

吸次数（40次/min）数值进行比对。

2. 测试结果

（1）攀登上第8层的一组，其中2人的心率超过180次/min，1人呼吸次数超过40次/min，心率和呼吸次数分别有40%和20%超过允许值。两项平均，则有30%的人超过允许值，这些消防员到达楼层后不能坚持正常的灭火战斗。

（2）攀登上第9层的一组，其中2人的心率超过180次/min，3人呼吸次数超过40次/min。心率和呼吸次数分别有40%和60%超出允许值。两项平均，则有50%的超过允许值，到达楼层后不能坚持正常的灭火战斗。

（3）攀登上第11层的一组，其中4人的心率超过180次/min，5人的呼吸全部超过40次/min。心率和呼吸次数分别有80%和100%超过允许值，徒步登上第11层的消防队员，都失去了坚持进行正常灭火战斗的能力。

15名消防队员攀登楼梯的有关情况和各项数据，详见表4.1-1。

参加测试消防队员的情况和各项测试数据　　　　表4.1-1

登高楼层	登楼人员 组别	编号	年龄（岁）	登楼前心率（次/min）	登楼后心率（次/min）	登楼前呼吸次数（次/min）	登楼后呼吸次数（次/min）	登楼时间（s）
8楼	第1组	1	23	108	192	20	44	50.45
		2	20	90	198	24	36	62.6
		3	20	72	168	24	32	53.25
		4	23	84	168	20	40	55.4
		5	19	84	180	12	32	—
9楼	第2组	1	22	78	186	20	40	56
		2	22	56	192	16	52	62.25
		3	22	84	180	16	44	61.15
		4	22	90	168	24	42	61
		5	22	84	162	16	32	63.8
11楼	第3组	1	23	78	162	16	44	79.5
		2	21	78	192	20	44	80.4
		3	25	90	180	16	46	81.6
		4	22	78	182	20	52	77.5
		5	22	72	182	16	48	76.55

注：1. 测试时间：1980年6月28日。

　2. 每人装备：身着灭火战斗服，脚穿战斗靴，手提2盘 ϕ65mm口径、长20m的水带，携带喷嘴口径为 ϕ19mm水枪一支。

3. 测试结论

通过实际测试的结论是：消防队员的登高能力有限。有50%的消防队员，携带不是很重的消防器具，徒步登上第 8 层或者第 9 层楼还可以。但是，若起火楼层再高一些，会遇到更多的困难，仅仅依靠人的体能完成攀登楼梯，就会力不从心。虽然高层建筑都设有电梯，但是一般客用电梯对于火灾的防护能力极差，另外，在常规供电情况下，不能保证火灾条件下继续供电。因此，国家标准规定，高层建筑必须要设置消防电梯。

二、消防电梯的设置范围和数量

除城市综合管廊、交通隧道和室内无车道且无人员停留的机械式汽车库可不设置消防电梯外，下列建筑均应设置消防电梯，且每个防火分区可使用的消防电梯不应少于 1 部：

1. 建筑高度大于 33m 的住宅建筑。

2. 5 层及以上且建筑面积大于 3000m² （包括设置在其他建筑内第五层及以上楼层）的老年人照料设施。

3. 一类高层公共建筑和建筑高度大于 32m 的二类高层公共建筑。

4. 建筑高度大于 32m 且设置电梯的高层厂房（仓库）。

5. 建筑高度大于 32m 的封闭或半封闭汽车库。

6. 除轨道交通工程外，埋深大于 10m 且总建筑面积大于 3000m² 的地下或半地下建筑（室）。

7. 设置消防电梯的建筑的地下或半地下室。

三、消防电梯的设置要求

符合消防电梯设置要求的客梯或货梯可兼做消防电梯。

1. 除设置在仓库连廊、冷库穿堂或谷物筒仓工作塔内的消防电梯外，消防电梯应设置前室，并应符合下列要求：

（1）前室在首层应直通室外或经过长度不大于 30m 的专用通道通向室外，该通道与相邻区域之间应采取防火隔离措施。

（2）前室宜靠外墙设置，前室使用面积不应小于 6.0m²。与防烟楼梯间合用前室的使用面积：公共建筑、高层厂房、高层仓库、平时使用的人民防空工程及其他地下工程，不应小于 10.0m²；住宅建筑，不应小于 6.0m²。

（3）消防电梯的前室与住宅楼剪刀楼梯间的共用前室合用时，合用前室的使用面积不应小于 12.0m²，且前室的短边不应小于 2.4m。

2. 前室或合用前室应采用乙级防火门，不应设置卷帘。除兼作消防电梯的货梯前室无法设置防火门的开口可采用防火卷帘分隔外，其他不应采用防火卷帘或防火玻璃墙等方式替代防火隔墙。注意：对于在 2015 年 5 月 1 日以前设计建设的高度超过 32m

的高层厂库房和 2006 年 12 月 1 日前设计建设的高层民用建筑，消防电梯前室的门，应采用乙级防火门或具有停滞功能的防火卷帘门。

3. 消防电梯井和机房应采用耐火极限不低于 2.00h 且无开口的防火隔墙与相邻井道、机房及其他房间分隔。消防电梯井底应设排水设施，排水井容量不应小于 $2m^3$，排水泵的排水量不应小于 10L/s。

4. 消防电梯间前室的门口宜设置挡水设施。

5. 消防电梯应符合下列要求：

（1）应能在所服务区域的每层停靠。

（2）电梯的载重量不应小于 800kg。

（3）电梯的动力与控制电缆与控制面板，应采用防水措施。

（4）在消防电梯首层入口处，应设置明显的标识。

（5）电梯轿厢内部装修材料的燃烧性能应为 A 级。

（6）电梯桥厢内部应设置专用消防对讲电话和视频监控系统终端设备。

（7）电梯从首层至顶层的运行时间不宜大于 60s。

（8）在首层消防电梯入口处，应设置供消防队员专用的操作按钮。

四、消防电梯的规格和功能

1. 消防电梯的轿厢宽度不应小于 1100mm，轿厢深度不应小于 1400mm，额定载重量不应小于 800kg。轿厢的净入口宽度不应小于 800mm。

2. 最大提升高度不大于 200m 时，消防电梯从消防员入口层到消防服务最高楼层的消防服务运行时间不应超过 60s，运行时间从消防员电梯轿厢门关闭后开始计算。最大提升高度超过 200m 时，提升高度每增加 3m，运行时间可增加 1s。

3. 消防电梯有两个轿厢入口时，在消防服务过程中的任何时候应仅允许其中一个轿门打开。

4. 消防电梯开关应设置在预定用作消防员入口层的前室内，该开关应设置在距消防电梯层门入口水平距离 2m 范围内，高度在地面以上 1.4～2.0m 的位置。消防电梯开关应采用图 4.1-1 要求的标志进行标示，并清楚地标示所对应的消防电梯。

标志图形应采用白色，背景采用红色。标志尺寸应符合下列要求：

（1）在用于消防服务的轿厢操作面板上，为 20mm×20mm。

（2）在层站上，至少为 100mm×100mm。

5. 消防电梯开关的操作应借助于电梯三角钥匙。仅在轿厢内设置有钥匙开关时，可以用轿厢内钥匙开关的钥匙操作消防电梯开关。该开关应为双稳态开关，并应在开关所在位置清楚地用"1"和"O"标示。位置"1"是消防服务有效状态。该服务有两个阶段即："消防电梯的优先召回"和"在消防员控制下消防电梯的使用"。

图 4.1-1 消防电梯的标志示意图

附加的外部控制或输入（如在消防控制室控制等）仅能用于使消防电梯自动返回到消防员入口层并停在该层保持开门状态。消防电梯开关仍应被操作到位置"1"，才能完成"消防电梯优先召回"阶段的运行。

6. 阶段"1"——"消防电梯的优先召回"。阶段"1"可手动或自动进入。一旦进入阶段"1"——"消防电梯的优先召回"，应确保：

（1）井道和机器空间照明应在消防电梯开关位置为"1"后自动点亮。

（2）所有层站控制和消防电梯的轿厢控制应失效，所有已登记的呼梯应取消。

（3）开门和紧急报警的按钮应保持有效。

（4）消防电梯应用脱离群组独立运行。

（5）消防服务通信系统应启动。

（6）位于轿厢操作面板的视觉信号（消防电梯标志）应激活，该视觉信号应在消防电梯轿厢恢复正常运行前保持有效。

（7）消防电梯应按以下方式运行：

1）停靠在层站的消防电梯应关门后向消防员入口层不停站运行。

2）正在离开消防员入口层的消防电梯，应在可以正常停站的最近楼层做一次停站，不开门，然后返回到消防员入口层。

3）正在驶向消防员入口层的消防电梯，应向消防员入口层不停站继续运行。如果已经开始停站，消防电梯可在正常停站后不开门继续向消防员入口层运行。

（8）到达消防员入口层后，消防电梯应停靠在该层，且设置消防电梯开关一侧的轿门和层门保持完全打开位置。

7. 阶段"2"——"在消防员控制下消防电梯的使用"。

消防电梯开着门停靠在消防员入口层以后，消防电梯应完全由轿厢内消防员控制装置所控制，并应确保：

（1）如果消防电梯是由一个外部信号触发进入阶段"1"（"消防电梯的优先召回"）

的，在消防员入口层的消防电梯开关被操作到位置"1"前，消防电梯不应进入阶段"2"（"在消防员控制下消防电梯的使用"）运行。

（2）消防电梯不能同时登记一个以上的轿厢内选层指令。

（3）在任何时候，应能登记一个新的轿厢内选层指令，原来的指令应取消，轿厢应在最短的时间内运行到新登记的层站。

（4）持续按压轿厢内选层按钮或关门按钮，应使门关闭；在门完全关闭前，如果释放按钮，门应能自动再次打开。当门完全关闭后，轿厢内选层指令可以登记，轿厢开始向目的楼层运行。

（5）如果轿厢停靠在层站，应仅能通过持续按压轿厢内"开门"按钮控制门打开。如果在距离门完全打开不超过50mm之前释放轿厢内"开门"按钮，门应自动再次关闭。

（6）通过操作消防员入口层的消防电梯开关从位置"1"到"0"，并保持至少5s，再回到"1"，则重新进入阶段"1"，消防电梯应返回到消防员入口层。

（7）如果设置有一个附加的轿厢内钥匙开关，它应采用消防电梯的标志图4.1-1的标志标示，并应清楚地标明位置"0"和"1"，该钥匙仅在处于位置"0"时才能拔出，不能使用三角钥匙；钥匙开关应按下列方法操作：

1）当消防电梯通过操作消防员入口层的消防电梯开关处于消防员控制下运行时，为了使消防电梯进入阶段"2"，该钥匙开关应被转到位置"1"。

2）当消防电梯在其他层而不在消防员入口层，且轿厢内钥匙开关被转换到位置"0"时，应防止轿厢进一步运行，门仅能按（5）所述的方式继续进行。

（8）已登记的轿厢内选层指令应清晰地显示在轿厢内控制装置上。

（9）应在轿厢内和消防员入口层显示轿厢的位置，除非供电电源失效。

（10）直到已登记一个新的轿厢内选层指令为止，消防电梯应停靠在它的目的层站。

（11）在阶段"2"期间，消防服务通信系统应保持有效。

（12）当消防员开关被转换到位置"0"时，仅当消防电梯已回到消防员入口层时，消防电梯控制系统才应恢复到正常服务状态。

8. 如果消防电梯具有双入口轿厢，则应满足下列要求：

（1）如果消防电梯有两个轿厢入口，且所有前室都与消防员入口层设置在同一侧，应符合下列附加要求：

1）当只有一个轿厢操作面板时：

① 轿厢操作面板应有两个开门按钮，并且容易识别其对应的门。

② 对应消防员入口层一侧的开门按钮应在阶段"2"点亮，对应另一侧的开门按钮应在阶段"2"无效，该侧的门在阶段"2"应不能打开。

2）当有超过一个轿厢操作面板时：

① 靠近前室的操作面板供消防员在阶段"2"使用，并应采用消防员电梯的标志

（图 4.1-1）标示。

② 在阶段"2"，其他的操作面板应为无效。

③ 如果消防员操作面板含有超过一个开门按钮，对应消防入口层一侧的开门按钮应在阶段"2"点亮，其他的开门按钮在阶段"2"时无效。

④ 与消防员入口层不在同一侧的门应不能打开。

（2）如果消防员电梯有两个轿厢入口，且不是所有前室都与消防员入口层设置在同一侧，应符合下列要求：

1）轿厢操作面板应有两个开关按钮，并且容易识别其对应的门。

2）在阶段"2"，消防电梯停在层站或正在按照轿厢内选层指令运行时，应通过点亮对应的开门按钮指示目的层前室侧，非前室侧的开门按钮应无效。

（3）有超过一个轿厢操作面板时的要求：

1）仅一个轿厢操作面板能用于消防员在阶段"2"使用，并用消防电梯标志（图 4.1-1）标示，消防员使用的轿厢操作面板应服务于所有目的楼层，并且有两个开关按钮。

2）在阶段"2"，当消防电梯停在楼层时，应通过点亮对应的开门按钮指示该楼层的前室侧，其他的开门按钮应为无效；在阶段"2"，当消防电梯正在按照轿厢内选层指令运行时，应通过点亮对应的开门按钮指示目的层前室侧。

9. 消防电梯应设有"消防服务通信系统"，并且符合下列要求：

（1）消防电梯应有交互式双向语音通信的对讲系统或类似的装置，当消防电梯处于阶段"1"和阶段"2"时，用于消防电梯轿厢与下列地点之间通信：

1）消防员入口层。轿厢和消防员入口层的通信应在阶段"1"和阶段"2"一直保持有效，且无须按压控制按钮。

2）消防电梯机房或无机房电梯的紧急和测试操作屏处。只有通过按压通信装置上的按钮才能使传声器有效。

3）其他可选的通信位置，例如监控中心。只有通过按压通信装置按钮才能使传声器有效。

（2）轿厢内和消防员入口层的通信装置应是内置式传声器和扬声器，不能用手持电话。

（3）通信系统的线路应敷设在井道内。

10. 消防员入口层应设置轿厢位置指示器。

五、消防电梯的识别与实战中的应用

1. 消防电梯的识别

在火灾发生时，快速识别和使用消防电梯，能够为消防救援人员快速到达火灾楼层创造良好的条件。

（1）消防电梯设有前室或者合用前室。除设置在仓库连廊、冷库穿堂或谷物筒仓工作塔内的消防电梯外，消防电梯均应设置前室或者合用前室。

（2）前室或合用前室应采用防火门和防火隔墙与其他部位分隔。除兼作消防电梯的货梯前室无法设置防火门的开口可采用防火卷帘外，其他不得采用防火卷帘。

> **【注意】**《建筑设计防火规范》GB 50016—2006、GB 50016—2014 的实施时间分别是 2006 年 12 月 1 日和 2015 年 5 月 1 日，因此，在 2015 年 5 月 1 日前建设的高层民用建筑和 2006 年 12 月 1 日前建设的高度超过 32m 的厂房库房，国家标准允许在消防电梯前室开口部位使用具有停滞功能的防火卷帘门。

（3）在消防电梯首层入口处，设有明显的标志（图 4.1-1）和供消防救援人员专用的操作按钮。

（4）消防电梯前室均设有室内消火栓。

（5）在电梯轿厢内部设置专用消防对讲电话和视频监控系统终端设备。

2. 消防电梯在灭火救援实战中的应用

（1）消防救援人员到达首层的消防电梯前室（或合用前室）后，首先用随身携带的手斧或其他硬物将保护消防电梯按钮的玻璃片击碎，然后将消防电梯按钮置于接通消防电梯功能的位置。

因消防电梯的生产厂家不同，按钮的外观也不相同，有的仅有一个圆形的红色按钮，操作时只需将红色按钮压下，即可进入消防电梯的运行状态；有的设有两个操作按钮，一个为黑色，上面标有英文字母"OFF"，另一个为红色，上面标有英文字母"ON"，操作时将标有"ON"的红色按钮压下即可进入消防电梯的运行状态。

> **【注意】**消防电梯平时一般与客用电梯或货用电梯兼用，在消防电梯按钮没有接通至消防电梯功能之前，该电梯执行一般客、货电梯的功能。只有将消防电梯按钮置于接通消防电梯功能的位置，才能发挥消防电梯的作用。

（2）消防电梯接通消防电梯功能后，控制消防电梯的计算机系统将会执行如下运行：

一是，停靠在层站的消防电梯，就会立即关闭电梯门，向消防救援人员入口层（首层）不停站运行，直至首层电梯门自动开启。

二是，正在离开消防救援人员入口层（首层）的消防电梯，在可以正常停站的最近楼层做一次停站，不开门，然后回到消防员入口层（首层），电梯门自动开启。

三是，正在驶向消防员入口层（首层）的消防电梯，直接向消防员入口层（首层）不停站继续运行。如果已经开始停站，消防电梯可在正常停站后不开门继续向消防员入口层（首层）运行，直至首层电梯门自动开启。

四是，如果此时消防电梯已经停在消防员入口层（首层），则电梯门自动开启。

五是，接通消防电梯功能的位置后，电梯服务区域内各层站的呼叫按钮均不能呼叫消防电梯在该楼层停止。

（3）消防电梯到达消防员入口层（首层）后，轿厢门和层门会自动打开，并且保持完全打开的位置。

（4）消防救援人员进入消防电梯的轿厢内，持续按压轿厢内选层按钮或关门按钮，使电梯门关闭。注意：在消防电梯门完全关闭前，如果释放按钮，门则自动再打开。

当电梯门完全关闭后，轿厢则向目的楼层运行。

（5）当到达目的楼层，轿厢停靠在层站，消防救援人员应通过持续按压轿厢内"开门"按钮控制门打开。如果在距离门完全打开不超过50mm之前释放轿厢内"开门"按钮，门则自动在关闭。

> 　　**【注意】**考虑到日常消防监督管理和建筑物使用单位在管理过程中的瑕疵（在很多情况下，消防电梯前室或合用前室本应常闭的防火门基本处于开启状态，使着火层消防电梯前室或合用前室内在火灾时充满烟雾），以及根据消防救援实战的经验，在消防员入口层（首层）中的轿厢内，选择目标楼层绝对不允许直接到达火灾楼层，而只能选择在着火层的下一层或下二层作为目标楼层。切记！

六、消防救援人员被困在消防电梯的救援与自救

火灾现场情况复杂多变，消防电梯在扑救火灾和抢救人员生命安全中，给消防救援人员提供了方便和快捷。但是，必须研究消防救援人员被困在消防电梯内的外部救援和内部自救措施并进行实地试验，只有这样才能在保证消防救援人员安全的情况下，最大限度地抢救人民生命财产和及时有效地消灭火灾。

1. 救援器材和设施

（1）可移动梯子（消防救援人员装备的单杠梯）。

（2）轿厢安全窗。在消防电梯轿厢顶应设置轿厢安全窗，其净开口尺寸至少为0.50m×0.70m。在打开轿厢安全窗进行救援时，应能从轿厢内和轿厢外清楚地识别轿厢吊顶的开启位置。

（3）轿厢吊顶。如果轿厢装有悬挂吊顶，则无须使用专用工具便能容易地将其打开或移去。应采取措施防止吊顶打开后存在坠落的风险，吊顶应能由消防员从轿厢内打开。铰链式吊顶打开后，其最低点距离轿厢地面不应小于1.6m。

（4）安全窗打开后，应防止消防电梯的运行。

（5）消防电梯中配置的梯子：

1）梯子的存放位置，应避免正常作业时存在人员绊倒的危险，并能安全地展开。

2）当梯子不在存放位置时，消防电梯的电气安全装置应设置防止消防电梯运行的连锁装置。

3）在轿厢和轿顶之间实施救援时，梯子的长度应至少为轿厢内高度加上1m，梯

子应能放置在安全窗开口的短边。

4）采用可移动梯子在轿顶和层站之间实施救援时，梯子的长度应至少使消防员能从轿厢顶到达释放上一层站的层门锁紧装置位置，以便消防员能撤离轿厢顶。可移动梯子的长度不应超过 6m，梯子不应倚靠在层门上，在轿顶上应设置合适的支撑点，从井道内应能用一只手打开层门。

2. 从轿厢外救援的救援程序及方法

从轿厢外救援可使用下列救援方法：

在轿厢外实施救援，应在电梯维修保养服务企业有关技术人员的协助下进行，在救援过程中，务必牢记和采取以下三种措施：

一是，防止救援人员坠落。

二是，确保向消防电梯供电的电源处于断电状态。

三是，采取措施确保消防电梯轿厢不得失控坠落。

其基本程序和方法：

（1）确定消防电梯轿厢被困的具体位置；对设置轿厢位置指示器的消防电梯，可以通过消防员入口层（首层）设置的轿厢位置指示器查看。

（2）根据电梯轿厢被困的具体位置，确定是在本层站还是在上一层站作为救援实施点（由于电梯被困位置的不同，确定救援实施地点要结合现场实际情况，本着"安全、方便、快捷"的原则）。

（3）救援人员（消防员或电梯维修保养技术人员）利用专用工具打开救援实施地点处的电梯门。

（4）根据现场实际情况，救援人员或徒手直接进入井道到达电梯轿厢顶，或借助梯子（消防救援人员装备的单杠梯）进入井道电梯轿厢顶，或利用自身携带的安全绳索等安全工具通过井道到达电梯轿厢顶（注意：救援过程中必须采取防坠落措施）。

（5）无论采取什么样的措施由层站进入轿厢顶后，要操作电梯停止装置，确保救援过程中的安全。

（6）轿厢顶上的救援人员打开安全窗，拉出储存在轿厢上的梯子（图 4.1-2 中的位置 a），并把梯子通过安全窗放入轿厢内（图 4.1-2 中的位置 b）；或者利用消防救援人员装备的单杠梯通过安全窗放入轿厢内。

（7）被困人员沿梯子爬上轿厢顶。

（8）被困人员和救援人员从打开的电梯层门撤离，如有必要可利用梯子（图 4.1-2 中的位置 c）。

> 【注意】仅当层门地坎间的距离与梯子的长度相适应时才能使用此方法。如果电梯本身配备的梯子与层门地坎间的距离与梯子长度不相适应时，救援人员和被困人员可以利用从层站进入电梯轿厢顶的方法，原路返回层站。

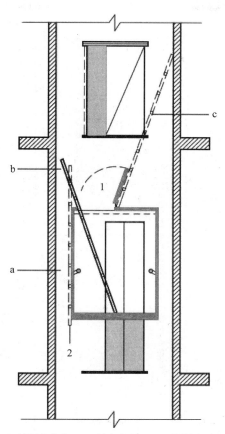

1—轿厢安全窗；2—储存在轿厢上的便携式梯子

图 4.1-2　利用储存在轿厢上的便携式梯子从消防电梯外部救援示意图

3. 被困人员从轿厢内自救的程序和方法之一（图 4.1-3）

（1）被困人员从轿厢内自救的条件：

一是，消防电梯轿厢内设有供被困人员自救的踩踏点，该踩踏点的最大梯阶高度为 0.4m，任意踩踏点应能支撑 1500N 的负荷，踩踏点的外缘与对应的垂直轿壁之间的净距离不应小于 0.15m。

二是，在消防电梯井道内每个层站靠近门锁处，应设置简单的示意图或标志，清楚地标明如何打开层门。

三是，应提供从消防电梯轿厢内打开轿厢安全窗的方法。

（2）被困人员利用轿厢内的踩踏点登高，打开安全窗。

（3）被困人员通过打开的安全窗爬上轿顶，操作停止装置。

（4）被困人员利用储存在轿厢上的便携式梯子（如有必要）从井道内打开层门门锁并撤离。

> **【注意】** 仅当层门地坎间的距离与梯子的长度相适应时，才能使用此方法。

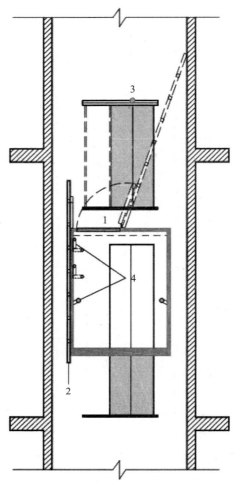

1—轿厢安全窗；2—储存在轿厢上的便携式梯子；3—层门门锁；4—踩踏点

图 4.1-3　利用踩踏点和便携式梯子自救示意图

4. 被困人员从轿厢内自救程序和方法之二

（1）被困人员从轿厢内自救的条件：

一是，应在轿厢内设置储存室存放便携式梯子。梯子应允许人员从轿顶到达上一层站。

二是，应提供从消防电梯轿厢内完全打开轿厢安全窗的方法。

三是，在井道内每个层站靠近门锁处，应设置简单的示意图或标识，清楚地标明如何打开层门。

四是，梯子的设置方式应能使消防救援人员从轿厢内部安全展开。

（2）被困人员打开设在轿厢内储藏室的门，搬出储存的梯子（图4.1-4中的位置 d）。

（3）被困人员利用梯子打开安全窗。

（4）被困人员通过安全窗（图 4.1-4 中的位置 b）爬上轿顶，操作停止装置。

（5）被困人员利用梯子（图 4.1-4 中的位置 c，如有必要），从井道内打开层门门锁并撤离。

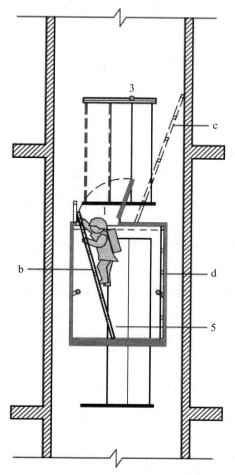

1—轿厢安全窗；3—层门门锁；5—储存在轿厢内储藏室的便携式梯子

图 4.1-4 利用轿厢内储存室的便携式梯子自救

七、消防电梯的管理重点

消防电梯在扑救高层建筑火灾中，不仅能快速便捷地将消防救援人员运送至救援楼层，还能及时地向救援楼层运送消防装备以满足灭火救援的需要。因此，保证消防电梯功能的发挥在火灾时十分重要。在日常消防管理中应重点检查：

1. 消防电梯前室或合用前室的防火门（或具有停滞功能的防火卷帘门）是否完好；防火分隔是否完好。

2. 消防电梯井和消防电梯机房与其他相邻井道、机房等的防火分隔是否完好。

3. 消防电梯井底排水设施是否完整好用。

4. 消防电梯间前室门口设置的挡水设施是否完好。

5. 消防电梯轿厢内设置的消防对讲机电话是否正常通话。

6. 测试设在首层供消防救援人员专用的操作按钮进入消防服务状态的功能：

（1）消防电梯进入消防服务状态时，消防电梯是否自动回到首层，并将门（轿厢和电梯门）自动打开。

（2）按下目标楼层后，其他楼层叫梯时，是否在非目标楼层停站；如果停站，则需要进行整改。

7. 在消防电梯的层站上和消防电梯轿厢操作面板上，应分别设规格为 100mm×100mm、20mm×20mm 的消防电梯标识。

8. 在每个消防电梯的层站附近都设置救援工具的固定点，这些固定点至少存放消防救援的便携梯子或消防用防坠落装备（梯子长度应满足消防电梯救援的需要）。

9. 消防监督人员对设有消防电梯的建筑进行消防监督检查时，应让单位提供有关消防电梯定期维护的资料，包括：

（1）每周一次操作消防电梯开关的情况。检查消防电梯是否返回消防员入口层（首层），消防电梯开着门停留在该楼层，电梯不响应层站呼梯。

（2）每月一次模拟第一电源故障。以检查第二电源的转换并以第二电源运行。如果第二电源由发电机供电，则至少向消防电梯供电 1h。

（3）防止水流入消防电梯井道的措施，以及检查用于控制消防电梯井底坑水位水泵的运行。

（4）年度测试消防电梯。记录消防电梯各方面是否正确运行，包括通信系统。

第二节　直升飞机停机坪在灭火实战中的应用

一、设置屋顶直升飞机停机坪的意义

1. 火灾时为抢救被困人员开辟救援通道

据统计分析，国外有些高层建筑，因为在屋顶上设有直升飞机停机坪，发生火灾时，将聚集在屋顶上的人员疏散到安全区域。因此，在屋顶上设置直升机停机坪，对减少高层建筑火灾造成的人员伤亡，是一项有效的技术措施，例如：

（1）巴西圣保罗市，高 31 层的安德拉斯大楼，屋顶设有直升飞机停机坪，于 1972 年 2 月 4 日发生火灾。火灾发生时，大楼内有 1000 多人，有许多人跑到屋顶上，在 11 架直升机 4 个多小时的营救下，有 350 人是被直升飞机从大楼的屋顶上疏散下来的。该火灾造成 16 人死亡。

（2）哥伦比亚波歌大市，高 36 层的航空大楼，于 1973 年 7 月 23 日发生火灾，造成 4 人死亡。火灾发生时，有数百人跑向屋顶，当局派了 5 架直升飞机，经过 2 个多小时的奋力抢救，用直升飞机救出 250 余人。

（3）巴西圣保罗市焦马大楼。地上 25 层，地下 1 层，于 1974 年 2 月 1 日发生火灾，造成 179 人死亡，300 人受伤。该大楼由于屋顶没有设置直升飞机停机坪，同时由于火势发展迅猛，在发生火灾后的不长时间内形成冲天大火，使已经出动的直升飞机根本无法靠近焦马大楼的屋顶，因此，不能将疏散到屋顶的人员救下来。有不少在屋顶等待直升飞机营救的人员，死于高温浓烟的包围。这个火灾案例留下的教训是，在设有直升飞机停机坪的屋顶上，有必要设置消火栓，在出现类似情况时，为直升飞机的停靠创造有利条件。

2. 火灾时为消防救援人员提供第二灭火通道

实践证明，屋顶停机坪可以为直升飞机提供灭火场地，尤其当楼内消防电梯不能满足火场需要或因断电、消防电梯故障等原因不能运行时，空运消防救援人员与必要的消防救援器材装备到屋顶，自上而下到起火层开展抢救活动，对及时控制火势蔓延直至扑灭，将会起到很大的作用。

二、屋顶直升飞机停机坪的设置范围

1. 建筑高度大于 250m 的工业与民用建筑，应在屋顶设置直升飞机停机坪。

2. 建筑高度大于 100m 且标准层建筑面积大于 2000m² 的公共建筑，宜在屋顶设置直升飞机停机坪或供直升飞机救助的设施。

> 【注意】《建筑设计防火规范》GB 50016—2014 的实施时间是 2015 年 5 月 1 日，因此，在此之前建设的建筑高度大于 100m 且标准层建筑面积大于 1000m² 的公共建筑，宜在屋顶设置直升飞机停机坪或供直升飞机救助的设施。

三、屋顶直升飞机停机坪的设置要求

屋顶直升飞机停机坪的尺寸和面积应满足直升飞机安全起降和救助的要求，并应符合下列条件：

1. 停机坪与屋面上的突出物（包括设备机房、电梯机房、水箱间、共用天线等）的最小水平距离不应小于 5m。

2. 建筑物通向停机坪的出口不应小于 2 个，每个出口的宽度不宜小于 0.90m。

3. 停机坪四周应设置航空障碍灯和应急照明装置。

4. 在停机坪的适当位置应设置消火栓。

5. 供直升飞机救助使用的设施应避免火灾或高温烟气的直接作用，其结构承载力、设备与结构的连接应满足设计允许的人数停留和该地区最大风速作用的要求。

四、屋顶直升飞机停机坪在灭火实战中的应用

在高层建筑火灾中，由于火灾发生的楼层不同和超高层建筑中防烟楼梯间避烟效果以及避难层的位置不同，往往有些人通过楼梯向屋顶疏散逃命，这是在国内外火灾事故中被证明了的事实。火场指挥员在灭火战斗中应具有屋顶有人等待救援的意识。

1. 根据火灾现场的实际情况及时派出消防救援人员进入屋顶，稳定被困人员的情绪，防止被困人员做出异常行动，造成人员伤亡。

2. 消防救援人员乘坐消防电梯，利用较短的时间到达屋顶，查看等待救助人员的情况，并及时向火场指挥员报告。

3. 消防救援人员要稳定等待救援人员的情绪，查看屋顶直升飞机停机坪的情况，并及时向火场指挥员报告能否降落直升飞机。

4. 当直升飞机到达屋顶前，消防救援人员要指挥、引导等待救援的人员进入安全位置，为直升飞机降落创造条件。

5. 消防救援人员要维护好直升飞机停机坪等待救援人员的秩序，使之有序、安全地登机。

第三节　避难层（间）在灭火实战中的应用

一、设置避难层（间）的意义

避难层或避难间均属于火灾时的避难场所。凡占用一个楼层的，称为避难层；凡占用楼层一部分或一个房间（面积较大的房间）用于火灾时避难的，称为避难区（间）。无论是避难层还是避难间，其作用都是相同的。在高层建筑内设置避难层或避难间具有十分重要的意义。

1. 是解决高层建筑内大量人员疏散困难的有效途径

设置避难层（间）是保障高层建筑内人员在火灾时安全脱险的一项有效措施。就高层公共建筑来说，人员众多，紧急疏散是一个大问题。以100m以上的超高层建筑为例，每层平均高度为3.0~3.2m，建筑层数一般为31~33层，每层平均人数按100~150人计算，一幢大厦少则三四千人，多则达到五千余人。这么多的人要在很短的时间内安全疏散脱险，确实是一件非常困难的事情。

我国有关部门做过类似的测试，所得结果是：人们在楼梯上、下行走，平均疏散速度为0.225m/s。按照这样的速度估算跑完一层楼的时间约40s，跑完10层楼的时间为6~7min，这么长时间的疏散会给人们带来可怕的威胁或厄运，尤其是在火灾情况

下，人们争先恐后地逃命，相互拥挤，与此同时，消防救援人员也要争分夺秒地通过楼梯铺设水带登楼抢救，难免会在楼梯上或者走道内相互碰撞，既影响安全疏散和消防救援行动，又会造成意外伤亡事故。因此，为解决这个矛盾，在超高层建筑中设置避难层或避难间（区），人们在紧急疏散时，只需跑完若干层楼梯就能到达安全地点避难，可以安全脱险。

2. 是减少高层建筑人员疏散时间和紧急脱险的有效措施

试验和火灾实践都证明，火灾时产生的一氧化碳气体不仅使人员中毒死亡，还会产生"爆炸"等十分严重的后果，而"爆炸"时间与燃烧的可燃物品有关，一般是3～8min。在高层公共建筑尤其是超高层建筑内，在这么短的时间内，人员要全部从建筑内疏散出来、安全脱险，这是不可能的。只有设置避难层（间），使人们进入这些安全的地点，才是一项真正有效的安全措施。

二、避难层和避难间的设置范围

建筑高度大于100m的工业与民用建筑应设置避难层（间）。

三、避难层的设置要求

1. 第一个避难层的楼面至消防车登高操作场地地面的高度不应大于50m，两个避难层之间的高度不宜大于50m。

2. 避难区的净面积应满足该避难层与上一避难层之间所有楼层的全部使用人数避难的要求。

3. 除可以布置设备用房外，避难层不可用于其他用途。设在避难层内的可燃液体管道、可燃或助燃气体管道应集中布置，设备管道区应采用耐火极限不低于3.00h的防火隔墙与避难区及其他公共区域分隔。管道井和设备间应采用耐火极限不低于2.00h的防火隔墙与避难区及其他公共区域分隔。设备管道区、管道井和设备间与避难区或疏散走道连通时，应设置防火隔间，防火隔间的门应为甲级防火门。

4. 避难层应设置消防电梯出口、消火栓、消防软管卷盘、灭火器、消防专线电话和应急广播。

5. 通向避难层的疏散楼梯应使人员在避难层处必须经过避难区上下。在避难层进入楼梯间的入口处和疏散楼梯通向避难层的出口处，均应在明显位置设置标示避难层和楼层位置的灯光指示标识。注意：《建筑防火通用规范》GB 55037—2022的实施时间是2023年6月1日，在该日期前建设的建筑物其"通往避难层的疏散楼梯应在避难层分隔、同层错位或上下层断开"。

6. 避难区应采取防止火灾烟气进入或积聚的措施，并应设置可开启外窗或独立的机械防烟设施，外窗应采用乙级防火窗。

7. 避难区应至少有一边水平投影位于同一侧的消防车登高操作场地范围内。

四、避难间的设置要求

避难间应符合下列要求：

1. 避难区的净面积应满足避难间所在区域设计避难人数避难的要求。

2. 避难间兼作其他用途时，应采取保证人员安全避难的措施。

3. 避难间应靠近疏散楼梯间，不应在可燃物库房、锅炉房、发电机房、变配电站等火灾危险性大的场所的正下方、正上方或贴邻。

4. 避难间应采用耐火极限不低于 2.00h 的防火隔墙和甲级防火门与其他部位分隔。

5. 避难间应采取防止火灾烟气进入或积聚的措施，并应设置可开启外窗，除外窗和疏散门外，避难间不应设置其他开口。

6. 避难间内不应敷设或穿过输送可燃液体、可燃气体或助燃气体的管道。

7. 避难间内应设置消防软管卷盘、灭火器、消防专线电话和应急广播。

8. 在避难间入口处的明显位置应设置标示避难间的灯光指示标识。

9. 第一个避难间的楼面至消防车登高操作场地地面的高度不应大于 50m，两个避难间之间的高度不宜大于 50m。

10. 高层病房楼的避难间和洁净手术部避难间的设置要求，应符合国家有关标准。

五、避难层和避难间在灭火实战中的应用

设有避难层（间）的高层建筑，当发生火灾时，火场指挥员在部署灭火行动时，要牢固树立利用避难层（间）保护疏散人员的意识。

1. 利用平时"六熟悉"或者在火情侦察中掌握的避难层（间）具体位置，命令消防救援人员进入避难现场。

2. 消防救援人员应乘坐消防电梯尽快到达避难层（间）。当消防电梯不能使用时，应采取其他登楼方法，以较快的速度、较短的时间进入避难层（间）。

3. 到达避难层（间）的消防救援人员要采取喊话等方法，稳定避难层（间）内人员的情绪，防止其做出不当行为。或者消防救援人员进入消防控制室，利用消防应急广播喊话，稳定避难层（间）人员的情绪。

4. 到达避难层（间）的消防救援人员，要对避难层（间）的有关消防设施进行检查，并将检查情况及时向火场指挥员报告。

5. 到达避难层（间）的消防救援人员要根据建筑火灾蔓延情况及火场指挥员的命令，灵活指导、引导避难层（间）的人员等待救援或安全有序疏散。

6. 当采用登高消防车疏散避难层（间）人员疏散时，消防救援人员必须维护好现场秩序，并且引导登高消防车靠近避难层（间）的外部窗口，让避难人员安全有序地

进入登高消防车内，防止人员坠落。

7. 通过防烟楼梯间引导避难层（间）的人员撤离避难层（间）的条件。当避难层（间）楼层以下楼层发生火灾时，进入避难层的消防救援人员，要对防烟楼梯间内的烟雾情况进行侦察评估，当火灾层及火灾下一层、上一层至避难层（间）之间的防烟楼梯内无烟雾或烟雾浓度不影响人员安全疏散的条件下，应向火场指挥员报告，火场指挥员应安排兵力对火灾层及火灾上一层、下一层防烟楼梯间的防火门（由走道进入前室或合用前室、由前室或合用前室进入防烟楼梯间处的二樘防火门）看管，确保这三层楼每层的二樘防火门（由走道进入前室或合用前室的防火门、由前室或合用前室进入防烟楼梯间的防火门）不向防烟楼楼间窜烟的情况下，消防救援人员可以引导避难层（间）的人员有序通过防烟楼梯间向地面疏散。

第五章

市政消火栓和建筑室外消火栓给水系统在灭火实战中的应用

第一节　市政消防给水系统和建筑室外消防给水系统供水量

一、市政消防给水系统供水量

1. 同一时间内的火灾起数

城镇甲地发生火灾，消防队出动去甲地灭火，在消防队的消防车还未归队时，在乙地又发生了火灾，此种情况视为该城镇在同一时间内发生了两起火灾。如去甲地和乙地灭火救援的消防车都未归队，在丙地又发生了火灾，消防队又去了丙地灭火，则视为该城镇在同一时间内发生了三起火灾。

据有关部门统计分析，按城市人口数量规定了在同一时间内发生火灾的次数。考虑到人口超过 100 万人的城市，均已有较完善的市政给水系统，改建和扩建消防给水系统或市政给水系统往往是局部的，故国家规定对人口超过 100 万人的城市在同一时间内的火灾次数，未做明确的规定。

2. 一次灭火用水量

城镇的一次灭火用水量，按同时使用水枪数量与每支水枪平均用水量的乘积计算。

我国大多数城市消防队第一出动力量到达火场时，常使用 2 支口径 $\phi19\text{mm}$ 的水枪扑救建筑火灾，每支水枪的平均出水量为 7.5L/s。因此，室外消防用水量的基础设计流量不应小于 15L/s。

据有关部门统计，城市火灾的平均灭火用水量为 89L/s。近 10 年特大型火灾消防流量为 $150\sim450\text{L/s}$，大型石油化工厂、液化石油气储罐区等的消防用水量则更大，若采用管网来保证这些建（构）筑物的消防用水量有困难时，可采用消防水池等补充。我国高层民用建筑的最大室外和室内消防用水量之和为 70L/s。

我国规定火场用水量是以水枪数量递增的规律，以 2 支口径为 $\phi19\text{mm}$ 水枪的消防用水量（15L/s）为下限值，以 100L/s 作为消防用水量的上限值，确定了城市或居民区的消防用水量。

3. 城镇室外消防用水量

城镇室外消防用水量包括工厂、仓库、堆场、储罐区和民用建筑的室外用水量。

4. 城镇同一时间内的火灾起数和一次火灾灭火供水流量

城镇市政消防给水系统供水量，应按同一时间内的火灾起数和一起火灾灭火供水流量经计算确定。同一时间内的火灾起数和一起火灾灭火设计流量不应小于表 5.1-1 的要求。

城镇同一时间内火灾起数和一起火灾灭火设计流量　　　　　表 5.1-1

人数 N（万人）	同一时间内的火灾起数（起）	一起火灾灭火设计流量（L/s）
$N \leqslant 1.0$	1	15
$1.0 < N \leqslant 2.5$		20
$2.5 < N \leqslant 5.0$	2	30
$5.0 < N \leqslant 10.0$		35
$10.0 < N \leqslant 20.0$		45
$20.0 < N \leqslant 30.0$		60
$30.0 < N \leqslant 40.0$		75
$40.0 < N \leqslant 50.0$		
$50.0 < N \leqslant 70.0$	3	90
$N > 70.0$		100

5. 举例说明市政消防给水系统供水量计算

某城市人口为 6 万人，请计算该城市市政消防给水系统设计流量。

查表 5.1-1 "城镇同一时间内火灾起数和一起火灾灭火设计流量" 得知：城镇人数为 6 万人，对应表中 "$5.0 < N \leqslant 10.0$"，与之匹配的 "同一时间内的火灾起数（起）" 为 "2"，以及与之匹配的 "一起火灾灭火设计流量（L/s）" 为 "35"。则：

$$2 \times 35 = 70（L/s）$$

故，该城市市政消防给水系统供水量应为 70L/s。

二、建筑物室外消火栓系统供水量

1. 影响建筑物室外消火栓系统用水量的因素

（1）建筑物的耐火等级。一、二级耐火等级的建筑物，可不考虑建筑物本身的灭火用水量，而只考虑冷却用水和建筑物内可燃物的灭火用水量；三级耐火等级的建筑物，应考虑建筑物本身的灭火用水量和建筑物内可燃物的灭火用水量；四级耐火等级的建筑物应比三级耐火等级建筑物的用水量大一些。

（2）生产类别。丁、戊类生产的火灾危险性最小，甲、乙类生产的火灾危险性最大。丙类生产的火灾危险性介于甲、乙类和丁、戊类之间，但据统计，丙类生产的可燃物较多，火场实际用水量最大。

（3）建筑物体积。建筑物体积越大，层数越多，火灾蔓延的速度越快，燃烧的面积也就越大，所需同时使用水枪的充实水柱长度要求也越长，消防用水量也增加。

（4）建筑物用途。仓库储存物资较集中，其消防用水量比厂房的消防用水量大。公共建筑物的消防用水量与丙类厂房的消防用水量接近。

2. 建筑物室外消火栓系统设计流量

建筑物室外消火栓系统设计流量不应小于表 5.1-2 的要求。

建筑物室外消火栓设计流量（单位：L/s）　　　　表 5.1-2

耐火等级	建筑物名称及类别			建筑体积 V（m³）					
				$V \leqslant 1500$	$1500 < V \leqslant 3000$	$3000 < V \leqslant 5000$	$5000 < V \leqslant 20000$	$20000 < V \leqslant 50000$	$V > 50000$
一、二级	工业建筑	厂房	甲、乙	15	20	25	30		35
			丙	15	20	25	30		40
			丁、戊	15					20
		仓库	甲、乙	15		25			—
			丙	15		25		35	45
			丁、戊	15					20
	民用建筑	住宅		15					
		公共建筑	单层及多层	15			25	30	40
			高层	—			25	30	40
	地下建筑（包括地铁）、平战结合的人防工程			15			20	25	30
三级	工业建筑	乙、丙		15	20	30	40	45	—
		丁、戊		15			20	25	35
	单层及多层民用建筑			15		20	25	30	—
四级	丁、戊类工业建筑			15		20	25	—	
	单层及多层民用建筑			15		20	25	—	

注：1. 成组布置的建筑物应按消火栓设计流量较大的相邻两座建筑物的体积之和确定。

2. 火车站、码头和机场的中转库房，其室外消火栓设计流量应按相应耐火等级的丙类物品库房确定。

3. 国家级文物保护单位的重点砖木、木结构的建筑物室外消火栓设计流量，按三级耐火等级民用建筑物消火栓设计流量确定。

4. 当单座建筑的总建筑面积大于 500000m² 时，建筑物室外消火栓系统设计流量应按本表规定的最大值增加一倍。

三、构筑物室外消火栓系统供水量

1. 甲、乙、丙类可燃液体储罐室外消火栓系统用水量

（1）地上立式储罐室外消火栓系统用水量

地上立式储罐室外消火栓系统向储罐提供移动式消防冷却水量，其保护范围和喷水强度按表 5.1-3 经过计算确定。

地上立式储罐室外消火栓向储罐冷却供水范围和喷水强度　表 5.1-3

项目	储罐型式		保护范围	喷水强度
移动式冷却	着火罐	固定顶罐	罐周全长	0.80L/（s·m）
		浮顶罐、内浮顶罐	罐周全长	0.60L/（s·m）
	邻近罐		罐周半长	0.70L/（s·m）

注：1. 当浮顶、内浮顶罐的浮盘采用易熔材料制作时，内浮顶罐的喷水强度应按固定顶罐计算。

2. 当浮顶、内浮顶罐的浮盘为浅盘式时，内浮顶罐的喷水强度应按固定顶罐计算。

3. 距着火固定顶罐壁 1.5 倍着火罐直径范围内的邻近罐应设置移动水枪进行冷却，当邻近罐超过 3 个时，可按 3 个罐的设计流量计算。

4. 除浮盘采用易熔材料制作的储罐外，当着火罐为浮顶、内浮顶罐时，距着火罐壁的净距离大于或等于 0.4D 的邻近罐可不设置移动水枪进行冷却保护，D 为着火罐与相邻罐两者中较大罐的直径；距着火罐壁的净距离小于 0.4D 范围内的相邻罐受火焰辐射热影响比较大的局部，应设置移动水枪进行冷却保护，且所有相邻罐的冷却水流量之和不应小于 45L/s。

5. 移动式冷却宜为室外消火栓或消防炮。

（2）卧式储罐、无覆土地下及半地下立式储罐室外消火栓系统用水量

卧式储罐、无覆土地下及半地下立式储罐室外消防冷却水量，其保护范围和喷水强度应按表 5.1-4 经过计算确定。

卧式储罐、无覆土地下及半地下立式储罐冷却供水范围和喷水强度　表 5.1-4

项目	储罐型式	保护范围	喷水强度
移动式冷却	着火罐	罐壁表面积	0.10L/（s·m²）
	邻近罐	罐壁表面积的一半	0.10L/（s·m²）

注：1. 当计算出的着火罐冷却水系统的供水量小于 15L/s 时，应采用 15L/s。

2. 着火罐直径与长度之和的一半范围内的邻近卧式罐应进行冷却；着火罐直径 1.5 倍范围内的邻近地下、半地下立式罐应进行冷却。

3. 当邻近罐采用不燃材料作绝热层时，其冷却水的喷水强度可按本表减少 50%，但总流量不应小于 7.5L/s。

4. 当邻近罐超过 4 个时，冷却水的流量可按 4 个罐的冷却流量计算。

5. 无覆土半地下、地下卧式罐冷却水的保护范围和喷水强度应按本表地上卧式罐确定。

（3）当储罐采用固定式冷却系统时，室外消火栓系统的供水量不应小于表 5.1-5 的要求；当采用移动式冷却系统时，室外消火栓系统的供水量应按表 5.1-3 或表 5.1-4 的要求，且不应小于 15L/s。

甲、乙、丙类可燃液体地上立式储罐区的室外消火栓系统供水量　　表 5.1-5

单罐储存容积（m³）	室外消火栓系统供水量（L/s）
$W \leqslant 5000$	15
$5000 < W \leqslant 30000$	30
$30000 < W \leqslant 100000$	45
$W > 100000$	60

2. 覆土油罐的室外消火栓系统供水量

覆土油罐的室外消火栓系统供水量应按最大单罐周长和喷水强度计算确定，喷水强度不应小于 0.30L/（s·m）；当计算流量小于 15L/s 时，应采用 15L/s。

3. 液化烃罐区的室外消火栓系统供水量

（1）液化烃罐区的室外消火栓系统供水量不应小于表 5.1-6 的要求

液化烃罐区的室外消火栓系统供水量　　表 5.1-6

单罐储存容积（m³）	室外消火栓系统供水量（L/s）
$W \leqslant 100$	15
$100 < W \leqslant 400$	30
$400 < W \leqslant 650$	45
$650 < W \leqslant 1000$	60
$W > 1000$	80

注：1. 罐区的室外消火栓系统供水量应按罐组内最大单罐计算。

　　2. 当储罐区四周设固定消防水炮作为辅助冷却设施时，辅助冷却水的供水量不应小于室外消火栓的供水量。

（2）当企业设有独立消防站，且单罐容量小于或等于 100m³ 时，其室外消火栓系统移动式冷却水供水量，应按表 5.1-7 经计算后确定，但不应低于 100L/s。

液化烃罐区的室外消火栓对储罐冷却供水范围和喷水强度　　表 5.1-7

项目	储罐型式		保护范围	喷水强度（L/min·m²）
全冷冻式	着火罐	单防罐外壁为钢制	罐壁表面积	2.5
			罐顶表面积	4.0
		双防罐、全防罐外壁为钢筋混凝土结构	—	—
	邻近罐		罐壁表面积的 1/2	2.5
全压力式及半冷冻式	着火罐		罐体表面积	9.0
	邻近罐		罐体表面积的 1/2	9.0

注：距着火罐壁 1.5 倍着火罐直径范围内的邻近罐应计算冷却水，当邻近罐超过 3 个时，冷却用水量可按 3 个计算。

4. 空分站、可燃液体、液化烃的火车和汽车装卸栈台、变电站等室外消火栓系统供水量

空分站、可燃液体、液化烃的火车和汽车装卸栈台、变电站等室外消火栓系统供水量，不应低于表 5.1-8 的要求。当室外变压器采用水喷雾灭火系统全保护时，其室外消火栓供水量可按表 5.1-8 要求值的 50% 计算，但不应小于 15L/s。

空分站、可燃液体、液化烃的火车和汽车装卸栈台、变电站室外消火栓供水量　表 5.1-8

名称		室外消火栓供水量（L/s）
空分站产氧气能力 （N m³/h）	3000＜Q≤10000	15
	10000＜Q≤30000	30
	30000＜Q≤50000	45
	Q＞50000	60
专用可燃液体、液化烃的火车和汽车装卸栈台		60
变电站单台油浸变压器含油量（t）	5＜W≤10	15
	10＜W≤50	20
	W＞50	30

注：当室外油浸变压器单台功率小于 300MV·A，且周围无其他建筑物和生产生活给水时，可不设置室外消火栓。

5. 装卸油品码头的室外消火栓系统供水量

装卸油品码头的室外消火栓系统供水量，不应小于表 5.1-9 的要求。

装卸油品码头室外消火栓系统供水量　　　　　　　　表 5.1-9

名称	室外消火栓系统供水量（L/s）	火灾延续时间（h）
海港油品码头	45	6.0
河港油品码头	30	4.0
码头装卸区	20	2.0

6. 液化石油气船的室外消火栓系统供水量

液化石油气船的室外消火栓系统供水量不应小于表 5.1-9 的要求。

7. 液化石油加气站的室外消火栓系统供水量

液化石油气加气站的室外消火栓系统供水量。当设有固定冷却水系统时，其液化石油气加气站的室外消火栓系统供水量不应小于表 5.1-10 的要求。当仅采用移动式冷却系统时，其室外消火栓系统的供水量，不应小于表 5.1-11 的要求计算，且不应小于 15L/s。

液化石油气加气站的室外消火栓系统供水量　　　表 5.1-10

名称	室外消火栓系统供水量（L/s）
地上储罐加气站	20
埋地储罐加气站	15
加油和液化石油气加气合用站	15

液化石油气加气站的室外消火栓系统供水量　　　表 5.1-11

项目	储罐	保护范围	喷水强度
移动式冷却	着火罐	罐壁表面积	$0.15L/(s \cdot m^2)$
	邻近罐	罐壁表面积的 1/2	$0.15L/(s \cdot m^2)$

注：着火罐直径与长度之和的 0.75 倍范围之内的邻近罐应进行冷却。

8. 易燃、可燃材料露天、半露天堆场及可燃气体罐区的室外消火栓系统供水量

易燃、可燃材料露天、半露天堆场及可燃气体罐区的室外消火栓系统供水量，不应小于表 5.1-12 的要求。

易燃、可燃材料露天、半露天堆场及可燃气体罐区的室外消火栓系统供水量　表 5.1-12

名称		总储量或总容量	室外消火栓系统设计流量（L/s）
粮食（t）	土圆囤	$30 < W \leqslant 500$	15
		$500 < W \leqslant 5000$	25
		$5000 < W \leqslant 20000$	40
		$W > 20000$	45
	席穴囤	$30 < W \leqslant 500$	20
		$500 < W \leqslant 5000$	35
		$5000 < W \leqslant 20000$	50
棉、麻、毛、化纤百货（t）		$10 < W \leqslant 500$	20
		$500 < W \leqslant 1000$	35
		$1000 < W \leqslant 5000$	50
稻草、麦秸、芦苇等易燃材料（t）		$50 < W \leqslant 500$	20
		$500 < W \leqslant 5000$	35
		$5000 < W \leqslant 10000$	50
		$W > 10000$	60
木材等可燃材料（m³）		$50 < V \leqslant 1000$	20
		$1000 < V \leqslant 5000$	30
		$5000 < V \leqslant 10000$	45
		$V > 10000$	55

续表

名称		总储量或总容量	室外消火栓系统设计流量（L/s）
煤和焦炭（t）	露天或半露天堆放	$100 < W \leqslant 5000$	15
		$W > 5000$	20
可燃气体储罐或储罐区（m³）		$500 < V \leqslant 10000$	15
		$10000 < V \leqslant 50000$	20
		$50000 < V \leqslant 100000$	25
		$100000 < V \leqslant 200000$	30
		$V > 200000$	35

注：1. 固定容积的可燃气体储罐的总容积按其几何容积（m³）和设计工作压（绝对压力，10^5Pa）的乘积计算。

2. 当稻草、麦秸、芦苇等易燃材料堆垛单垛重量大于5000t或总重50000t、木材等可燃材料堆垛单垛容量大于5000m³或总容量大于50000m³时，室外消火栓系统供水量应按本表规定的最大值增加一倍。

9. 城市交通隧道洞口外室外消火栓系统供水量

城市交通隧道洞口外室外消火栓系统供水量，不应小于表5.1-13的要求。

城市交通隧道洞口外室外消火栓系统供水量　　　　表 5.1-13

名称	类别	长度（m）	室外消火栓系统供水量（L/s）
可通行危险化学品等机动车	一、二	$L > 500$	30
	三	$L \leqslant 500$	20
仅限通行非危险化学品等机动车	一、二、三	$L \geqslant 1000$	30
	三	$L < 1000$	20

注：1. 可通行危险化学品等机动车封闭段长度隧道分类：一类，$L > 1500$m；二类，$500m < L \leqslant 1500$m；三类，$L \leqslant 5000$m。

2. 仅限通行非危险化学品等机动车封闭段长度隧道分类：一类，$L > 3000$m；二类，$1500m < L \leqslant 3000$m；三类，$500m < L \leqslant 1500$m，四类，$L \leqslant 500$m。

10. 石油库室外消火栓系统供水量

（1）石油库地上立式储罐的室外消火栓系统供水量

石油库地上立式储罐的室外消火栓供水量，应通过冷却水的供水范围和喷水强度按表5.1-14的要求，经计算确定。

石油库地上立式储罐冷却供水范围和喷射强度　　　　表 5.1-14

项目	储罐及消防冷却型式		供水范围	喷水强度	附注
移动式冷却	着火罐	固定顶罐	罐全周长	0.6（0.8）L/(s·m)	—
		外浮顶罐、内浮顶罐		0.45（0.6）L/(s·m)	浮顶用易熔材料制作的内浮顶罐按固定顶罐计算

续表

项目	储罐及消防冷却型式		供水范围	喷水强度	附注
移动式冷却	邻近罐	不保温	罐周半长	0.35（0.5）L/（s·m）	—
		保温		0.21L/（s·m）	

注：1. 移动式水枪冷却，水枪的喷水强度是按使用 $\phi16mm$ 口径水枪确定的，括号内数据为使用 $\phi19mm$ 口径水枪的数据。

　　2. 着火罐单支水枪保护范围：$\phi16mm$ 口径水枪为 8~10m，$\phi19mm$ 口径水枪为 9~11m；邻近罐单支水枪保护范围：$\phi16mm$ 口径水枪为 14~20m，$\phi19mm$ 口径水枪为 15~25m。

　　3. 覆土立式油罐的保护用水喷水强度不应小于 $0.3L/（s·m^2）$，用水量计算长度为最大储罐的周长。当计算用水量小于 15L/s 时，应按不小于 15L/s。

　　4. 着火地上卧式储罐的消防冷却水喷水强度不应小于 $6L/（min·m^2）$，其相邻储罐的消防冷却水喷水强度不应小于 $3L/（min·m^2）$。冷却面积应按储罐投影面积计算。

　　5. 覆土卧式油罐的保护用水喷射强度，应按同时使用不少于 2 支移动水枪计，且不应小于 15L/s。

（2）单股道和双股道铁路罐车装卸设施和汽车罐车装卸设施的供水量

单股道铁路罐车装卸设施的消火栓系统供水量不应小于 30L/s；双股道铁路罐车装卸设施的消火栓系统供水量不应小于 60L/s。

汽车罐车装卸设施的消火栓系统供水量不应小于 30L/s；当汽车装卸车位不超过 2 个时，消火栓系统供水量可按 15L/s 计算。

11. 石油化工企业室外消火栓系统供水量

（1）工艺装置室外消火栓系统供水量

工艺装置室外消火栓系统供水量应根据其规模、火灾危险类别及消防设施的设置情况综合确定。

（2）辅助生产设施的室外消火栓系统供水量

辅助生产设施的室外消火栓系统供水量，可按 50L/s 计算。

（3）可燃液体、液化烃的装卸栈台、空分站的室外消火栓系统供水量

① 可燃液体、液化烃的装卸栈台的室外消火栓系统供水量，不应小于 60L/s；

② 空分站的室外消火栓系统供水量宜为 90~120L/s。

（4）可燃液体储罐区的室外消火栓系统供水量

1）可燃液体储罐区室外消火栓系统供水量的计算

① 当着火罐为立式储罐时，距着火罐罐壁 1.5 倍着火罐直径范围内的相邻罐应进行冷却；当着火罐为卧式储罐时，着火罐直径与长度之和一半范围内的邻近地上罐应进行冷却。

② 当邻近立式储罐超过 3 个时，室外消火栓系统冷却供水量可按 3 个计算；当着火罐为浮顶、内浮顶罐（浮盘用易熔材料制作的除外）时，其邻近罐可不考虑冷却。

2）可燃液体地上立式储罐的室外消火栓系统冷却供水量计算

可燃液体地上立式储罐的室外消火栓系统冷却供水范围和喷水强度，不应小于

表 5.1-15 的要求。

可燃液体地上立式储罐的室外消火栓系统冷却供水范围和喷水强度　表 5.1-15

项目	储罐型式		保护范围	喷水强度	附注
移动式冷却	着火罐	固定顶罐	罐周全长	0.8L/（s·m）	—
		浮顶罐、内浮顶罐	罐周全长	0.6L/（s·m）	注 1、2
	邻近罐		罐周半长	0.7L/（s·m）	—

注：1. 浮盘用易熔材料制作的内浮顶罐按固定顶罐计算。
　　2. 浅盘式内浮顶罐按固定顶罐计算。

12. 汽车库、修车库、停车场室外消火栓系统供水量

汽车库、修车库、停车场室外消火栓系统供水量，应符合下列要求：

（1）Ⅰ、Ⅱ类汽车库、修车库、停车场的室外消火栓系统供水量不应小于 20L/s。

（2）Ⅲ类汽车库、修车库、停车场的室外消火栓系统供水量不应小于 15L/s。

（3）Ⅳ类汽车库、修车库、停车场的室外消火栓系统供水量不应小于 10L/s。

汽车库、修车库、停车场的分类见表 5.1-16。

汽车库、修车库、停车场的分类　　　　表 5.1-16

名称		Ⅰ	Ⅱ	Ⅲ	Ⅳ
汽车库	停车数量（辆）	＞300	151～300	51～150	≤50
	总建筑面积 S（m²）	$S>10000$	$5000<S≤10000$	$2000<S≤5000$	$S≤2000$
修车库	车位数（个）	＞15	6～15	3～5	≤2
	总建筑面积 S（m²）	$S>3000$	$1000<S≤3000$	$500<S≤1000$	$S≤500$
停车场	停车数量（辆）	＞400	251～400	101～250	≤100

四、可燃液体立式储罐及立式油罐采用室外消火栓系统供水，利用水枪冷却罐体的有关试验

采用直流水枪、利用室外消火栓系统供水对储罐的罐体（包括可燃液体立式储罐和油罐）进行冷却，受风向、消防队员操作水平的影响，冷却水不可能完全喷淋到罐壁上。

1. 固定顶油罐着火时。水枪冷却水喷射强度的依据为：1962 年公安部、石油部、商业部在天津消防研究所进行泡沫灭火实验时，曾对 400m³ 固定顶油罐进行了冷却水量的测定。第一次实验结果为每米罐壁周长耗水量为 0.635L/s·m，未发现罐壁有冷却不到的空白点；第二次试验结果为每米罐壁周长耗水量 0.478L/s·m，发现罐壁有

冷却不到的空白点，感到水量不足。试验组根据两次测定，建议用 ϕ16mm 水枪冷却时，冷却水喷射强度不应小于 0.6L/s·m；用 ϕ19mm 水枪冷却时，冷却水喷射强度不应小于 0.8L/s·m。

2. 浮顶罐、内浮顶罐着火时，火势不大，且不是罐壁四周都着火，冷却水喷射强度可小一些，故规定用 ϕ16mm 水枪冷却时，冷却水的喷射强度不应小于 0.45L/s·m，用 ϕ19mm 水枪冷却时，冷却水的喷射强度不应小于 0.6L/s·m。

3. 着火油罐的相邻不保温储罐水枪冷却水喷射强度的依据为：根据《5000m^3 汽油罐氟蛋白泡沫液下喷射灭火系统试验报告》（注：该报告是天津消防研究所1976年对 5000m^3 汽油罐氟蛋白泡沫液下喷射灭火试验的报告）的介绍，距着火油罐壁 0.5 倍着火罐直径处辐射热强度绝对最大值为 85829kJ/（m^2·h）。在这种辐射热强度下，相邻的油罐会挥发大量的油气，有可能被引燃，因此，相邻油罐需要冷却罐壁和呼吸阀、量油孔所在的罐顶部位。

相邻油罐的冷却水喷水强度，没有做过试验，根据测定的辐射热强度进行推算确定：条件为实测辐射热强度 85829kJ/（m^2·h），用 20℃水冷却时，水的汽化率按 50% 计算（考虑到油罐在着火油罐辐射热影响下，有时会超过 100℃，也有不超过 100℃ 的）；20℃的水 50% 水汽化时吸收的热量为 1465kJ/L。

按此条件计算，冷却水喷水强度 $q = 20500 \div 350 \div 60 = 0.98$L/（min·m^2）。按罐壁周长计算的冷却水喷射强度为 0.177L/（s·m）。考虑各种不利因素和富裕量，故推荐冷却水喷射强度：ϕ16mm 水枪不小于 0.35L/（s·m），ϕ19mm 水枪不小于 0.5L/（s·m）。

4. 使用水枪时要注意的问题。有关对储罐冷却保护的水枪保护范围是按水枪压力为 0.35MPa 确定的，在此压力下 ϕ16mm 水枪的流量为 5.3L/s，ϕ19mm 水枪的流量为 7.5L/s。若实际水枪的供水压力与 0.35MPa 相差较大，水枪保护范围需做适当调整。

五、手提式直流水枪的技术数据

手提式直流水枪的技术数据见表 6.5-1。

六、多用水枪和直流喷雾水枪的技术数据

目前消防救援队伍一般使用多用水枪和直流喷雾水枪，很少使用直流水枪。表 5.1-17 是多用水枪和直流喷雾水枪的技术参数。

多用水枪和直流喷雾水枪的技术参数 表 5.1-17

接口公称通径（mm）	额定喷射压力（MPa）	额定直流流量（L/s）	直流射程（m）
50	0.6	2.5	≥21

接口公称通径（mm）	额定喷射压力（MPa）	额定直流流量（L/s）	直流射程（m）
50	0.6	4	≥25
		5	≥27
65		6.5	≥30
		8	≥32
		10	≥34
		13	≥37

第二节　市政消火栓给水管网和室外消火栓给水管网的分类

市政消火栓给水管网是指由城市供水部门管理并负责维护的城市公共供水管网中设有市政消火栓的给水管网，它是城市公共消防设施的重要组成部分。

室外消火栓给水管网是由除城市供水部门管理并负责维护的市政消火栓给水管网之外的，供工厂、仓库及其他建（构）筑物室外的，用于火灾扑救的消火栓给水管网。

根据火灾统计资料显示，在成功扑救火灾的案例中，有93%的火场供水条件较好；在扑救失利的火灾案例中，80%以上是因为城市消防供水设施布局不合理、消防供水不足造成的。

一、市政消火栓给水管网的分类

1. 市政消火栓给水管网按管网形式分类

市政消火栓给水管网按管网形式可分为枝状管网和环状管网。

（1）枝状管网

枝状管网在平面布置上，干线成树枝状，彼此不相互联系。枝状管网内，水流从水源地向用水设备单一方向流动。枝状管网流量小，供水能力的最大问题是管道维修或管网发生故障时，造成整个下游方向断水，影响范围广，供水安全性能差。市政消火栓供水管网一般不采用枝状管网。

（2）环状管网

环状管网在平面布置上，干线彼此相连形成若干个闭合环。由于环状管网的干线彼此相连通，环状管网可保证水源能从不同的方向为用户或火灾现场供水。在管径和水压相同的情况下，输水能力是枝状管网的1.5～2.0倍，当管段检修需要关闭管段阀门时，其他管段可从另一方向向管路供水，可减少影响，供水安全性高。

2. 市政消火栓供水管网按用途分类

市政消火栓供水管网按用途可分为合用管网和独立管网

（1）合用管网

生产、生活和消防合用供水管网称为合用管网。这种管网按生活和生产用水量设计，然后再按消防用水量进行校核。有条件的宜尽量采用合用管网，这样既经济又安全。

（2）独立管网

独立管网是单独为消防使用而设置的消防给水管网。由于火灾只是偶尔发生，这种管网平时不使用，在易燃液体和可燃气体储罐区，常采用独立管网。大型石油化工企业及消防用水量较大的其他企业也常采用独立管网形式。

3. 市政消火栓给水管网按供水压力分类

市政消火栓给水管网按供水压力分为高压管网、临时高压管网和低压管网。

（1）高压管网

高压管网是指管网内经常保持足够的压力，在火场上不需要使用消防车或其他移动式水泵加压，直接由消火栓接出水带、水枪灭火。高压消火栓给水管网称为高压管网。高压管网应保证生产、生活、消防用水量达到最大，水枪布置在保护范围内任何建筑物的最高处时，水枪采用 $\phi19mm$ 时，其充实水柱不能小于 10m。在实际应用中，市政消防给水管网较少采用高压管网形式。

（2）临时高压管网

临时高压管网是指平时管网内维持较低的压力，火灾时开启高压水泵来满足消防所需压力和供水量的管网。一般独立消火栓给水管网大多采用这种形式。

（3）低压管网

低压管网是指管网平时压力较低，火场上水枪需要的压力，由消防车或其他移动式消防水泵加压供给的给水管网。低压管网的压力应保证生活、生产和消防用水量最大时，最不利点消火栓的压力不应低于 0.14MPa，以满足消防车从消火栓取水的需求。火灾时最不利点市政消火栓的出流量不应小于 15L/s，且供水压力从地面算起不应小于 0.10MPa。生产、生活和消防合用消火栓系统基本上为低压管网。管网平时供生产、生活用水，在火灾时供消火栓用水。

二、市政消火栓和消防水鹤的设置

市政消火栓和消防水鹤的设置应符合下列要求：

1. 市政消火栓应采用湿式消火栓。消火栓系统管道内是充满有压水的系统，高压或临时高压湿式消火栓系统可用来直接灭火，低压系统能够向消防车供水，通过消防车加压向火场供水进行火灾扑救。湿式消火栓系统与干式系统相比没有充水时间，能迅速出水，有利于扑灭火灾。

2. 市政消火栓宜采用地上式室外消火栓。在严寒、寒冷等冬季结冰地区宜采用干式地上式室外消火栓，严寒地区宜增设消防水鹤。当采用地下式室外消火栓时，地下消火栓井的直径不宜小于1.5m，且当地下式室外消火栓的取水口在冰冻线以上时，应采取保温措施。

3. 市政消火栓宜采用直径DN150的室外消火栓，并应符合下列要求：

（1）室外地上式消火栓应有一个直径为150mm或100mm和2个直径为65mm的栓口。

（2）室外地下式消火栓应有直径为100mm和65mm的栓口各一个。

4. 市政消火栓宜在道路的一侧设置，并宜靠近十字路口，但当市政道路宽度超过60m时，应在道路的两侧交叉错落设置市政消火栓。

5. 市政桥桥头和城市交通隧道出入口等市政公用设施处，应设置市政消火栓。

6. 市政消火栓的保护半径不应超过150m，间距不应大于120m。

7. 市政消火栓应布置在消防车易于接近的人行道和绿地等地点，且不应妨碍交通，并应符合下列要求：

（1）市政消火栓距路边不宜小于0.5m，并不应大于2.0m。

（2）市政消火栓距建筑外墙或外墙边缘不宜小于5.0m。

（3）市政消火栓应避免设置在机械易撞击的地点，确有困难时，应采取防撞措施。

8. 当市政给水管网设有市政消火栓时，其平时运行工作压力不应小于0.14MPa，火灾时最不利点市政消火栓的出流量不应小于15L/s，且供水压力从地面算起不应小于0.10MPa。

9. 严寒地区在城市主要干道上设置消防水鹤的布置间距宜为1000m。连接消防水鹤的市政给水管的管径不宜小于DN200。

10. 火灾时消防水鹤的出流量不宜低于30L/s，且供水压力从地面算起不应小于0.10MPa。

11. 地下式市政消火栓应有明显的永久性标志。

三、室外消火栓给水管网的分类

1. 室外消火栓给水管网按管网形式分类

室外消火栓给水管网按管网形式可分为枝状管网和环状管网（见"市政消火栓给水管网的分类"）。

2. 室外消火栓给水管网按用途分类

室外消火栓给水管网按用途可分为：

（1）专用消火栓给水系统。

（2）生活、消防共用给水系统。

（3）生产、消防共用给水系统。

（4）生产、生活和消防共用消防给水系统。

专用系统相互独立、互不干扰；共用系统经济，安全可靠。

3. 室外消火栓给水管网按给水范围分类

室外消火栓给水管网按给水范围可分为：

（1）独立消火栓给水系统。

（2）区域消火栓给水系统。

（3）室内外合用消火栓给水系统。

区域消火栓给水系统是指多栋建筑采用一套消火栓给水系统，主要消防设施（如消防水泵）共用。

4. 室外消火栓给水管网按水压分类

室外消火栓给水管网按水压可分为：

（1）高压消防给水系统（也称常高压消防给水系统）。

（2）临时高压消防给水系统。

（3）稳高压消防给水系统。

（4）低压消防给水系统。

以上室外消火栓给水管网的分类，在灭火救援实战中主要以按室外消火栓给水管网水压分类为主。

四、室外消火栓的设置

室外消火栓的设置应符合下列要求：

1. 室外消火栓的设置要符合市政消火栓的设置要求（见本节"二、市政消火栓和消防水鹤的设置"）。

2. 建筑室外消火栓的数量应根据室外消火栓的供水量和保护半径经计算确定，保护半径不应大于150m，每个室外消火栓的出流量宜按10～15L/s计算。

3. 室外消火栓宜沿建筑周围均匀布置，且不宜集中布置在建筑一侧；建筑消防扑救面一侧的室外消火栓数量不宜少于2个。

4. 人防工程、地下工程等建筑应在入口附近设置室外消火栓，且距出入口的距离不宜小于5m，并不宜大于40m。

5. 停车场的室外消火栓宜沿停车场周边设置，且与最近一排汽车的距离不宜小于7m，距加油站或油库不宜小于15m。

6. 甲、乙、丙类液体储罐区和液化烃罐罐区等构筑物的室外消火栓，应设在防火堤或防护墙外，数量应根据每个罐的设计流量经计算确定，但距罐壁15m范围内的消火栓，不宜计算到该罐可使用的数量内。

7. 工艺装置区等采用高压或临时高压消防给水系统的场所，其周围应设置室外消火栓，数量应根据设计流量经计算确定，且间距不应大于60.0m。当工艺装置区宽度大于120.0m时，宜在该装置区内的路边设置室外消火栓。

8. 当工艺装置区、罐区、堆场、可燃气体和液体码头等构筑物的面积较大或高度较高，室外消火栓的充实水柱无法完全覆盖时，宜在适当部位设置室外固定消防炮。

9. 当工艺装置区、储罐区、堆场等构筑物采用高压或临时高压消防给水系统时，消火栓的设置应符合下列要求：

（1）室外消火栓处宜配置消防水带和消防水枪。

（2）工艺装置休息平台等处需要设置消火栓的场所应采用室内消火栓，并符合室内消火栓的设置要求。

10. 室外消防给水引入管（由市政消火栓给水管网供水）设有倒流防止器，且火灾时因其水头损失等导致室外消火栓不能满足"流量不小于15L/s且供水压力从地面算起不小于0.10MPa"的要求时，应在该倒流防止器前设置一个室外消火栓。

第三节　高压消火栓给水系统及灭火实战中的应用

一、高压消防给水系统和高压消火栓给水系统的定义

1. 高压消防给水系统的定义：能始终保持满足水灭火设施所需的工作压力和流量，火灾时无须消防水泵启动直接加压的供水系统。

2. 高压消火栓给水系统的定义：安装在高压消防给水系统中的室外消火栓，均可称为高压消火栓给水系统。

二、高压消火栓给水系统中最不利点消火栓栓口压力确定

1. 计算依据

国家标准规定，在高压消火栓给水系统保护区域内，其消火栓给水系统管道的供水压力，应能保证用水量最大且水枪在任何建筑物的最高处时，水枪的充实水柱仍不小于10m。计算采用：喷嘴口径为ϕ19mm的水枪和直径65mm、长度为120m的有衬里消防水带，每支水枪的计算流量不应小于5L/s。

2. 计算方法

（1）最不利点消火栓栓口的压力计算

$$H_{栓} = H_{标} + h_{带} + h_{枪}$$

式中 $H_栓$——高压消火栓给水系统中最不利点消火栓栓口的压力（m 水柱）；

$H_标$——消火栓的位置与水枪手所处位置的标高差（m）；

$h_带$——直径为 65mm、长度为 120m 的有衬里消防水带的水头损失之和（m）；

$h_枪$——充实水柱为不小于 10m、流量不小于 5L/s 时、口径为 ϕ19mm 水枪所需的压力（m 水柱）。

（2）水枪充实水柱计算

$$S_K = （H_1 - H_2）/\sin\alpha$$

式中 S_K——水枪的充实水柱长度（m）；

H_1——室内最高着火点距离地面的高度（m）；

H_2——水枪喷嘴距离地面的高度（m）；

α——水枪的上倾角，一般按45°计算（水枪的上倾角为45°时，充实水柱最长）。

> 【注意】水枪充实水柱的长度与流量的关系是对应的，通过计算水枪充实水柱的长度，再查找有关表格即确定水枪的流量。

根据上述计算依据的数据，通过查找表 6.5-1 "手提式直流水枪的技术数据"，将数据代入上述计算公式，就可以得出不同条件下系统中最不利消火栓出口的压力。

三、高压消火栓给水系统室外消火栓的间距及保护半径

1. 保护半径

在上述计算室外高压消火栓给水系统中最不利点消火栓栓口压力时，曾在计算依据中介绍，根据国家标准的要求，使用 120m 长的水带，其中考虑火灾现场地面及遮挡物的实际情况，设了 0.9 的铺设系数，另外，为方便火场上水枪手进攻和撤退的需要，设了 10m 的机动水带，这样消火栓的保护半径为：（120－10）×0.9 = 99（m），约等于 100m，这就是室外消火栓的保护半径。

2. 室外消火栓的间距

国家标准规定了室外消火栓的间距应经过计算确定，且间距不应大于 60.0m。此规定不应大于 60.0m 是经过计算确定的，来源于高压消火栓给水系统的保护半径。

安装在高压消火栓给水系统上的室外消火栓，其最大保护半径（距离）为 100m。我国规定城市街区内的道路间距一般不超过 160m，而消防给水干管一般沿道路设置，每条道路的保护间距则为 80m。根据勾股定律，$a^2 + b^2 = c^2$，$a^2 = c^2 - b^2 = 100^2 - 80^2 = 60^2$。因此国家规定了高压消火栓给水系统中消火栓的间距为 60m。

直角三角形 ABC 的斜边 AC 为 100m，竖边为 80m，所以底边为 60m。这样可以保证街区内任何建筑物发生火灾时，均在 2 个消火栓的保护范围之内。其示意图 5.3-1 中的 C_1、C_2 点。C 点（特殊点），在 A、B、D 三个消火栓的保护范围内。

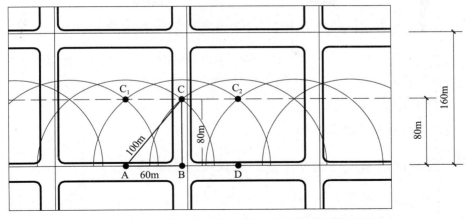

图 5.3-1　高压消火栓给水系统中消火栓的间距示意图

四、高压消火栓给水系统在灭火实战中的应用

战斗员到达火灾现场后，可以立即携带消防车上的水带、水枪，占领室外消火栓，将消火栓与水带、水枪连接直接灭火。注意，当采用口径为 65mm 的有衬里麻质水带时，水带的总长度不应超过 120m。

第四节　临时高压消火栓给水系统及灭火实战中的应用

一、临时高压消防给水系统和临时高压消火栓给水系统的定义

1. 临时高压消防给水系统的定义：系统平时不能满足水灭火设施所需的工作压力和流量，火灾时能自动启动消防水泵以满足水灭火设施所需的工作压力和流量的供水系统。

2. 临时高压消火栓给水系统的定义：安装在临时高压消防给水系统中的室外消火栓，均称为临时高压消火栓给水系统。

二、临时高压消火栓给水系统中最不利点消火栓栓口压力的确定

该系统是在火灾时能自动启动消防水泵，以满足水灭火设施所需的工作压力和流量，则其最不利点消火栓栓口压力的计算依据、计算方法均与高压消火栓给水系统的计算依据和计算方法相同。同理，最不利点消火栓栓口的压力也相同。

三、临时高压消火栓给水系统室外消火栓的间距及保护半径

临时高压消火栓给水系统室外消火栓的间距及保护半径（距离）的计算方法均与高压消火栓给水系统室外消火栓的间距及保护距离的计算方法相同。

1. 消火栓的间距为 60m。

2. 消火栓的保护距离为 100m。

四、临时高压消火栓给水系统在灭火实战中的应用

临时高压消火栓给水系统的应用方法与高压消火栓给水系统的应用方法相同。即，战斗员到达火灾现场后，可以立即携带消防车上的水带、水枪，占领室外消火栓，将消火栓与水带、水枪连接后直接灭火。注意，当采用口径为 65mm 的有衬里麻质水带时，水带的总长度不应超过 120m。

第五节　稳高压消火栓给水系统及灭火实战中的应用

一、稳高压消防给水系统和稳高压消火栓给水系统的定义

1. 稳高压消防给水系统的定义：采用稳压泵维持管网的水压大于或等于 0.7MPa 的消防水系统。

2. 稳高压消火栓给水系统的定义：安装在稳高压消防给水系统中的室外消火栓给水系统，均称为稳高压消火栓给水系统。

该系统的特点为，平时消防给水系统中的压力大于或等于 0.7MPa，而水流量不能达到灭火要求。火灾时，打开系统中的室外消火栓，管网内的压力下降，连锁消防水泵启动，使系统内的压力和流量满足灭火时的设计流量和压力。

二、稳高压消火栓给水系统中最不利点消火栓栓口压力的确定

该系统最不利点消火栓栓口压力的计算依据、计算方法均与高压消火栓给水系统的计算依据和计算方法相同。当计算压力低于 0.7MPa 时，仍然按 0.7MPa 计算系统压力。

三、稳高压消火栓给水系统室外消火栓的间距及保护半径

现行国家标准《石油化工企业设计防火标准》GB 50160 规定，大型石油化工企业的工艺装置区、罐区等，应设独立的稳高压消防给水系统，其压力宜为 0.7～1.2MPa。

根据此要求可以计算该系统室外消火栓的间距及保护（半径）距离。

四、稳高压消火栓给水系统在灭火实战中的应用

该系统与高压消火栓给水系统的应用相同。即，战斗员到达火灾现场后，可以立即携带消防车上的水带、水枪，占领室外消火栓，将消火栓与水带、水枪连接后直接灭火。注意，当采用口径为 65mm 的有衬里麻质水带时，水带的总长度不应超过120m。

第六节　低压消火栓给水系统及灭火实战中的应用

一、低压消防给水系统和低压消火栓给水系统的定义

1. 低压消防给水系统的定义：能满足车载或手抬移动消防泵等取水设施所需的工作压力和流量的供水系统。

2. 低压消火栓给水系统的定义：安装在低压消防给水系统中的室外消火栓，均称为低压消火栓给水系统。

二、低压消火栓给水系统中最不利点消火栓栓口压力的确定

国家规定当市政给水管网设有市政消火栓时，其平时运行工作压力不应小于0.14MPa，火灾时水力最不利市政消火栓的出流量不应小于15L/s，且供水压力从地面算起不应小于 0.10MPa。

那么，为什么火灾时最不利点市政消火栓的供水压力从地面算起不应小于0.10MPa 呢？

地上式市政消火栓接口中设有 2 个口径为 65mm 的接口是快速接口，该接口与消防车携带的消防水带的接口相匹配。另外设有口径为 100mm 或 150mm 的接口，该接口为丝扣接口，接口可以与消防车携带的吸水管进行丝扣连接。正常时，消防车停靠在市政消火栓旁，通过水带连接市政消火栓上口径为 65mm 的接口，向消防车供水；如果需要，也可以将消防车上的吸水管与市政消火栓上口径为 100mm 的接口或150mm 的接口连接吸水，通过消防车加压向火场供水。

由于消防车载水泵的吸水高度按照一般水泵进行设计。众所周知，地球表面大气压力为 0.1MPa，所以消防车载水泵其吸水条件至少需要在 0.1MPa 的情况下才能工作，故消火栓栓口在向消防车供水时的压力不得小于 0.1MPa。

另外，手抬移动消防水泵取水所需要的条件与车载消防水泵的要求条件是相同的。

三、低压消火栓给水系统室外消火栓的保护半径和间距

1. 低压消火栓给水系统室外消火栓的保护半径

国家标准规定：消防车的保护半径即为消火栓的保护半径。消防车的最大供水距离（即保护半径）为150m，故消火栓的保护半径为150m（其具体的计算依据和计算方法与本文高压消火栓给水系统的计算方法相同，但根据国家标准规定，消防车的供水水带长度是有差异的，高压消火栓给水系统供水水带长度为6条水带，水带总长度为120m，而低压消火栓给水系统供水水带长度为9条水带，水带总长度为180m）。

2. 室外消火栓的间距

国家标准规定：市政消火栓的保护半径不应超过150m，间距不应大于120m。

计算方法：根据国家标准要求，使用180m长的水带，其中考虑火灾现场地面及遮挡物的实际情况，设了0.9的铺设系数，另外，为方便火场上水枪手进攻和撤退的需要，设了10m的机动水带，这样消火栓的保护半径为：$(180-10) \times 0.9 = 153$（m），这就是室外消火栓的保护距离。为了记忆方便，国家标准规定为150m。

我国规定，城市街区内的道路间距一般不超过160m，而消防给水干管一般沿道路设置，每条道路的保护间距为80m。根据勾股定律，$a^2 + b^2 = c^2$，$a^2 = c^2 - b^2 = 153^2 - 80^2 = 123^2$。因此国家规定了低压消火栓给水系统中消火栓的间距为120m。

直角三角形ABC的斜边AC为150m，竖边为80m，所以底边为120m。这样可以保证街区内任何建筑物发生火灾，均在2个消火栓的保护范围之内。其示意图5.6-1中的C_1、C_2点。C点（特殊点），在A、B、D三个消火栓的保护范围内。

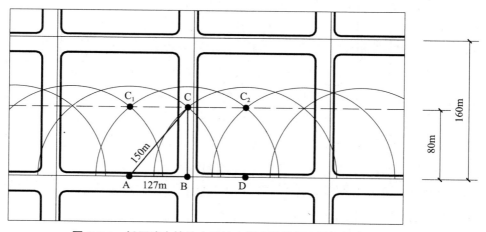

图5.6-1 低压消火栓给水系统中消火栓的间距及保护半径示意图

四、低压室外消火栓给水系统在灭火实战中的应用

在火灾现场，一辆消防车占用一个室外消火栓，采用单干线或双干线向火场供水灭火。消防车与室外消火栓的连接可以用水带连接，也可以采用吸水管连接。

1. 低压室外消火栓的供水距离

低压室外消火栓的供水距离为150m。

2. 低压室外消火栓的供水流量

低压室外消火栓的供水流量为10～15L/s。

> **【注意】**上述消火栓的供水流量是按地上式室外消火栓的供水流量确定的。地下式室外消火栓设有直径为100mm和65mm的栓口各一个，其中直径为100mm的栓口为螺纹式，如果供水流量按10～15L/s计算，在灭火实战中应采用两种方法：一种是，当使用65mm的栓口连接一条水带时，则需要一个转换接口与100mm螺纹接口连接，否则，供水流量将不能达到10～15L/s；另一种是，直接使用消防车上的吸水管与100mm螺纹接口连接，使用消防水泵吸水。

第七节　市政消火栓和建筑室外消火栓给水系统的管理和灭火实战中应注意的问题

一、日常消防管理

1. 做好调查。进行防火检查前要先了解消火栓系统的压力分类，以便检查时有的放矢。

2. 检查高压消火栓给水系统时，需检查最不利点消火栓栓口的压力和流量是否符合要求。

3. 检查稳高压和临时高压消火栓给水系统时，重点检查消防水泵的启动是否符合要求，并且检查消防泵启动后的水流量和水压是否符合要求。同时检查为消防水泵提供的动力（双回路电源或内燃机）是否符合要求。

4. 对于稳高压消火栓给水系统，重点检查稳压泵、稳压罐的完好情况，稳压压力表指针是否符合要求。必要时，打开一个室外消火栓放水进行查看，检查其水流量和水压是否符合要求。

5. 对于低压消火栓给水系统，则需要检查系统最不利点消火栓栓口的水压和水量是否符合要求。

二、灭火救援人员在应用时应注意的问题

1. 做好调查，在制定灭火预案或在火场实际应用时，要了解室外消火栓给水系统的压力分类，然后依据实际情况进行应用。

2. 对高压室外消火栓给水系统，则直接铺设水带进行灭火（注意：铺设水带的总长度必须小于或等于120m）。

3. 对临时高压和稳高压室外消火栓给水系统，在实战和制定灭火预案时，参照高压室外消火栓给水系统的方法即可。

4. 对低压室外消火栓给水系统，则需要将消防车或移动消防水泵停靠在消火栓附近，通过消防车或移动消防泵加压向火场供水。

5. 消防管道的供水能力

火场供水实战和水力试验资料表明，一条环状管道（即环状管网上的一段管道）或一条枝状管道（即枝状管网上的一段管道）能够同时使用消火栓的数量可按表5.7-1确定。

管道供水能力　　　　　　　　　　　　　表5.7-1

管道直径（mm）	100		125		150		200		250		300	
管网形式 / 使用消火栓个数 / 管道压力（MPa）	枝状	环状	枝状	环状	枝状	环状	枝状	环状	枝状	环状	枝状	环状
0.1	1	1	1	1	1	1	1	2	2	3-4	3-4	6
0.2	1	1	1	1	1	1-2	1-2	3	2-3	5-6	4-5	7
0.3	1	1	1	1-2	1	2	2	3-4	3-4	6-7	5-6	8
0.4	1	1	1	1-2	1-2	2	2-3	4	4-5	6-7	6	9
0.6	1	1	1	1-2	1-2	2-3	3	4-5	4-5	8	6	＞9

注：每个室外消火栓的流量按10～15L/s计算，取中间值为13L/s。

第六章

室内消火栓给水系统在灭火实战中的应用

第一节 室内消火栓给水系统的供水量

一、建筑物室内消火栓给水系统的供水量

建筑物室内消火栓给水系统的供水量与建筑物的用途功能、体积、高度、耐火等级、火灾危险性等因素有关。建筑物室内消火栓给水系统的供水量不应小于表 6.1-1 的要求。

建筑物室内消火栓给水系统的供水量   表 6.1-1

建筑物名称			高度 h（m）、体积 V（m³）、座位数 n（个）、火灾危险性		消火栓设计流量（L/s）	同时使用消防水枪数（支）	每根竖管最小流量（L/s）
工业建筑	厂房		$h \leqslant 24$	甲、乙、丁、戊	10	2	10
				丙 $V \leqslant 5000$	10	2	10
				丙 $V > 5000$	20	4	15
			$24 < h \leqslant 50$	乙、丁、戊	25	5	15
				丙	30	6	15
			$h > 50$	乙、丁、戊	30	6	15
				丙	40	8	15
	仓库		$h \leqslant 24$	甲、乙、丁、戊	10	2	10
				丙 $V \leqslant 5000$	15	3	15
				丙 $V > 5000$	25	5	15
			$h > 24$	丁、戊	30	6	15
				丙	40	8	15
民用建筑	单层及多层	科研楼、试验楼	$V \leqslant 10000$		10	2	10
			$V > 10000$		15	3	10

建筑物名称			高度 h（m）、体积 V（m³）、座位数 n（个）、火灾危险性	消火栓设计流量（L/s）	同时使用消防水枪数（支）	每根竖管最小流量（L/s）
民用建筑	单层及多层	车站、码头、机场的候车（船、机）楼和展览建筑（包括博物馆）等	$5000 < V \leqslant 25000$	10	2	10
			$25000 < V \leqslant 50000$	15	3	10
			$V > 50000$	20	4	15
		剧场、电影院、会堂、礼堂、体育馆等	$800 < n \leqslant 1200$	10	2	10
			$1200 < n \leqslant 5000$	15	3	10
			$5000 < n \leqslant 10000$	20	4	15
			$n > 10000$	30	6	15
		旅馆	$5000 < V \leqslant 10000$	10	2	10
			$10000 < V \leqslant 25000$	15	3	10
			$V > 25000$	20	4	15
		商店、图书馆、档案馆等	$5000 < V \leqslant 10000$	15	3	10
			$10000 < V \leqslant 25000$	25	5	15
			$V > 25000$	40	8	15
		病房楼、门诊楼等	$5000 < V \leqslant 25000$	10	2	10
			$V > 25000$	15	3	10
		办公楼、教学楼、公寓、宿舍等其他建筑	$h > 15$ 或 $V > 10000$	15	3	10
		住宅	$21 < h \leqslant 27$	5	2	5
	高层	住宅	$27 < h \leqslant 54$	10	2	10
			$h > 54$	20	4	10
		二类公共建筑	$h \leqslant 50$	20	4	10
		一类公共建筑	$h \leqslant 50$	30	6	15
			$h > 50$	40	8	15
国家级文物保护单位的重点砖木或木结构的古建筑			$V \leqslant 10000$	20	4	10
			$V > 10000$	25	5	15
地下建筑			$V \leqslant 5000$	10	2	10
			$5000 < V \leqslant 10000$	20	4	15
			$10000 < V \leqslant 25000$	30	6	15
			$V > 25000$	40	8	20
人防工程	展览厅、影院、剧场、礼堂、健身体育场所等		$V \leqslant 1000$	5	1	5
			$1000 < V \leqslant 2500$	10	2	10
			$V > 2500$	15	3	10

续表

建筑物名称		高度 h（m）、体积 V（m³）、座位数 n（个）、火灾危险性	消火栓设计流量（L/s）	同时使用消防水枪数（支）	每根竖管最小流量（L/s）
人防工程	商场、餐厅、旅馆、医院等	$V \leqslant 5000$	5	1	5
		$5000 < V \leqslant 10000$	10	2	10
		$10000 < V \leqslant 25000$	15	3	10
		$V > 25000$	20	4	10
	丙、丁、戊类生产车间、自行车库	$V \leqslant 2500$	5	1	5
		$V > 2500$	10	2	10
	丙、丁、戊类物品库房、图书资料档案库	$V \leqslant 3000$	5	1	5
		$V > 3000$	10	2	10

注：1. 丁、戊类高层厂房（仓库）室内消火栓的设计流量可按本表减少 10L/s，同时使用消防水枪数量可按本表减少 2 支。

2. 消防软管卷盘、轻便消防水龙及多层住宅楼梯间中的干式消防竖管，其消火栓设计流量可不计入室内消防给水设计流量。

3. 当一座多层建筑有多种使用功能时，室内消火栓设计流量应分别按本表中的不同功能计算，且应取最大值。

二、建筑物室内消火栓给水系统供水量的特殊要求

1. 当建筑物内设有自动水灭火系统时的要求

当建筑物内设有自动喷水灭火系统、水喷雾灭火系统、泡沫灭火系统或固定消防炮灭火系统等一种及以上自动水灭火系统全保护时，当高层建筑高度不超过 50m 且室内消火栓设计流量超过 20L/s 时，其室内消火栓设计流量可按表 6.1-1 的要求减少 5L/s；多层建筑室内消火栓设计流量可减少 50%，但不应小于 10L/s。

2. 宿舍、公寓等非住宅类居住建筑的室内消火栓给水系统供水量

宿舍、公寓等非住宅类居住建筑的室内消火栓给水系统供水量，当为多层建筑时，应按表 6.1-1 中的宿舍、公寓确定；当为高层建筑时，应按表 6.1-1 中的公共建筑确定。

三、城市交通隧道内和地铁地下车站室内消火栓给水系统供水量

1. 城市交通隧道内室内消火栓给水系统供水量

城市交通隧道内室内消火栓给水系统供水量应符合表 6.1-2 的要求。

城市交通隧道内室内消火栓给水系统供水量　　　　表 6.1-2

用途	类别	长度	供水量（L/s）
可通行危险化学品等机动车	一、二	$L > 500$	20
	三	$L \leqslant 500$	10

用途	类别	长度	供水量（L/s）
仅限通行非危险化学品等机动车	一、二、三	$L > 1000$	20
	三	$L \leq 1000$	10

注：城市交通隧道分类，见表 5.1-13 注。

2. 地铁地下车站室内消火栓给水系统供水量

地铁地下车站室内消火栓给水系统供水量不应小于 20L/s，区间隧道不应小于 10L/s。

第二节　室内消火栓给水系统的组成及分类

一、室内消火栓给水系统的组成与工作原理

1. 室内消火栓给水系统的组成

室内消火栓给水系统是建筑物内部的消防给水系统之一，它由消防水源、供水设备、给水管网和灭火设施组成，如表 6.2-1 所示。

室内消火栓给水系统的组成　　　　　　　　表 6.2-1

主要组成要素		要素内容
消防水源		室外给水管网、天然水源、消防水池和其他水源
消防供水设备	自动供水设施	高位消防水箱、气压给水设备
	主要供水设施	消防水泵、高位消防水池
	临时供水设施	消防水泵接合器
	辅助供水设施	增压泵、稳压泵
室内消防给水管网		引入管、干管、支管、竖（立）管和相应的配件、附件
室内消火栓灭火设施		室内消火栓、水带、水枪、消防卷盘等

2. 室内消火栓给水系统的工作原理

室内消火栓给水系统的工作原理与系统的给水方式有关（详见本章第三节）。通常室内消火栓给水系统采用临时高压消防给水系统。

在临时高压消防给水系统中，系统设有高位消防水箱和消防泵。当火灾发生后，火灾现场的人员（或消防救援人员到达火灾现场后）打开消火栓箱，将水带与消火栓口连接，开启消火栓阀门，按下消火栓箱内的启动按钮，消火栓可投入使用。消火栓箱内的按钮可以直接启动向消火栓给水系统供水的消防水泵。

【注意】2014 年 10 月 1 日以后设计的建筑物，其"消火栓按钮不宜作为直接启动消防水泵的开关，但可作为发出报警信号的开关或启动干式消火栓系统的快速启闭装置等"，并向消防控制中心报警。

在供水初期，由于消火栓给水系统中消防水泵的启动有一定的时间，其初期由高位消防水箱来供水。对于消火栓水泵的启动，还可以在安装消防水泵的现场（即消防水泵房）、消防控制室（消防控制中心）启动，消防水泵一旦启动后，不得自动停泵，其停泵只由有权限的人手动控制。

在临时高压消防给水系统中，消防自动控制（FAS）的联动控制逻辑关系如图 6.2-1 所示，当系统设有增压设施（局部稳压设施）时，在消火栓箱内的按钮发出信号后，增压设施的启动要先于消防主泵启动。

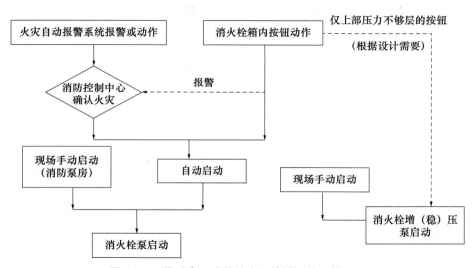

图 6.2-1　临时高压消防给水系统控制的逻辑关系

二、室内消火栓给水系统的分类

1. 室内消火栓给水系统按水压分类

室内消火栓给水系统按水压可分为高压消火栓给水系统和临时高压消火栓给水系统。室内消火栓给水系统不允许采用低压给水系统。

2. 室内消火栓给水系统按服务范围分类

室内消火栓给水系按服务范围可分为独立消火栓给水系统、区域或集中消火栓给水系统。

3. 室内消火栓给水系统按给水方式分类

室内消火栓给水系统按给水方式可分为不分区给水方式消火栓给水系统和分区给水方式消火栓给水系统。

第三节　室内消火栓给水系统的给水方式

一、室内消火栓给水系统不分区给水方式

1. 直接给水方式（高压消火栓给水系统）

直接给水方式是指室内消火栓给水系统与室外给水管网相连，利用室外给水管网水压直接供水的给水方式，如图6.3-1所示。直接给水方式具有供水可靠、系统简单、工程投资节省、安装维护简单的特点。它可充分利用室外给水管网的水压，节省能源。

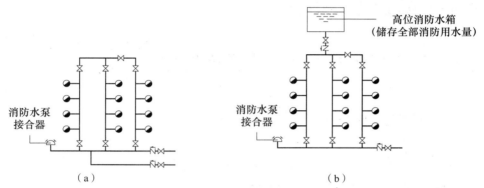

图6.3-1　室内消火栓给水系统直接给水方式

该给水方式适用于建筑物高度不高、室外给水管网水压和流量完全满足最不利点处室内消火栓的水压和流量要求的情况，即高压消防给水系统，可不设高位消防水箱。但在直接给水方式中需注意防止生活给水管的回流污染问题，见图6.3-1（a）。高位消防水箱储存全部消防用水量，并且高位消防水箱的静水压力完全满足最不利点处室内消火栓的水压和流量要求的情况，见图6.3-1（b）。

2. 水泵—水箱给水方式（临时高压消火栓给水系统）

这是最常见的给水方式，如图6.3-2所示。水泵—水箱给水方式是消防给水的消防水泵从市政管网或消防水池吸水，向室内消火栓管网供水，顶层设高位消防水箱作为消防初期的自动供水设施。

3. 设水箱增压的给水方式（临时高压消火栓给水系统）

该给水方式是在高位消防水箱的设置高度不能满足国家有关规定要求时，在高位消防水箱附近设置增压泵和气压水罐。设水箱增压的给水方式在建筑物发生火灾需使用室内消火栓时，仍需要启动消防水泵，也称为局部加压给水方式，如图6.3-3所示。

该方式的优点是解决了水箱设置高度的问题，减少了建筑高度的土建工程投资，但是增加了辅助供水设施投资。

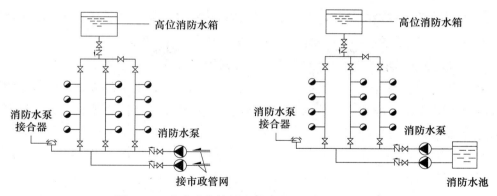

图 6.3-2　室内消火栓给水系统水泵—水箱给水方式

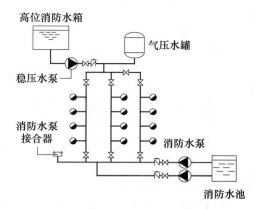

图 6.3-3　室内消火栓给水系统设水箱增压给水方式

4. 设稳压泵的给水方式（稳高压消火栓给水系统）

该给水方式在消防水泵旁设置稳压泵，使消火栓给水系统的压力处于常高压状态，由于稳压泵主要用来稳定系统的水压，流量仍需由消防水泵保证，它不同于高压消防给水系统，如图 6.3-4 所示。

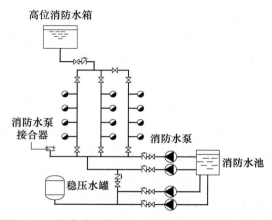

图 6.3-4　室内消火栓给水系统设稳压泵的给水方式

该方式的供水较临时高压给水方式可靠、系统简单，也解决了高位消防水箱设置高度的问题。其缺点是需要提高消防设备、设施的维护管理能力。

5. 不设高位水箱的气压给水方式（临时高压消火栓给水系统）

在建筑物的底部设置大型气压水罐，储存高位消防水箱的全部水量，并满足建筑物中最不利点处消火栓的水压要求，在建筑物发生火灾需使用室内消火栓时，仍需要启动消防水泵，如图 6.3-5 所示。

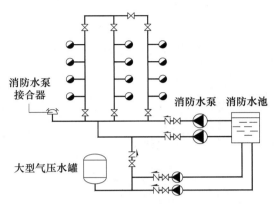

图 6.3-5　不设高位水箱的气压给水方式

二、室内消火栓给水系统分区给水方式

根据消防给水系统产品承压能力、阀门开启、管道承压、施工和系统的安全可靠性，以及经济合理性等因素综合考虑，国家标准规定当室内消火栓给水系统工作压力大于 2.40MPa 和消火栓栓口处静压大于 1.0MPa 时，室内消火栓给水系统应采取分区供水。

1. 减压阀分区的消火栓给水系统给水方式

该种给水方式通过将减压阀安装在室内消火栓给水系统上进行减压，形成减压阀分区的消火栓给水方式，如图 6.3-6 所示。

2. 分区水泵分区（并联水泵分区）的消火栓给水系统给水方式

该方式通过水泵的扬程不同而采取的分区消火栓给水系统。将水泵扬程较低的水泵向低区消火栓给水系统供水，将水泵扬程较高的水泵向高区消火栓给水系统供水。这种方式既经济又可靠，如图 6.3-7 所示。

3. 多出口泵分区的消火栓给水系统给水方式

多出口泵分区的消火栓给水系统给水方式，采用一泵多出水口向不同分区供水。这种给水方式使用的水泵数量少，但对水泵的扬程要求高，如图 6.3-8 所示。

4. 减压水箱分区的消火栓给水系统给水方式

减压水箱分区的消火栓给水系统给水方式，我国在 20 世纪 80 年代和 90 年代中期的超高层建筑中曾大量使用，其特点是安全、可靠，但占地面积大，对进水阀的安全可靠性要求高，如图 6.3-9 所示。

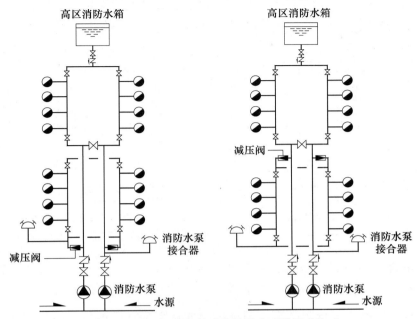

图 6.3-6 减压阀分区的消火栓给水系统给水方式

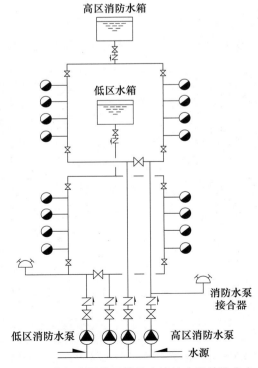

图 6.3-7 分区水泵分区的消火栓给水系统给水方式

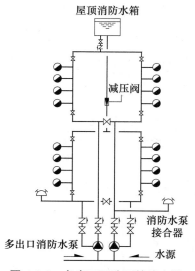

图 6.3-8 多出口泵分区的消火栓
给水系统给水方式

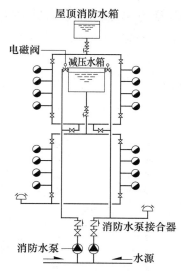

图 6.3-9 减压水箱分区的消火栓
给水系统给水方式

5. 串联消防水泵的消火栓给水系统给水方式

串联消防水泵的消火栓给水系统给水方式，是指在消防给水分区中由多台分区的消防水泵或转输水泵逐级转输，向本区消火栓给水管网供水的消防给水方式。如图 6.3-10 所示为消防水泵直接串联给水方式，如图 6.3-11 所示为消防水泵通过转输水箱串联给水方式。

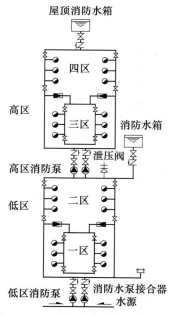

图 6.3-10 直接串联消防泵的消火栓
给水系统给水方式

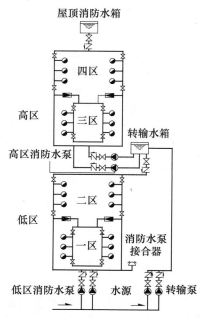

图 6.3-11 通过转输水箱的消防泵
串联给水方式

6. 重力水箱的消火栓给水系统给水方式

重力水箱的消火栓给水系统给水方式是指消火栓给水系统不设直接向消防给水管网系统供水的消防泵，由屋顶水箱、中间水箱直接向消防给水管网供水，并能满足消防给水系统最不利点水压和流量的消火栓给水系统，如图 6.3-12 所示。

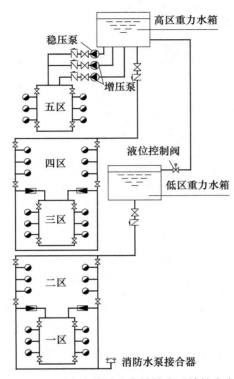

图 6.3-12　重力水箱的消火栓给水系统给水方式

第四节　室内消火栓给水管网和消火栓的布置

一、室内消火栓给水管网

室内消火栓给水管网由引入管、消防干管、消防竖管等构成的消火栓环网和配件、附件等组成。

1. 引入管

向室内消火栓环状给水管网供水的引入管（输水干管）不应少于 2 条，当其中一条发生故障时，其余的引入管（输水干管）应仍能满足消防给水设计流量。

允许从市政给水管网直接取水的情况下，引入管（输水干管）与室外消火栓管道之间的关系如图 6.4-1 所示。

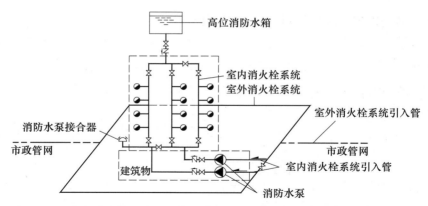

图 6.4-1　室内消火栓系统引入管（输水干管）与室外消火栓管道之间的关系

2. 管道布置

（1）室内消火栓系统管网应布置成环状。当室外消火栓设计流量不大于 20L/s，且室内消火栓不超过 10 个时，除下列情况外，可布置成枝状。

① 向两栋或两座及以上建筑供水时。

② 向两种及以上水灭火系统供水时。

③ 采用设有高位消防水箱的临时高压消防给水系统时。

④ 向两个及以上报警阀控制的自动水灭火系统供水时。

（2）室内消防管道管径应根据系统设计流量、流速和压力要求经计算确定；室内消火栓竖管管径应根据竖管最低流量经计算确定，但不应小于 DN100。

（3）室内消火栓竖管应保证检修管道时关闭停用的竖管不超过 1 根，当竖管超过 4 根时，可关闭不相邻的 2 根。

（4）每根竖管与供水横干管的相连接处应设置阀门。

在室内消火栓管网的管道布置上，有平面环网、竖向环网、立体环网。立体环网是在平面和立面都构成环状管网，其供水性最好。

在室内消火栓管道阀门的设置上，竖管阀门的合理设置如图 6.4-2 所示。

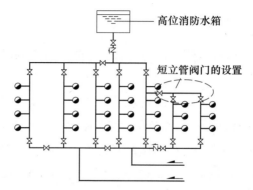

图 6.4-2　高层建筑室内消火栓竖管阀门的合理设置

（5）消防给水管道的设计流速不宜大于 2.5m/s。

二、室内消火栓的布置

1. 室内消火栓的配置要求

室内消火栓的配置应符合下列要求：

（1）应采用 DN65 室内消火栓，并可与消防软管卷盘或轻便水龙设置在同一箱体内。

（2）应配置公称直径 65mm 有内衬里的消防水带，长度不宜超过 25.0m；消防软管卷盘应配置内径不小于 $\phi19$ 的消防软管，其长度宜为 30.0m；轻便水龙应配置公称直径 25mm 有内衬里的消防水带，长度宜为 30.0m。

（3）宜配置当量喷嘴直径 16mm 或 19mm 的消防水枪，但当消火栓设计流量为 2.5L/s 时，宜配置当量喷嘴直径 11mm 或 13mm 的消防水枪；消防软管卷盘和轻便水龙应配置当量喷嘴直径 6mm 的消防水枪。

2. 室内消火栓的设置要求

室内消火栓的设置应符合下列要求：

（1）设置室内消火栓的建筑，包括设备层在内的各层均应设置消火栓。

（2）屋顶设有直升飞机停机坪的建筑，应在停机坪出入口处或非电器设备机房处设置消火栓，且距停机坪机位边缘的距离不应小于 5.0m。

（3）消防电梯前室应设置室内消火栓，并应计入消火栓使用数量。

（4）室内消火栓的布置应满足同一平面有 2 支消防水枪的 2 股充实水柱同时到达室内任何部位的要求。建筑高度小于或等于 24.0m 且体积小于或等于 5000m³ 的多层仓库、建筑高度小于或等于 54.0m 且每单元设置一部疏散楼梯的住宅，以及本章表 6.1-1 中可以采用 1 支消防水枪的场所，可采用 1 支消防水枪的 1 股充实水柱到达室内任何部位。

（5）室内消火栓的位置应满足火灾扑救的需要，并应符合下列要求：

① 室内消火栓应设置在楼梯间及其休息平台和前室、走道等明显易于取用，以及便于火灾扑救的位置。

② 住宅的室内消火栓宜设置在楼梯间及其休息平台。

③ 汽车库内消火栓的设置不应影响汽车的通行和车位的设置，并应确保消火栓的开启。

④ 同一楼梯间及其附近不同层设置的消火栓，其平面位置宜相同。

⑤ 冷库的室内消火栓应设置在常温穿堂或楼梯间内。

（6）建筑室内消火栓栓口的安装高度应便于消防水带的连接和使用，其距地面高度宜为 1.1m；其出水方向应便于消防水带的敷设，并宜与设置消火栓的墙面成 90° 或向下。

（7）室内消火栓宜按直线距离计算其布置间距，并符合下列要求：

① 消火栓按 2 支消防水枪 2 股充实水柱布置的建筑物，消火栓的布置间距不应大于 30.0m。

② 消火栓按 1 支消防水枪的 1 股充实水柱布置的建筑物，消火栓的布置间距不应大于 50.0m。

（8）建筑高度不大于 27m 的住宅，当设置消火栓时，可采用干式消防竖管，并应符合下列要求：

① 干式消防竖管宜设置在楼梯间休息平台，且仅应配置消火栓栓口。

② 干式消防竖管应设置消防车供水接口。

③ 消防车供水接口应设置在首层便于消防车接近和安全的地点。

④ 竖管顶端应设置自动排气阀。

（9）跃层住宅和商业网点的室内消火栓应至少满足 1 股充实水柱到达室内任何部位，并宜设置在户门附近。

（10）城市交通隧道室内消火栓系统的设置应符合下列要求：

① 隧道内宜设置独立的消防给水系统。

② 管道内的消防供水压力应保证用水量达到最大时，最低压力不应小于 0.30MPa，但当消火栓栓口处的出水压力超过 0.70MPa 时，应设置减压设施。

③ 在隧道出入口处应设置消防水泵接合器和室外消火栓。

④ 消火栓的间距不应大于 50m，双向同行车道或单行通行但大于 3 车道时，应双面间隔设置。

⑤ 隧道内允许通行危险化学品的机动车，且隧道长度超过 3000m 时，应配置水雾或泡沫消防水枪。

3. 室内消火栓的保护半径

室内消火栓的保护半径 R 可按下式计算确定。

$$R = L_d + L_s$$

式中 R——消火栓的保护半径（m）；

L_d——水带敷设长度（m），考虑水带的转弯曲折，应为水带长度乘以折减系数 0.8；

L_s——水枪充实水柱长度 S_k 的平面投影长度（m）；水枪倾角一般按 45° 计算，则 $L_s = 0.71S_k$。

高层建筑、厂房、库房和室内净空高度超过 8m 的民用建筑等场所，消火栓栓口动压不应小于 0.35MPa，且消防水枪充实水柱应按 13m 计算；其他场所，消火栓栓口动压不应小于 0.25MPa，且消防水枪充实水柱应按 10m 计算。

4. 室内消火栓的间距计算

室内消火栓的间距应通过计算确定，并按最大间距校核，不得超过国家规定的消火栓的最大间距。

（1）当室内消火栓为单排布置且室内任何部位要求有一股水柱到达时的计算

当室内消火栓为单排布置且室内任何部位要求有一股水柱到达时，消火栓的间距按下式计算，其布置如图 6.4-3 所示。

$$S_1 = 2\sqrt{R^2 - b^2}$$

式中　S_1——一股水柱时，消火栓的间距（m）；

　　　R——消火栓保护半径（m）；

　　　b——消火栓最大保护宽度（m）。

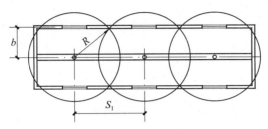

图 6.4-3　一股水柱时的消火栓布置间距

（2）当室内消火栓为单排布置且室内任何部位要求有两股水柱同时到达时的计算

当室内消火栓为单排布置且室内任何部位要求有两股水柱同时到达时，消火栓的间距按下式计算，其布置如图 6.4-4 所示。

$$S_2 = \sqrt{R^2 - b^2}$$

式中　S_2——两股水柱时，消火栓的间距（m）；

　　　R——消火栓保护半径（m）；

　　　b——消火栓最大保护宽度（m）。

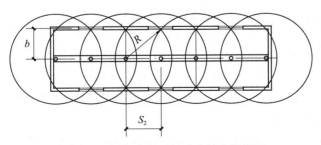

图 6.4-4　两股水柱时的消火栓布置间距

（3）当房间宽度较宽，需要布置多排消火栓且室内任何部位有一股水柱到达时的计算

当房间宽度较宽，需要布置多排消火栓且室内任何部位有一股水柱到达时，消火栓的间距按下式计算，其布置如图 6.4-5 所示。

$$S_n = \sqrt{2}\,R$$

式中　S_n——多排消火栓、一股水柱时消火栓的间距（m）；

　　　R——消火栓保护半径（m）。

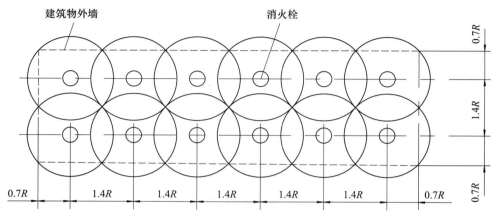

图 6.4-5　多排消火栓、一股水柱时的消火栓布置间距

（4）多排消火栓且室内任何部位有两股水柱到达时的计算

多排消火栓且室内任何部位有两股水柱到达时，消火栓间距按图 6.4-6 布置。

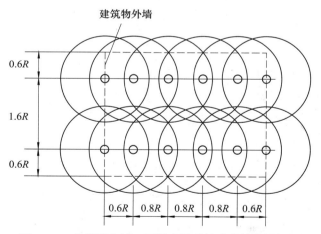

图 6.4-6　多排消火栓、两股水柱时的消火栓布置间距

室内消火栓的布置间距，通过上述计算后应按下列要求进行校核，通过校核，如果其消火栓的间距超过下列要求时，应进行重新计算。

室内消火栓宜按直线距离计算布置间距，并应符合下列要求：

① 消火栓按 2 支消防水枪的 2 股充实水柱布置的建筑物，消火栓的布置间距不应

大于 30.0m。

②消火栓按 1 支消防水枪的 1 股充实水柱布置的建筑物，消火栓的布置间距不应大于 50.0m。

第五节　固定消防水泵、减压孔板和消防水泵接合器

一、固定消防水泵

1. 固定消防水泵的作用

固定消防水泵设置在建筑物内，其作用是在消防给水系统中用于保障系统的给水压力和水量。

在临时高压消防给水系统、稳高压消防给水系统中均需设置消防水泵。在串联消防水泵给水系统和重力消防给水系统中，除了需设置消防水泵外，还需设置消防转输泵。

消防水泵和消防转输泵的设置均应设置备用泵。

2. 消防水泵的扬程确定

消防水泵的扬程由计算确定，消防水泵的扬程应满足最不利点消防水枪所需水压的要求，可按下式计算。

$$H_b = H_q + h_d + H_g + h_z$$

式中　H_b——消防水泵的扬程（m）；

H_q——最不利点消防水枪喷嘴所需水压（mH_2O）；

h_d——水带的水头损失（mH_2O）；

H_g——消防水泵吸水口至最不利消火栓之间管道的水头损失（包括沿程和局部）（mH_2O）；

h_z——消防水池水面与最不利点消火栓的高差（mH_2O）。

3. 消防水泵的流量确定

消防水泵的流量是保证火场上消防水枪扑救火灾用水的流量。不同的建筑物其消防用水量不同，消防水泵的流量应按表 6.1-1 "建筑物室内消火栓供水量"确定。

二、消防水枪和消防水带压力损失计算

1. 消防水枪的压力损失计算

（1）消防水枪的充实水柱

靠近直流水枪出口一段的射流，水流密集不分散，有较大的冲击力，扑救火灾效

果最好，通常称为充实水柱（又称密集射流的有效射程）。它具有以下特征：

① 射流外形密集不分散。

② 手提式水枪的射流长度（呈直线状）为水枪喷嘴起至射流通过 90% 的水量穿过直径 38cm 圆孔止的一段长度。

③ 带架水枪的射流长度（呈直线状）为水枪喷嘴起至射流通过 90% 的水量穿过直径 125cm 圆孔止的一段长度。

（2）手提式直流水枪的充实水柱长度与其喷嘴压力和流量的关系

为了计算方便，有关工程技术人员对不同喷嘴手提式水枪的充实水柱长度与其喷嘴压力和流量进行了试验，见表 6.5-1。表内数据是已经考虑风力影响的技术数据（风力对消防射流的影响很大，风能使直流水枪的密集射流分散，充实水柱长度减小。因此，按无风条件计算出来的充实水柱长度数值在实际中是无法达到的）。

手提式直流水枪的技术数据 表 6.5-1

有效射程（m）	16mm		19mm		22mm		25mm	
	压力（10^4Pa）	流量（L/s）	压力（10^4Pa）	流量（L/s）	压力（10^4Pa）	流量（L/s）	压力（10^4Pa）	流量（L/s）
7.0	9.2	2.7	9.0	3.8	8.7	5.0	8.5	6.4
8.0	10.5	2.9	10.5	4.1	10.0	5.4	10.0	6.9
9.0	12.5	3.1	12.0	4.3	11.5	5.8	11.5	7.4
10.0	14.0	3.3	13.5	4.6	13.0	6.1	13.0	7.8
11.0	16.0	3.5	15.0	4.9	14.5	6.5	14.5	8.3
12.0	17.5	3.8	17.0	5.2	16.5	6.8	16.0	8.7
13.0	22.0	4.2	20.5	5.7	20.0	7.5	19.0	9.6
14.0	26.5	4.6	24.5	6.2	23.5	8.2	22.5	10.4
15.0	29.0	4.8	27.0	6.5	25.5	8.5	24.5	10.8
16.0	35.5	5.3	32.5	7.1	30.5	9.3	29.0	11.7
17.0	39.5	5.6	35.5	7.5	33.5	9.7	31.5	12.2
18.0	48.5	6.2	43.0	8.2	39.5	10.6	37.5	13.3
19.0	54.5	6.6	47.5	8.7	43.5	11.1	40.5	13.9
20.0	70.0	7.5	59.0	9.6	52.5	12.2	48.5	15.2

2. 水带的压力损失计算

水带的压力损失与水带内壁的粗糙度、水带长度和直径、水带的铺设方式以及水带内的水流量有关。

为了计算方便，有关工程技术人员对不同直径的胶里（有内衬里）水带与水流量进行了试验，将水带的压力损失列表 6.5-2。

每条（长度 20m）胶里水带的压力损失

表 6.5-2

流量（L/s）	压力损失（10⁴Pa）			
	$\phi50mm$	$\phi65mm$	$\phi80mm$	$\phi90mm$
4.6	3.17	0.740	0.317	0.169
5.0	3.75	0.875	0.375	0.200
5.5	4.54	1.06	0.454	0.242
6.0	5.40	1.26	0.540	0.287
6.5	6.34	1.48	0.634	0.338
7.0	7.35	1.72	0.735	0.392
7.5	8.44	1.97	0.844	0.450
8.0	9.60	2.24	0.86	0.511
8.5	10.82	2.53	1.08	0.578
9.0	12.15	2.64	1.22	0.648
9.6	13.65	3.23	1.38	0.740
10.0	—	3.50	1.50	0.80
11.0	—	4.24	1.82	0.97
12.0	—	5.04	2.16	1.15
13.0	—	5.92	2.54	1.35
14.0	—	6.86	2.94	1.57
15.0	—	7.88	3.38	1.80
16.0	—	8.96	3.84	2.05
17.0	—	10.15	4.34	2.32

三、减压孔板和稳压减压消火栓

1. 减压孔板和稳压减压消火栓的作用

设置减压孔板和稳压减压消火栓的目的在于消除消火栓给水系统的剩余水压，以保证消防给水系统均衡供水，合理分配消防水量和方便工作人员（包括消防救援人员）操作使用室内消火栓。

2. 减压孔板和稳压减压消火栓的位置设置

国家标准规定，室内消火栓栓口动压不应大于 0.50MPa；当大于 0.70MPa 时必须设置减压装置。因此，达到上述要求的室内消火栓栓口处应设置减压孔板或使用稳压减压消火栓。

四、消防水泵接合器

1. 消防水泵接合器的作用

消防水泵接合器的作用主要是向系统内增加水压和水量。其作用主要表现在：当固定消防泵（一备一用）均发生故障时，消防车从室外消火栓（或消防水池等）取水，通过消防水泵接合器将水加压送至室内消火栓系统给水管网内，供室内消火栓出水灭火。如果火势较大，虽然固定消防泵能正常起动运行，但当火场的实际需水量大于固定消防水泵的供水量时，也可以通过消防水泵接合器将水加压送至室内消火栓系统给水管网以供应火场用水。

2. 消防水泵接合器的组成和分类

（1）消防水泵接合器的组成

消防水泵接合器是由阀门、安全阀、止回阀、栓口放水阀及连接弯管等组成。在室外从消防水泵接合器栓口供水时，安全阀起到保护系统的作用，以防补水压力超过系统的额定压力；放水阀具有泄水作用，用于防冻时使用。故消防水泵接合器的组件排列顺序应合理，从消防水泵接合器给水的方向，依次是止回阀、安全阀和阀门。

（2）消防水泵接合器的分类

消防水泵接合器按其栓口的位置可分为地上式消防水泵接合器、地下式消防水泵接合器、墙壁式消防水泵接合器和多用式消防水泵接合器；按消防水泵接合器出口的公称通径可分为100mm和150mm两种；按消防水泵接合器公称压力可分为1.6MPa、2.5MPa和4.0MPa等多种；按消防水泵接合器连接方式可分为法兰式和螺纹式。为保证消防水泵接合器供水及时可靠，在条件许可的情况下，应尽量采用地上式消防水泵接合器和墙壁式消防水泵接合器，避免采用地下式消防水泵接合器。

3. 消防水泵接合器的布置要求

消防水泵接合器的布置应符合下列要求：

（1）临时高压消防给水系统向多栋建筑物供水时，消防水泵接合器应在每栋建筑物附近设置。

（2）消防给水系统为竖向分区供水时，在消防车供水压力范围内的分区，应分别设置消防水泵接合器；当建筑高度超过消防车供水高度时，消防给水系统应在设备层等方便操作的地点设置手抬泵或移动泵接力供水的吸水和加压接口。

（3）消防水泵接合器应设在室外便于消防车使用的地点，且距室外消火栓或消防水池的距离不宜小于15m，并不宜大于40m。

（4）墙壁式消防水泵接合器的安装高度距地面宜为0.70m；与墙面上的门、窗、孔、洞的净距离不应小于2.0m，且不应安装在玻璃幕墙下方；地下消防水泵接合器的安装，应使进水口与井盖底面的距离不大于0.40m，且不应小于井盖的半径。

（5）消防水泵接合器处应设置永久性标志牌，永久性标志牌应为红底白字，并应标明供水系统、供水范围和额定压力，如图 6.5-1 所示。

图 6.5-1　消防水泵接合器处设置永久性标志牌示意图

4. 消防水泵接合器的设置范围

下列场所的室内消火栓给水系统应设置消防水泵接合器：

（1）高层民用建筑。

（2）设有消防给水的住宅、超过 5 层的其他多层民用建筑。

（3）超过 2 层或建筑面积大于 $10000m^2$ 的地下或半地下建筑（室）、室内消火栓设计流量大于 10L/s 平战结合的人防工程。

（4）高层工业建筑和超过 4 层的多层工业建筑。

（5）城市交通隧道。

5. 消防水泵接合器的供水流量和设置数量

（1）消防水泵接合器的供水流量宜按每个 10～15L/s 计算。

（2）室内消火栓系统的消防水泵接合器应按室内消火栓的用水量经计算确定，但当计算数量超过 3 个时，可根据供水可靠性适当减少。

第六节　室内消火栓系统不分区给水方式在灭火实战中的应用

一、直接给水方式（高压消火栓给水系统）在灭火实战中的应用

1. 当系统中各组件均正常时的应用

经过火场侦察，当室内消火栓给水系统中各组件正常工作时，战斗员携带灭火器

材（水带、水枪）直接进入建筑物内，连接室内消火栓出水灭火或者控火。

2. 当系统中室外消防供水中断或高位消防水箱的水中断时的应用

当系统中室外消防供水中断时，对设有消防水泵接合器的建筑物直接使用消防车通过消防水泵接合器向室内消火栓给水系统供水，见图 6.6-1。

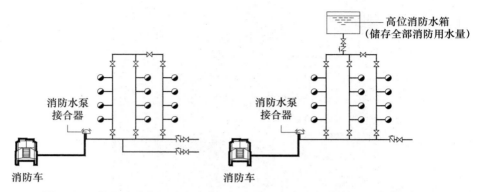

图 6.6-1　使用消防车通过消防水泵接合器向室内消火栓给水系统供水示意图

3. 当系统中的室外消防供水中断，同时消防水泵接合器损坏不能使用时的应用

当系统中的室外消防供水中断，并且消防水泵接合器损坏不能使用时，使用消防车通过首层室内消火栓向系统供水。注意：应检查首层室内消火栓是否设有减压孔板或消火栓是否采用减压稳压消火栓，如果室内消火栓装有减压孔板或消火栓为减压稳压消火栓，则需要将减压孔板或减压稳压装置拆除，然后再连接水带供水，见图 6.6-2。

> 【提醒读者】本章凡是涉及"使用消防车通过首层室内消火栓或者使用消防车通过某层室内消火栓向系统供水"时，均要检查首层室内消火栓或者某层室内消火栓是否设有减压孔板或消火栓是否为减压稳压消火栓，如果室内消火栓装有减压孔板或消火栓为减压稳压消火栓，则需要将减压孔板或减压稳压装置拆除，然后再连接水带供水。下文不再赘述。

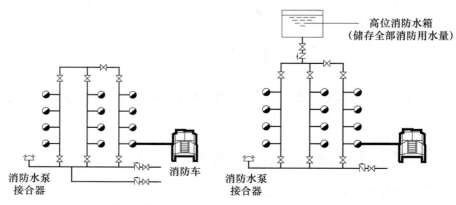

图 6.6-2　使用消防车通过首层室内消火栓向系统供水示意图（一）

4. 使用消防水泵接合器应注意的问题

（1）消防水泵接合器与火场上使用水枪的关系

当室外消防供水中断，使用消防水泵接合器供水时，火场上使用水枪的支数应与消防水泵接合器的供水能力相匹配。比如，两辆消防车分别停靠至两个消防水泵接合器处向室内消火栓给水系统供水，则最大供水量为 26L/s（13L/s×2，国家标准规定每个消防水泵接合器的供水量，按 10～15L/s 计算，此处取中间值 13L/s），这时，建筑物内只能出 5 支 ϕ19mm 的水枪射水。因为使用 ϕ19mm 的水枪，当充实水柱为 11m 时，每只水枪的流量为 4.9L/s（按 5L/s 计算），见表 6.5-1。

同理，当使用首层室内消火栓向消火栓系统供水时，火场上使用水枪的支数应与首层室内消火栓的供水能力相匹配。

（2）使用消防水泵接合器或首层室内消火栓时系统供水压力不足问题的处理

当使用水枪的数量没有超过消防水泵接合器的供水能力或首层室内消火栓的供水能力时，虽然消防车加压达到一定值，但水枪的水压和水量变化不大或无水时，此时火场指挥员要派战斗员分别到高位水箱（如果设置高位水箱时）间关闭水箱出口与室内消火栓管道连接的闸阀以及到达建筑物进水管的闸阀处关闭闸阀。此时单向阀可能已失去作用，如图 6.6-3 所示。

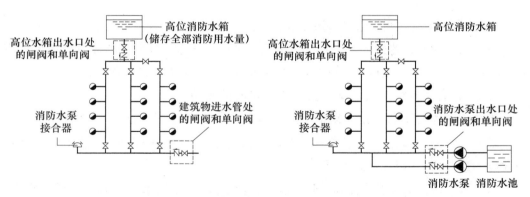

图 6.6-3　高位水箱出口处的闸阀和建筑物进水管处的闸阀位置示意图

（3）当使用消防水泵接合器或首层室内消火栓向系统供水时，消防车车载消防水泵供水压力问题

当使用消防水泵接合器或首层室内消火栓向系统供水时应注意以下问题：第一，消防车车载消防水泵的供水压力（可以根据估算和水枪手的信息反馈，调整消防车车载消防水泵的供水压力），以保障火场用水。如果在"六熟悉"工作中，掌握向建筑物室内消火栓给水系统的供水压力，可以参照该压力供水。该压力可以通过消防水泵房中向消火栓系统供水消防水泵上的铭牌取得，其铭牌上的扬程就是系统压力。第二，消防车车载消防水泵向火场供水的供水压力不应超过消防水泵接合器的公称压力。

5. 室内消火栓给水系统中，当其中一条竖管故障时的处理

室内消火栓给水系统在设计安装时均为环状供水管网（横向和竖向均为环状），当其中一条竖管故障时，指挥员命令战斗员将发生故障的竖管位于顶部和底部与横管连接处的闸阀关闭即可，其他管网仍然能够继续出水灭火，如图 6.6-4 所示。

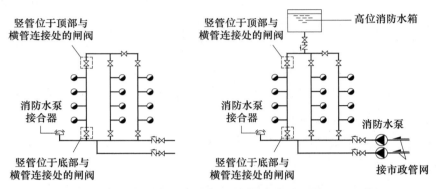

图 6.6-4　位于顶部和底部竖管与横管连接处的闸阀关闭示意图

二、水泵—水箱给水方式（临时高压消火栓给水系统）在灭火实战中的应用

1. 当系统中各组件均正常时的应用

经过火场侦察，当室内消火栓给水系统中各组件正常工作时，战斗员携带灭火器材（水带、水枪）直接进入建筑物内，连接室内消火栓出水灭火或者控火。

2. 当系统中各组件均正常，但水压不足时的应用

当系统中各组件均正常但水压不足时，可以采取以下三种方法：

第一种，战斗员应按下室内消火栓处启动消防水泵的按钮（2014 年 10 月 1 日之前建设的建筑物），启动消防水泵供水。

第二种，指挥员派战斗员到消防控制室，指令消防控制室操作人员启动消防水泵。

第三种，指挥员派战斗员到消防水泵房，指令水泵房值班人员启动消防水泵供水。

3. 当系统中的消防水泵（一备一用）损坏，供水中断时的应用

直接使用消防车通过消防水泵接合器向系统供水，见图 6.6-5。

4. 当系统中的消防水泵（一备一用）损坏供水中断，并且消防水泵接合器损坏不能使用时的应用

使用消防车通过首层室内消火栓向系统供水，见图 6.6-6。

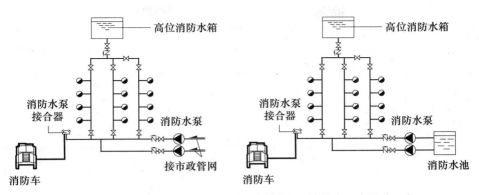

图 6.6-5　使用消防车通过消防水泵接合器向系统供水示意图（一）

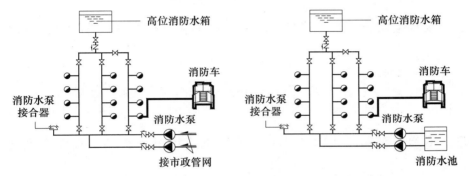

图 6.6-6　使用消防车通过首层室内消火栓向系统供水示意图（二）

5. 注意问题：

（1）见本节"直接给水方式（高压消火栓给水系统）在灭火实战中的应用"使用消防水泵接合器应注意问题的（1）（3）。

（2）使用消防水泵接合器或首层室内消火栓供水压力不足问题的处理。

当使用水枪的数量没有超过消防水泵接合器的供水能力或首层室内消火栓的供水能力时，虽然消防车加压达到一定值，但水枪的水压和水量变化不大或无水时，此时火场指挥员要分别派战斗员到消防水泵房和高位消防水箱间执行以下操作：到消防水泵房关闭消防水泵和气压罐增压泵（如果设置气压罐增压泵时）与室内消火栓管道连接的闸阀；到高位消防水箱间关闭消防水箱与室内消火栓管道连接的闸阀。此时单向阀可能已失去作用，如图 6.6-7 所示。

（3）向室内消火栓给水系统供水的固定消防水泵启动运行正常，但系统压力不足问题的处理。

向室内消火栓给水系统供水的固定消防水泵启动运行正常，但系统压力不足，指挥员要派战斗员到高位消防水箱间关闭消防水箱与室内消火栓管道连接的闸阀，此时单向阀可能已失去作用。

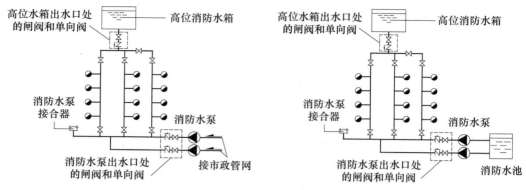

图 6.6-7　高位水箱和消防泵出水口处闸阀位置示意图

三、设水箱增压的给水方式（临时高压消火栓给水系统）在灭火实战中的应用

设水箱增压的给水方式（临时高压消火栓给水系统）在灭火实战中的应用，参见本节"水泵—水箱给水方式（临时高压消火栓给水系统）在灭火实战中的应用"。

四、设稳压泵的给水方式（临时高压消火栓给水系统）在灭火实战中的应用

设稳压泵的给水方式（临时高压消火栓给水系统）在灭火实战中的应用，参见本节"水泵—水箱给水方式（临时高压消火栓给水系统）在灭火实战中的应用"。

五、不设高位水箱的气压给水方式在灭火实战中的应用

1. 当系统中各组件均正常时的应用

经过火场侦察，当室内消火栓系统中各组件正常工作时，战斗员携带灭火器材（水带、水枪）直接进入建筑物内，连接室内消火栓出水灭火或者控火。

2. 当系统中的水压不足时的应用

当系统中的水压不足时，可以采取以下三种方法：

第一种，战斗员应按下室内消火栓处启动消防水泵的按钮（2014 年 10 月 1 日之前建设的建筑物），启动消防水泵向室内消火栓给水系统供水。

第二种，指挥员派战斗员到消防控制室，指令消防控制室操作人员，启动消防水泵向室内消火栓给水系统供水。

第三种，指挥员派战斗员到消防水泵房，指令水泵房值班人员启动消防水泵向室内消火栓给水系统供水。

3. 当系统中的消防水泵（一备一用）损坏，供水中断时的应用

当系统中的消防水泵（一备一用）损坏，供水中断时，直接使用消防车通过消防

水泵接合器向系统供水，见图 6.6-8。

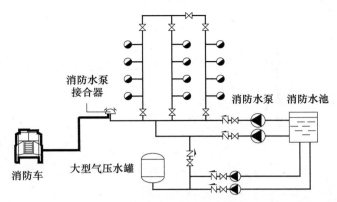

图 6.6-8 使用消防车通过消防水泵接合器向系统供水示意图（二）

4. 当系统中的消防水泵（一备一用）损坏、供水中断，同时消防水泵接合器损坏不能使用时的应用

当系统中的消防水泵（一备一用）损坏、供水中断，同时消防水泵接合器损坏不能使用时，应使用消防车通过首层室内消火栓向系统供水，见图 6.6-9。

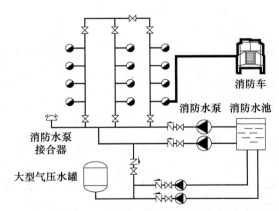

图 6.6-9 使用消防车通过首层室内消火栓向系统供水示意图（三）

5. 注意问题：

（1）见本节"直接给水方式（高压消火栓给水系统）在灭火实战中的应用"注意问题的（1）（3）。

（2）使用消防水泵接合器或首层室内消火栓供水压力不足问题的处理。

当使用水枪的数量没有超过消防水泵接合器的供水能力或首层室内消火栓的供水能力时，虽然消防车加压达到一定值，但水枪的水压和水量变化不大或无水时，此时火场指挥员要派战斗员到消防水泵房关闭消防水泵与室内消火栓管道连接的闸阀和大型气压水罐通往消火栓管网之间的闸阀。此时单向阀可能已失去作用。

141

第七节 室内消火栓给水系统分区给水方式在灭火实战中的应用

一、减压阀分区的消火栓给水系统给水方式在灭火实战中的应用

1. 低区范围内发生火灾时的应用

（1）当系统中各组件均正常时的应用

经过火场侦察，当室内消火栓系统中各组件正常工作时，战斗员携带灭火器材（水带、水枪）直接进入建筑物内，连接室内消火栓出水灭火或者控火。

（2）当系统中的消防水泵供水中断时的应用

当系统中的消防水泵（一备一用）供水中断时，直接使用消防车通过消防水泵接合器向系统供水，见图6.7-1。

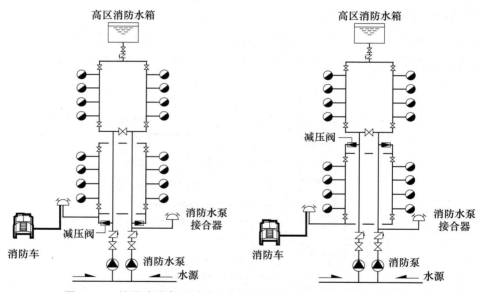

图6.7-1 使用消防车通过消防水泵接合器向系统供水示意图（三）

（3）当系统中的消防水泵（一备一用）供水中断，同时消防水泵接合器损坏不能使用时的应用

当系统中的消防水泵（一备一用）供水中断，同时消防水泵接合器损坏不能使用时，应使用消防车通过首层室内消火栓向系统供水，见图6.7-2。

（4）当系统中的水压不足时的应用

当系统中的水压不足时，可以采取以下三种方法：

第一种，战斗员应按下室内消火栓处启动消防水泵的按钮（2014年10月1日之前建设的建筑物），启动消防水泵向室内消火栓给水系统供水。

第二种，指挥员派战斗员到消防控制室，指令消防控制室操作人员启动消防水泵向室内消火栓给水系统供水。

第三种，指挥员派战斗员到消防水泵房，指令水泵房值班人员启动消防水泵向室内消火栓给水系统供水。

通过采取以上三种措施，消防水泵已经启动，但水压仍然不足，则火场指挥员要立即派出战斗员到高位水箱处关闭高位水箱出水口处的闸阀。此时，设置在该处的单向阀已经失去作用。

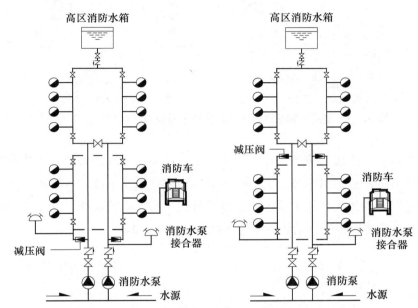

图 6.7-2 使用消防车通过首层室内消火栓向系统供水示意图（四）

2. 高区范围内发生火灾时的应用

（1）当系统中各组件均正常时的应用

经过火场侦察，当室内消火栓给水系统中各组件正常工作时，战斗员携带灭火器材（水带、水枪）直接进入建筑物内，连接室内消火栓出水灭火或者控火。

（2）当系统中的消防水泵供水中断时的应用

当系统中的消防水泵供水中断时，直接使用消防车通过消防水泵接合器向系统供水，见图 6.7-3。

（3）当系统中的消防水泵供水中断，同时消防水泵接合器损坏不能使用时的应用

当系统中的消防水泵供水中断，并且消防水泵接合器损坏不能使用时，可以通过以下两种方式，通过低区室内消火栓管网向高区室内消火栓管网供水，用于扑灭或控制火灾。

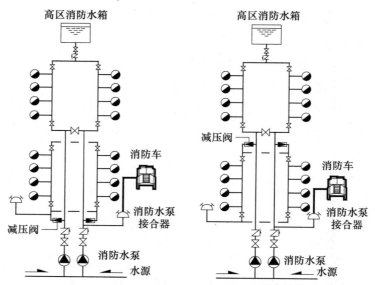

图 6.7-3　使用消防车通过消防水泵接合器向系统供水示意图（四）

第一种方式：使用消防车通过低区消防水泵接合器或低区首层室内消火栓向低区室内消火栓给水系统供水，然后，将低区室内消火栓给水系统供水管网最高层的室内消火栓与高区室内消火栓给水系统供水管网最底层的室内消火栓，用高压消防水带连接，向高区室内消火栓给水系统供水管网供水，见图 6.7-4。

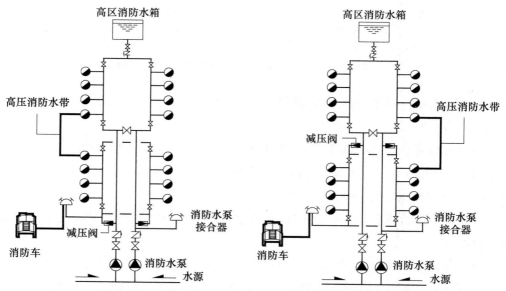

图 6.7-4　消防车通过消防水泵接合器利用高压消防水带连接供水示意图（一）

第二种方式：消防车通过高区室内消火栓给水系统供水管网最底层的室内消火栓，向高区室内消火栓给水系统供水管网供水，见图 6.7-5。

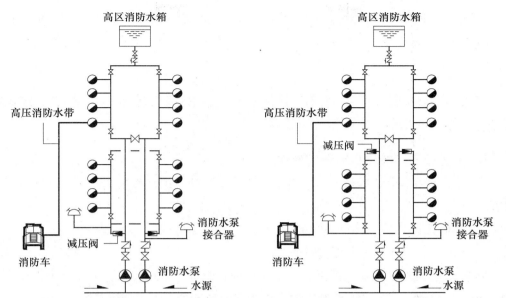

图 6.7-5 消防车通过高区室内消火栓给水系统供水管网最底层的室内消火栓向高区供水示意图（一）

3. 注意问题：

（1）见第六节"直接给水方式（高压消火栓给水系统）在灭火实战中的应用"使用消防水泵接合器应注意问题的（1）（3）。

（2）使用消防水泵接合器或首层室内消火栓供水压力不足问题的处理。

当使用水枪的数量没有超过消防水泵接合器的供水能力或首层室内消火栓的供水能力时，虽然消防车车载消防泵加压达到一定值，但水枪的水压和水量变化不大或无水时，此时火场指挥员要分别派战斗员到消防水泵房和高位消防水箱间执行以下操作：到消防水泵房关闭消防水泵与室内消火栓管道连接的闸阀，到高位消防水箱间关闭消防水箱与室内消火栓管道连接的闸阀。此时这两处的单向阀或其中一处的单向阀可能已失去作用，如图 6.6-7 所示。

（3）在使用消防水泵接合器时，要注意消防水泵接合器的供水类型（向消火栓给水系统供水，还是向自动喷水灭火系统供水）和供水区域（向高区供水，还是向低区供水）。

（4）向室内消火栓给水系统供水的固定消防水泵启动运行正常，但系统压力不足问题的处理。

向室内消火栓给水系统供水的固定消防水泵启动运行正常，但系统压力不足，指挥员要派战斗员到高位消防水箱间关闭消防水箱与室内消火栓管道连接的闸阀，如图 6.6-7 所示。

（5）当使用消防车通过低区消防水泵接合器或低区首层室内消火栓向低区室内消火栓给水系统供水，然后将低区室内消火栓给水系统供水管网最高层的室内消火栓与高区室内消火栓系统供水管网最底层的室内消火栓，用高压消防水带连接，向高区室内消火栓给水系统供水管网供水时，要注意低区室内消火栓给水系统供水管网的耐压能力。

二、分区水泵分区（消防水泵并联分区）的消火栓给水系统给水方式在灭火实战中的应用

1. 低区范围内发生火灾时的应用

参见本章第六节"水泵—水箱给水方式（临时高压消火栓给水系统）在灭火实战中的应用"。

2. 高区范围内发生火灾时的应用

（1）当系统中各组件均正常时的应用

经过火场侦察，当室内消火栓给水系统中各组件正常工作时，战斗员携带灭火器材（水带、水枪）直接进入建筑物内，连接室内消火栓出水灭火或者控火。

（2）当系统中的高区消防水泵供水中断时的应用

当系统中的消防水泵（一备一用）供水中断时，直接使用消防车通过消防水泵接合器向系统供水，见图 6.7-6。

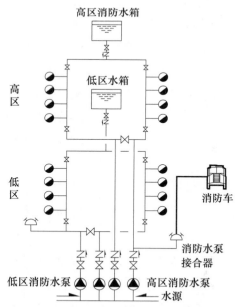

图 6.7-6　使用消防车通过消防水泵接合器向系统供水示意图（五）

（3）当系统中的高区消防水泵供水中断，同时消防水泵接合器损坏不能使用时的应用

当系统中的消防水泵（一备一用）供水中断，同时消防水泵接合器损坏不能使用

时，可以通过以下三种方式，通过低区室内消火栓给水管网向高区室内消火栓给水管网供水，用于扑灭或控制火灾。

第一种方式：当系统中的低区各组件正常时，同时消防救援队伍中装备的消防车供水能力满足高区消防给水要求（包括流量和扬程）时，使用消防车通过低区消防水泵接合器或者首层室内消火栓向低区室内消火栓给水系统供水，然后将低区室内消火栓给水系统供水管网最高层的室内消火栓与高区室内消火栓给水系统供水管网最底层的室内消火栓，用高压消防水带连接，向高区室内消火栓给水系统供水管网供水，见图6.7-7。

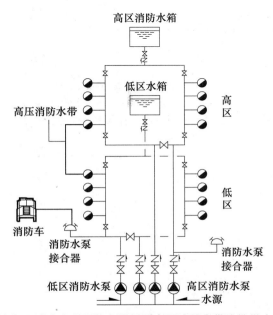

图6.7-7　消防车通过消防水泵接合器利用高压消防水带连接供水示意图（二）

第二种方式：消防救援队伍中装备的消防车供水能力满足高区消防给水要求（包括流量和扬程）时，使用消防车通过高区室内消火栓系统供水管网最底层的室内消火栓，向高区室内消火栓系统供水管网供水，见图6.7-8。

第三种方式：当系统中低区的各组件正常时，启动低区的消防水泵向低区消火栓给水系统供水，从低区最高层室内消火栓接出水带进入高区最底层内，向设置在此处的消防水槽供水，通过手抬消防机动泵通过高区最底层内的消火栓向高区室内消火栓给水系统供水管网供水，见图6.7-9。

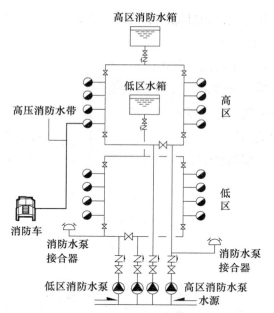

图 6.7-8 消防车通过高区室内消火栓给水系统供水管网最底层的室内消火栓向高区供水示意图（二）

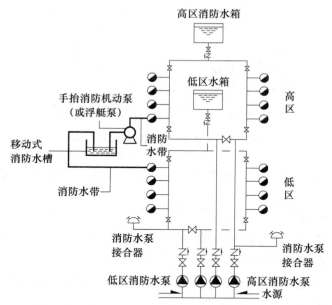

图 6.7-9 在高区最底层设消防水槽和手抬消防机动泵，向高区室内消火栓给水系统供水示意图

3. 注意问题

（1）参见本节"减压阀分区的消火栓给水系统给水方式在灭火实战中的应用"注意问题部分。

（2）使用手抬消防机动泵时，手抬消防机动泵的数量（向高区室内消火栓给水系统供水的总流量），应与低区消防水泵的额定流量基本匹配。

（3）使用手抬消防机动泵时，手抬消防机动泵的扬程应满足火场水枪压力的要求。手抬消防机动泵的技术参数见表 6.7-1。

三、多出口水泵分区的消火栓给水系统给水方式在灭火实战中的应用

参见本节"减压阀分区的消火栓给水系统给水方式在灭火实战中的应用"。

四、减压水箱分区的消火栓给水系统给水方式在灭火实战中的应用

参见本节"减压阀分区的消火栓给水系统给水方式在灭火实战中的应用"。

五、消防水泵直接串联的消火栓给水系统给水方式在灭火实战中的应用

这种消防水泵给水方式，一般超过了消防水泵的扬程。同理，也超过了消防车车载消防水泵的扬程。

1. 低区（包括一区和二区）发生火灾时室内消火栓给水系统的应用

参见本节"减压阀分区的消火栓给水系统给水方式在灭火实战中的应用"部分。

2. 高区（包括三区和四区）发生火灾时室内消火栓给水系统的应用

（1）当低区和高区（包括三区和四区）系统中各个组件均正常时的应用

正常情况下，消防救援人员到达发生火灾的建筑物后，室内消火栓的消防水泵一般情况下已经启动，此时，战斗员只需携带灭火器材（水带、水枪）进入建筑物的适当楼层，可以利用室内消火栓连接出水带、水枪实施灭火或控制火势。

如果消防水泵没有启动，指挥员可以采取以下三种措施启动消防水泵：

第一种，派战斗员到消防控制室，通过指令消防控制室操作人员手动启动消防水泵（向低区及高区供水的消防水泵）。

第二种，战斗员到达火灾现场，利用室内消火栓处的启泵按钮直接启动消防水泵（新旧规范要求不一样，2014 年 10 月 1 日实施的《消防给水及消火栓系统技术规范》GB 50974—2014 规定：室内消火栓处的按钮不能直接启动消防水泵）。

第三种，派战斗员直接进入消防水泵房，指令消防泵房值班人员启动消防水泵（包括喷淋等消防水泵）。

（2）当低区消防水泵损坏不能供水，而其他组件正常，且高区各组件正常时的应用

当低区消防水泵损坏不能供水，而其他组件正常，且高区各组件正常时，利用消防车通过消防水泵接合器向管网供水。此时，消防车车载消防水泵代替建筑物内的低区固定消防水泵，如图 6.7-10 所示。

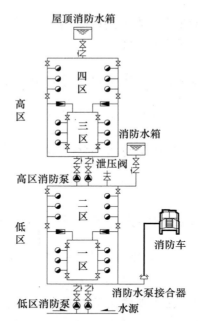

图 6.7-10　低区消防水泵损坏而其他组件正常，且高区各组件正常时的应用示意图

（3）当低区消防水泵和消防水泵接合器均损坏，管网正常，且高区各组件正常时的应用

利用消防车通过沿楼梯铺设水带、在楼梯间隙垂直铺设水带或室外垂直铺设水带，与二区最底层室内消火栓连接向室内消火栓给水系统供水灭火（注意：查看此消火栓处是否设有减压孔板），如图 6.7-11 所示。

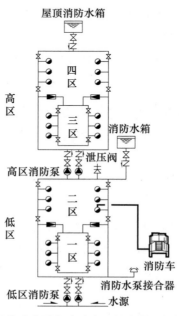

图 6.7-11　当低区消防水泵和消防水泵接合器均损坏时的供水示意图

3. 无论是通过消防水泵接合器，还是首层室内消火栓利用消防车供水，要注意的问题：

（1）供水量要与高区消防水泵的流量匹配。

（2）供水压力：应保证高区消防水泵进口压力大于或等于 0.1MPa。

（3）注意消防车车载水泵与高区消防水泵的启泵顺序。应先启动消防车车载水泵供水，后启动高区消防水泵加压。

三区火灾：

（1）当高区消防水泵损坏（一备一用），而低区和高区其他组件正常时的应用

对于 2014 年 10 月 1 日之前设计建设的建筑（《消防给水及消火栓系统技术规范》GB 50974—2014），应采用"移动水槽和手抬消防机动泵"或者"移动水槽和移动水泵"接力供水的方法。其操作方法是，在二区最顶层室内消火栓接出水带，进入三区最底层，在该层设消防移动水槽和手抬消防机动泵或移动水泵，然后通过三区最底层的室内消火栓给水系统供水，如图 6.7-12 所示。手抬消防机动泵的技术参数见表 6.7-1。

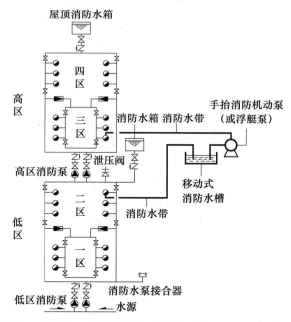

图 6.7-12　通过消防水槽和手抬消防机动泵或移动水泵向三区室内消火栓给水系统供水

手抬消防机动泵技术参数　　　　　　　　　　　　　　　　表 6.7-1

出口压力（MPa）	额定流量	
0.38	320（L/min）	5.3L/s
0.42	420（L/min）	7L/s
0.53	460（L/min）	7.67L/s

此方法适用于低区消防水泵、消防水泵接合器向移动水槽供水。

对于 2014 年 10 月 1 日之后设计建设的建筑，可以直接利用建筑物中设备层内，设置在消防水箱上的取水口和设置在高区消火栓给水系统上的加压接口，使用手抬消防机动泵或移动水泵向高区消火栓管网供水，如图 6.7-13 所示。

> 【注意】使用此方法供水时，应利用低区的消防水泵或向低区供水的消防水泵接合器通过低区消火栓给水管网中二区最顶层的室内消火栓，接出消防水带向设在设备层内的消防水箱供水，以保障消防水箱中有水供给手抬消防机动泵或移动水泵使用。如果建筑中设有向消防水箱补水的设施，且满足火场用水量时，则不需要上述操作。

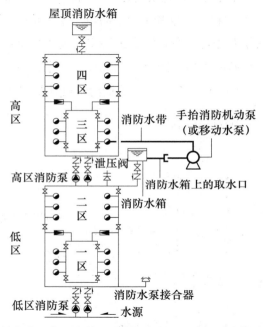

图 6.7-13　利用建筑物中设备层内的吸水和加压接口向高区消火栓给水管网供水示意图

（2）当高区消防水泵（一备一用）和低区室内消火栓给水系统管网均无法使用时，可以采用以下两种方法：

一是，利用消防车通过沿楼梯敷设水带或垂直敷设水带的方式向设在三区最底层的消防水槽供水，然后由手抬消防机动泵向高区消火栓给水管网供水。

二是，对于 2014 年 10 月 1 日之后设计建设的建筑，利用消防车通过沿楼梯敷设水带或垂直敷设水带的方式向设在设备层中的传输消防水箱供水，如图 6.7-17 所示。然后，运用设置在消防水箱上的取水口和设置在高区消火栓给水系统上的加压接口，使用手抬消防机动泵或移动水泵向高区消火栓给水管网供水，如图 6.7-13 所示。如果建筑中设有向消防水箱补水的设施，且满足火场用水量时，则不需要上述操作。

四区火灾：

参照向三区消火栓给水系统供水的方式。在三区火灾火场供水的基础上，在四区最底层消火栓的楼层设置消防水槽和手抬消防机动泵，利用三区最顶层消火栓接出水带，进入四区最底层消火栓的楼层，与消防水槽和手抬消防机动泵连接供水。

4. 注意问题

（1）无论是利用消防车与室内消火栓系统连接的水带，还是利用手抬消防机动泵与室内消火栓给水系统连接的水带，建议采用耐压强度较高的水带（100m 以下采用16 型水带，100m 以上采用 25 型或 30 型聚氨酯水带）。

（2）使用手抬消防机动泵的数量应与火场上使用水枪的数量相匹配。

六、转输水箱的消防给水方式在灭火实战中的应用

转输水箱的消防给水方式，一般超过了消防水泵的扬程。同理，也超过了消防车车载消防水泵的扬程。

1. 低区（包括一区和二区）发生火灾时室内消火栓给水系统的应用

参见本节"减压阀分区的消火栓给水系统给水方式在灭火实战中的应用"部分。

2. 高区（包括三区和四区）发生火灾时的应用

（1）转输水泵和高区室内消火栓给水管网各组件正常时的应用

正常情况下，消防救援人员到达发生火灾的建筑物后，室内消火栓的消防水泵一般情况下已经启动，此时，战斗员只需携带灭火器材（水带、水枪）进入建筑物的适当楼层，可以利用室内消火栓连接出水带、水枪实施灭火或控制火势。

（2）低区室内消火栓给水系统各组件运行正常情况下，转输水泵发生故障而高区的各组件正常时的应用

将低区（二区）最高层室内消火栓接出水带，向转输水箱供水，由转输水箱通过高区消防水泵向高区室内消火栓给水管网供水，如图 6.7-14 所示。

（3）低区消防水泵损坏并且转输水泵不工作，而低区其他组件和高区消火栓给水系统管网各组件均正常时的应用

将消防车与低区消防水泵接合器连接供水，然后将低区（二区）最高层室内消火栓接出水带，向传输水箱供水，由转输水箱通过高区消防水泵向高区室内消火栓给水管网供水，如图 6.7-15 所示。

（4）低区消防水泵及消防水泵接合器均损坏，并且转输水泵不工作，而其他组件均正常以及高区消火栓给水系统管网各组件正常时的应用

将消防车通过沿楼梯或垂直铺设水带与低区（二区）最底层的室内消火栓连接向低区管网供水，然后将低区（二区）最高层室内消火栓接出水带，向转输水箱供水，由转输水箱通过高区消防水泵向高区室内消火栓给水管网供水，如图 6.7-16 所示。

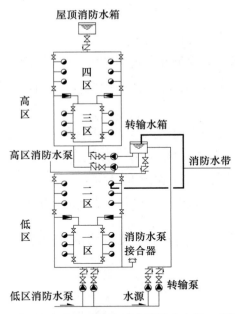

图 6.7-14　运用低区（二区）最高层室内消火栓接出水带，向转输水箱供水示意图

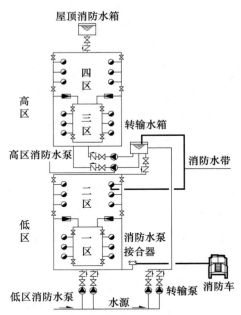

图 6.7-15　消防车与低区消防水泵接合器供水，连接低区（二区）最高层室内消火栓接出水带，向转输水箱供水示意图

（5）低区系统不能使用时，且转输水泵不工作而高区各组件均正常的应用（三区发生火灾时的供水方法）

将消防车通过沿楼梯或垂直铺设水带向转输水箱供水，由转输水箱通过高区消防水泵向高区室内消火栓给水管网供水，如图 6.7-17 所示。

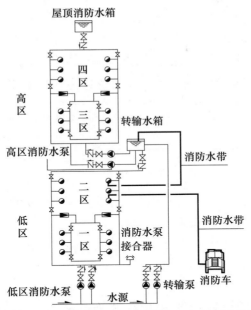

图 6.7-16　高区发生火灾，低区消防水泵及水泵接合器均损坏，
并且转输水泵不工作供水方法示意图（一）

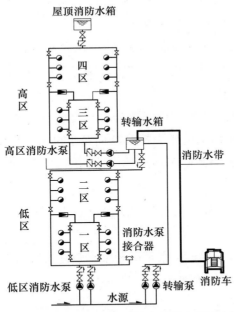

图 6.7-17　高区发生火灾，低区消防水泵及水泵接合器均损坏，
并且转输水泵不工作供水方法示意图（二）

（6）高区消防水泵发生故障，而转输水泵和高区其他组件均正常情况的应用

对 2014 年 10 月 1 日之后设计建设的建筑，可以直接利用建筑物中设备层内设置在消防水箱上的取水口和设置在高区消火栓给水系统上的加压接口，使用手抬消防机

动泵或移动水泵吸入转输水箱中的水，利用水带连接高区消火栓给水管网的加压接口，向高区消火栓给水管网供水。

对 2014 年 10 月 1 日之前设计建设的建筑，可以在转输水箱间内设手抬消防机动泵吸水，然后接出水带与三区最底层室内消火栓连接向高区消火栓给水管网供水。

> 注意：由于手抬消防机动泵的扬程问题，要计算向三区或四区楼层供水的高度。否则，还要增加转输加压设备。

3. 注意问题

（1）参见本节"分区水泵分区（消防泵并联分区）的消火栓给水系统给水方式在灭火实战中的应用"中的注意问题。

（2）参见本节"五、消防水泵直接串联的消火栓系统给水方式在灭火实战中的应用"的注意问题。

七、重力水箱的消火栓给水系统给水方式在灭火实战中的应用

1. 一区、二区范围内发生火灾，室内消火栓给水系统供水的应用

（1）一区、二区的室内消火栓给水系统运行正常时的应用

经过火场侦察，当室内消火栓给水系统中各组件正常工作时，战斗员携带灭火器材（水带、水枪）直接进入建筑物内，连接室内消火栓出水灭火或者控火。

（2）一区、二区范围内发生火灾，由室内消火栓给水系统供水，当低区重力水箱不能保证消防给水时的应用

一区、二区范围内发生火灾，由室内消火栓给水系统供水，当低区重力水箱不能保证消防给水时，可以采用消防水泵接合器向系统供水，如图 6.7-1 所示；当消防水泵接合器不能使用时，利用消防车通过首层室内消火栓向系统供水，参照如图 6.7-2 所示的供水方法。

二区范围内发生火灾，如果消防车的扬程满足二区最不利点消火栓的供水压力时，可以采取以下两种方法：

第一，通过消防车沿楼梯敷设水带或者垂直敷设水带向二区消火栓给水系统最底层的消火栓连接，向二区管网供水，参见图 6.7-5。

第二，利用消防车通过一区首层消火栓向一区管网供水，然后将一区消火栓给水系统最高层的消火栓与二区消火栓给水系统最底层的消火栓连接，向二区管网供水，参照如图 6.7-7 所示的供水方法。

2. 三区、四区范围内发生火灾，室内消火栓给水系统供水的应用

（1）三区、四区范围内发生火灾，室内消火栓给水系统供水的应用

三区、四区范围内发生火灾，室内消火栓给水系统供水正常时，战斗员携带灭火

器材（水带、水枪）直接进入建筑物内，连接室内消火栓出水灭火或者控火。

（2）高区重力水箱不能保证消防给水时的应用

三区、四区范围内发生火灾，高区重力水箱不能保证消防给水，移动消防泵的扬程满足四区最不利点消火栓压力时的应用，如图6.7-18所示。

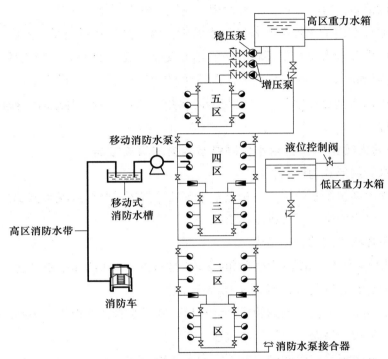

图 6.7-18 消防车利用水带、水槽、移动消防水泵供水示意图

3. 注意问题

参见本节"转输水箱的消防给水方式在灭火实战中的应用"中的注意问题。

第八节 室内消火栓给水系统给水管网供水能力和消防水泵供水能力计算

一、室内消火栓给水系统给水管网供水能力计算

1. 研究室内消火栓给水系统给水管网供水能力计算的意义

在扑救建筑物室内火灾时，一般来说最常用的灭火剂是水，特别是在扑救高层建筑或超高层建筑火灾中，如何保障消防用水及时送抵火灾现场，是取得灭火战斗胜利的关键。

火场形势瞬息万变，控制火灾和消灭火灾都需要一定数量的消防水枪，保障消防

水枪用水是扑灭火灾的基础。因此，研究室内消火栓给水系统给水管网的供水能力具有十分重要的意义。

一是，通过室内消火栓给水系统给水管网供水，能够快捷的向火场输送灭火用水。采用室内消火栓给水系统给水管网供水与敷设消防水带供水（包括沿楼梯敷设消防水带和垂直敷设消防水带）相比，具有使用时间短、供水可靠等优势。

二是，通过室内消火栓给水系统给水管网供水，其供水量充足。室内消火栓给水系统给水管网管径较大（水平环状管网的管道直径一般为 150mm，竖向环状管网的管道直径一般为 100mm）。管道直径大，在同样的供水压力下，其供水量就大。

三是，可以灵活运用室内消火栓与消防水带、水枪连接，为进攻、撤退等创造灵活的作战条件。

2. 室内消火栓给水系统给水管网供水能力的有关数据

（1）给水管网形式为环状管网

室内消火栓系统给水管网，不论是水平环状管网还是竖向环状管网都是环状管网。环状管网不但供水安全，而且供水能力强。

（2）水平环状管网的管径较大

室内消火栓系统给水水平环状管网的管径一般来说均为 150mm，有的建筑为 200mm。

（3）竖向环状管网的管径至少为 100mm

国家标准规定，竖向管网的管径经计算后，其最小管径不得小于 100mm。

（4）室内消火栓系统给水管网的流速

室内消火栓系统给水管网的流速不宜大于 2.5m/s。

3. 室内消火栓给水系统给水管网供水能力计算的方法

$$Q = (D^2 \pi V)/4$$

式中　Q——管网供水能力（m^3/s）；

　　　D——供水管网的直径（m）；

　　　V——管网内水的流速（m/s），国家相关标准规定，不应超过 2.5m/s，一般按 2.5m/s 计算。

4. 室内消火栓给水系统给水管网供水能力计算示例

某高层建筑设有室内消火栓给水系统，其水平环状管网横管的直径为 150mm，按照室内消火栓的平面布置，共设有 2 条消防竖管，每条消防竖管的管径为 100mm，请计算该消火栓给水系统能够供火场 $\phi19mm$（水枪的充实水柱为 11m）的水枪多少支？如果设有 4 条消防竖管，该消火栓给水系统能够供应火场 $\phi19mm$ 的水枪（水枪的充实水柱为 11m）多少支？

（1）设有 2 条竖管时的供水能力计算

当室内消火栓给水系统给水管网设有 2 条竖管时，其管道竖管的最少总直径为

200mm（100×2），横管的总直径为300mm（在水平管网中，水是向两个方向流动的），取管径较小的竖管进行计算。

$$Q = (D^2 \pi V)/4$$
$$= (0.2^2 \times 3.14 \times 2.5)/4$$
$$= 0.0785 \, (m^3/s)$$
$$= 78.5 \, (L/s)。$$

查表6.5-1"直流水枪的技术数据"得知，ϕ19mm水枪，当充实水柱为11m时，其水枪的流量为4.9 L/s。

$$78.5 \div 4.9 = 16 \, (支)。$$

因此，该室内消火栓给水管网的供水能力为：可以供16支ϕ19mm的消防水枪控制和消灭火灾。

（2）设有4条竖管时的供水能力计算

当室内消火栓给水系统给水管网设有4条竖管时，其管道竖管的最小总直径为400mm（100×4），横管的总直径为300mm，取管径较小的横管进行计算。

$$Q = (D^2 \pi V)/4$$
$$= (0.3^2 \times 3.14 \times 2.5)/4$$
$$= 0.177 \, (m^3/s)$$
$$= 177 \, (L/s)。$$

同理，
$$177 \div 4.9 = 36 \, (支)。$$

该室内消火栓给水管网，当设有4条消防竖管时，室内消火栓给水管网的供水能力为可以供36支ϕ19mm的消防水枪控制和消灭火灾。

二、消防水泵串、并联供水能力计算

消防水泵并联供水能力，是指建筑物内室内消火栓给水系统中的固定消防水泵与消防救援队伍中配备的消防车车载消防水泵通过室内消火栓给水管网的并联。其供水能力为消防车车载消防水泵与建筑物内室内消火栓给水系统中的固定消防水泵之间的并联供水能力。当使用消防水泵并联供水时，其水泵的特性曲线应尽量一致。

消防水泵并联供水只是水量的叠加，其扬程仍然没有叠加。

1. 固定消防水泵与消防车车载消防水泵的并联供水

当火场上使用水枪数量较多、用水量较大，固定消防水泵不能满足火场用水的情况下，利用消防车车载消防水泵通过消防水泵接合器或首层室内消火栓向室内消火栓给水系统的供水量计算：

$$Q_总 = Q_固 + Q_车$$
$$= Q_固 + (Q_器 + Q_栓)$$

$$= Q_{固} + 13n_1 + 5n_2$$

式中　$Q_{总}$——向管网系统供水总量（L/s）；

　　　$Q_{固}$——固定消防水泵的供水量（L/s）；

　　　$Q_{器}$——消防车车载消防水泵通过消防水泵接合器向管网系统供水总量（L/s）；

　　　$Q_{车}$——消防车车载消防水泵通过消防水泵接合器和首层室内消火栓向管网系统供水总量（L/s）；

　　　$Q_{栓}$——消防车车载消防水泵通过首层室内消火栓向管网系统供水总量（L/s）；

　　　n_1——使用消防水泵接合器的数量（个）；

　　　n_2——使用首层室内消火栓的数量（个）；

　　　13——每个消防水泵接合器的供水量（L/s）；

　　　5——每个首层室内消火栓的供水量（L/s）。

> 【注意】采用消防水泵并联供水时，应以室内消火栓给水管网的供水能力为基础，以火场上使用消防水枪的数量为条件，确定消防水泵（固定消防水泵和消防车车载消防水泵）并联供水的泵的数量。比如，当消火栓给水管网为 2 条 100mm 竖管、横管直径为 150mm 时，其管网供水量为 78.5L/s，则固定消防水泵与消防车车载消防水泵的供水总量不能超过 78.5L/s。假如，固定消防水泵故障不能工作，仅使用消防车车载消防水泵供水时，通过消防水泵接合器和室内消火栓的供水总量不得超过 78.5L/s。当火场需要的水量超过 78.5L/s（也就是说使用 ϕ19mm 水枪、充实水柱在 11m 时，水枪的使用数量超过 16 支时），要采取消防车通过敷设水带向火场供水。

2. 消防车车载消防水泵的并联供水

当固定消防水泵故障不能工作时，消防车可以通过消防水泵接合器与消防水泵接合器并联供水、消防水泵接合器与室内消火栓并联向室内消火栓给水系统管网供水。

（1）消防车通过消防水泵接合器与消防水泵接合器并联供水

$$Q_{总} = 13n_1$$

式中　$Q_{总}$——向管网系统供水总量（L/s）；

　　　n_1——使用消防水泵接合器的数量（个）；

　　　13——每个消防水泵接合器的供水量（L/s）。

（2）消防车通过消防水泵接合器与室内消火栓并联向室内消火栓给水系统管网供水

$$Q_{总} = Q_{器} + Q_{栓}$$
$$= 13n_1 + 5n_2$$

式中　$Q_{总}$——向管网系统供水总量（L/s）；

　　　$Q_{器}$——消防车车载消防水泵通过消防水泵接合器向管网系统供水总量（L/s）；

　　　$Q_{栓}$——消防车车载消防水泵通过首层室内消火栓向管网系统供水总量（L/s）；

　　　n_1——使用消防水泵接合器的数量（个）；

　　　n_2——使用首层室内消火栓的数量（个）；

13——每个消防水泵接合器的供水量（L/s）；

5——每个首层室内消火栓的供水量（L/s）。

3. 消防水泵串联供水能力计算

消防水泵串联供水，只适用于消防车车载消防水泵的串联（也称为消防车耦合供水）。

消防水泵串联供水，其供水量不会增加，只是1台消防车车载水泵的供水量，解决的是供水扬程问题，且不是2台（或3台）消防车车载消防水泵扬程的叠加。

根据有关资料介绍，耦合供水车型应为同类车型或泵功率相仿的车型；两车耦合单干线供水最大供水高度不超过140m，三车耦合单干线供水最大供水高度不超过180m。

第九节　室内消火栓给水系统日常消防管理和灭火救援准备注意问题

一、日常对室内消火栓给水系统的检查

消防管理人员应加强对室内消火栓系统的检查，重点检查下列内容：

1. 对新竣工投入使用的建（构）筑物的消防检查

（1）检查建（构）筑物是否通过有关部门的消防验收，验收是否合格。

（2）抽查在消防控制室能否启动消防水泵（一备一用）。

（3）抽查向消防水泵供电的消防供电情况，是否双回路供电，并且在最末一级配电箱处是否能够自动切换。

（4）高位水箱、消防水池的水位是否符合要求。

（5）查看带压力表的试验消火栓的压力情况，并根据现场情况利用试验消火栓进行实际射水试验。对于分区消火栓给水系统，应对每个分区的最不利点消火栓进行射水抽查。

（6）抽查室内消火栓箱内的水带、水枪、软管卷盘、轻便水龙的配置情况。

（7）抽查室内消火栓箱内的消火栓按钮动作情况。

（8）查看高位消防水箱出水口、消防水泵出水口的止回阀和闸阀的安装情况，必要时要测试止回阀是否能够发挥作用。

（9）对于由柴油机向消防水泵提供动力的，检查柴油机向消防水泵提供动力的情况。

（10）检查消防水泵接合器的完好情况。必要时，要利用消防车对消防水泵接合器

进行供水测试。消防水泵接合器处设置永久性标志牌的情况。

2. 日常消防检查的重点

（1）查看消防技术服务机构出具的每月一次的建筑消防设施维修保养报告。

（2）按照本节序号 1."对新竣工投入使用的建（构）筑物的消防检查"内容进行抽查。

二、灭火救援准备应注意的问题

1. 做好调研

消防救援部门应对辖区建（构）筑物的室内消火栓给水系统进行现场调研，重点掌握以下内容：

（1）通往向室内消火栓给水系统供水的消防水泵接合器地点的消防车通道的畅通情况。

（2）消防水泵接合器周围室外消火栓的数量、位置以及消防水池的位置、取水口的具体方位。

（3）消防水泵接合器的数量以及向不同消火栓给水管网区域（高区、低区）供水的区别。消防水泵接合器处设置永久性标志牌的情况。

（4）室内消火栓的具体位置以及向不同区域（高区、低区）供水的固定消防水泵的区别。

（5）消防水泵出水口处、高位水箱出水口处、稳压泵出口处闸阀的具体位置。

（6）各消防竖管的位置及数量（一般说来，楼层内的消火栓处就是消防竖管的位置，同一楼层内有几个消火栓就有几条消防竖管）。

（7）各消防竖管与横管连接的位置（此位置安装有控制每条消火栓竖管的闸阀，该闸阀一般在地下设备层及整个建筑物的顶层）。

（8）室内消火栓系统给水系统分区情况：整个建筑物的消火栓给水系统共分为几个区，各分区的消防水泵、高位水箱分布的具体楼层。

（9）消防水泵房内控制消防水泵的配电柜位置。

（10）消火栓给水系统中消防水泵的流量和扬程。

2. 建立辖区建（构）筑物室内消火栓给水系统档案

室内消火栓给水系统档案是在现场调研的基础上通过文字、图表等形式形成的资料。由于建（构）筑物体量大、结构复杂，室内消火栓给水系统中的各类组件分散在建（构）筑物的不同位置。一旦发生火灾，仅凭人的大脑不可能掌握室内消火栓给水系统的全部，因此，必须采用文字、图表等形式建立灭火救援档案。档案内容包括但不仅限于以下内容：

（1）室内消火栓系统图。包括：引入管（进水管）、消防水池、消防水泵、各种干管及支管、高位水箱、稳压设施、室内消火栓、消防水泵接合器等；横管的管径、竖管的管径；消火栓管道上阀门的位置，特别是高位消防水箱和消防水泵出水口阀门的具体位置等。

（2）平面图。包括：建筑物周围平面图，标注室外消火栓位置、消防水泵接合器位置、室外消防水池位置、消防车道布置和消防救援场地位置，对于高层建筑还需标注登高消防车的登高面、消防车回车场地的长和宽；消防控制室和消防水泵房的位置图；建筑物内各层消火栓的分布图；高位水箱的位置图，设备层中消防水箱的位置等。

（3）文字说明。包括：消防水泵的扬程、消防水泵流量等；建筑高度、使用性质、有关人员的姓名及联系方式（包括消防设施维修保养人员、电梯维保人员等）；设置减压孔板的室内消火栓位置等。

3. 定期或不定期对室内消火栓给水系统进行测试

（1）最关键的问题，务必对消防水泵接合器通过消防车现场加压的方式进行测试。理由：第一，因为在平时的消防技术服务机构进行维保时，由于这些机构没有加压设备，无法对消防水泵接合器是否正常使用进行测试。第二，由于消防水泵接合器设有止回阀，该止回阀如果长期不进行通水测试，往往会诱蚀，一旦发生火灾需要使用时，可能会失去作用。测试时要通过连接分水器操作。

（2）对消防水泵出水口处的闸阀、高位水箱出水口处的闸阀进行启闭试验。对这些位置的闸阀进行启闭试验的目的只有一个，当火灾发生时，如果这几处的止回阀失去作用（长时间水向该管网流动，止回阀也可能诱蚀，关键时可能无法发挥止回作用），只有闸阀启闭灵活，才能在止回阀失去作用时，火场指挥员派出救援人员现场关闭。必须注意的是，当启闭试验结束后，必须将闸阀恢复至常开状态。

第七章

自动喷水灭火系统在灭火实战中的应用

第一节　自动喷水灭火系统的作用及灭火不成功的原因

一、自动喷水灭火系统的作用

1. 自动喷水灭火系统的发展

自动喷水灭火系统是建筑火灾自救的灭火设施，已有一百多年的发展历史。事实证明，自动喷水灭火系统在控制和消灭火灾中具有其他灭火措施不可比拟的优点，广泛地应用于各类建筑物中。

18 世纪末 19 世纪初，在建筑物中需要一种全天候的消防系统，以便减少人工操作及可靠性不高的设备。1812 年，有记载的世界上第一套简易自动喷水灭火系统在英国皇家剧院安装。美国最早采用穿孔管系统始于 1852 年，仅用来保护纺织厂的屋顶。1864 年，第一只真正意义上的喷头出现。1891 年 Grinnell 开始玻璃泡喷头的研究。1953 年，美国规定了标准喷头的技术条件。

20 世纪 20 年代末，我国在上海的棉纺厂和公共建筑中开始安装湿式系统。《建筑设计防火规范》TJ 16—74（该规范试行日期为 1975 年 3 月 1 日）在第 122 条中规定了"自动喷水设备"的供水量，自动喷水灭火系统开始在我国应用。1978 年，我国开始对自动喷水灭火系统进行全面系统的研究与开发。1985 年我国颁布了第一部固定灭火系统国家标准，即《自动喷水灭火系统设计规范》GBJ 84—85，促进了自动喷水灭火系统在我国的广泛应用。

2. 自动喷水灭火系统的应用效果

自动喷水灭火系统作为世界上应用最为广泛的固定式自动灭火系统，主要是由于它在保护人身和财产安全方面有着其他系统不可比拟的优点。国内外应用实践表明，该系统具有安全可靠、经济实用、灭火成功率高等优点。

美国消防协会（NFPA）在 1925～1969 年的 45 年的统计资料表明，其发生的 81428 次火灾中，该系统的控火、灭火率达 96.2%。在澳大利亚和新西兰，1886～1968 年的

82 年间，安装自动喷水灭火系统的建筑物共发生火灾 5734 起，系统的控火、灭火率为 99.8%。美国消防协会统计的 1925～1964 年自动喷水灭火系统在各种建筑物中的灭火成功率见表 7.1-1。

自动喷水灭火系统控火、灭火率统计表（1925～1964 年）　　　表 7.1-1

建筑分类	控火、灭火成功		控火、灭火不成功		总计	
	次数	百分率（%）	次数	百分率（%）	次数	百分率（%）
学校	204	91.9	18	8.1	222	0.3
公共建筑	259	95.6	12	4.4	211	0.4
办公楼	403	97.1	12	2.9	415	0.6
住宅	943	95.6	43	4.4	986	1.3
公共集会场所	1321	96.6	47	3.4	1368	1.6
仓库	2957	89.9	334	10.1	3291	4.4
商店、商场	5642	97.1	167	2.9	5809	7.7
工厂	60383	95.6	2156	3.4	62539	83.0
其他	307	78.9	82	21.1	389	0.15
合计	72419	96.2	2781	3.8	75290	100

二、自动喷水灭火系统灭火不成功的原因

自动喷水灭火系统虽然在建筑物火灾的控火和灭火过程中能够发挥巨大的作用，但是，如果系统出现缺水和供水中断的情况，也会使该系统的作用大打折扣。

根据《自动喷水灭火系统设计规范》GBJ 84—85 条文说明，我国目前装有自动喷水灭火系统的建筑，发现因缺水和供水中断造成严重火灾的情况少（目前统计仅 30 多个），使用的时间也不长。但国外自动喷水灭火系统使用较普遍，因缺水和中断（供）水造成灭火不成功的比例较大，其灭火不成功的原因见表 7.1-2。

自动喷水灭火系统灭火不成功的原因　　　表 7.1-2

原因 ＼ 行业	学校	公共建筑	办事机构	住宅	公共集会场所	仓库	百货店、小卖部	工厂	其他	合计		
										次数	百分率（%）	累计（%）
供水中断	4	3	4	13	23	122	83	791	67	1110	35.4	35.5
作业危险	0	1	1	1	0	38	12	366	5	424	13.6	48.9
供水量不足	1	2	1	5	3	43	4	259	0	311	9.9	58.8
喷水故障	1	0	1	2	4	40	4	207	3	262	8.4	67.2

原因 \ 行业	学校	公共建筑	办事机构	住宅	公共集会场所	仓库	百货店、小卖部	工厂	其他	合计		
										次数	百分率（%）	累计（%）
保护面积不当	0	0	0	3	1	57	11	183	1	256	8.1	75.3
设备不完善	8	3	2	9	10	24	11	187	0	254	8.1	83.4
结构不符合防火标准	5	3	2	11	9	10	35	112	2	187	6.0	89.4
装置破旧	1	1	1	2	0	3	1	56	1	65	2.1	91.5
干式阀不合格	0	0	0	0	1	6	4	45	0	56	1.8	93.3
动作滞后	0	0	1	0	0	0	5	38	0	53	1.7	95.0
火灾蔓延	0	0	0	0	1	11	0	36	3	52	1.7	96.7
管道装置冻结	0	0	0	1	0	5	4	32	2	44	1.4	98.1
其他	0	0	0	1	0	7	0	46	3	60	1.9	100
合计	20	12	13	48	52	375	176	2351	87	3134	100	100

从表 7.1-2 中可以看出，自动喷水灭火系统灭火不成功的原因主要是：第一，供水中断，占整个统计原因的 35.4%；第二，供水量不足，占整个统计原因的 9.9%。

第二节　自动喷水灭火系统的类型和组成

一、自动喷水灭火系统的类型

湿式自动喷水灭火系统是自动喷水灭火系统的基础，其他类型的系统是对湿式自动喷水灭火系统的发展。

为应对不同性质建筑物及不同特性的建筑火灾，自动喷水灭火系统有不同的系统类型，根据系统所使用的喷头的形式，分为闭式自动喷水灭火系统和开式自动喷水灭火系统两类；根据系统的用途和配置状况，分为湿式自动喷水灭火系统、干式自动喷水灭火系统、预作用自动喷水灭火系统和雨淋自动喷水灭火系统、水幕系统等。其中，在自动喷水灭火系统中配置供给泡沫混合液的装置后，形成了既可喷水又可喷泡沫混合液的自动喷水与泡沫联用系统，这种强化系统灭火能力的做法也在水雾灭火系统中应用。湿式自动喷水灭火系统按照采用喷头的类型不同，分为住宅系统和 ESFR（Early Suppression Fast Response，早期抑制快速响应）系统。按照系统的保护范围，分为局部应用系统等。预作用自动喷水灭火系统按启动方式，分为无连锁、单连锁及双连锁系统，如图 7.2-1 所示。

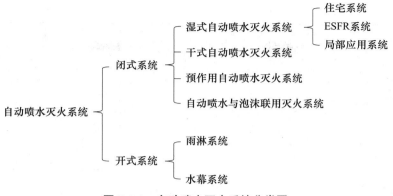

图 7.2-1　自动喷水灭火系统分类图

二、自动喷水灭火系统的组成

1. 湿式自动喷水灭火系统

湿式自动喷水灭火系统（简称湿式系统）由闭式洒水喷头、水流指示器、供水与配水管道、湿式报警阀组和供水设施等组成，在准工作状态时管道内充满有压水。湿式系统的组成如图 7.2-2 所示。

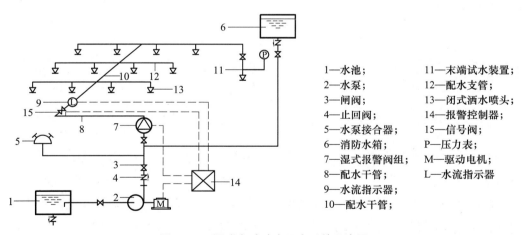

1—水池；　　　　　11—末端试水装置；
2—水泵；　　　　　12—配水支管；
3—闸阀；　　　　　13—闭式洒水喷头；
4—止回阀；　　　　14—报警控制器；
5—水泵接合器；　　15—信号阀；
6—消防水箱；　　　P—压力表；
7—湿式报警阀组；　M—驱动电机；
8—配水干管；　　　L—水流指示器
9—水流指示器；
10—配水干管；

图 7.2-2　湿式自动喷水灭火系统示意图

2. 干式自动喷水灭火系统

干式自动喷水灭火系统（简称干式系统），由闭式洒水喷头、水流报警装置（水流指示器或压力开关）、供水与配水管道、充气设备、干式报警阀组和供水设施等组成。干式系统的启动原理与湿式系统相似，只是将传输喷头开放信号的介质由有压水改为有压气体。干式系统的组成如图 7.2-3 所示。

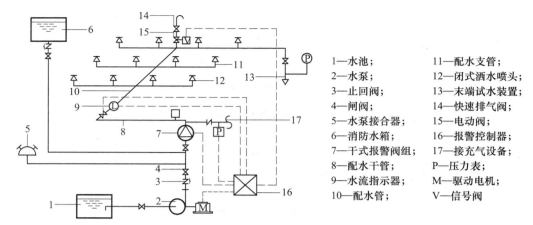

1—水池；　　　　　11—配水支管；
2—水泵；　　　　　12—闭式洒水喷头；
3—止回阀；　　　　13—末端试水装置；
4—闸阀；　　　　　14—快速排气阀；
5—水泵接合器；　　15—电动阀；
6—消防水箱；　　　16—报警控制器；
7—干式报警阀组；　17—接充气设备；
8—配水干管；　　　P—压力表；
9—水流指示器；　　M—驱动电机；
10—配水管；　　　　V—信号阀

图 7.2-3　干式自动喷水灭火系统示意图

3. 预作用自动喷水灭火系统

预作用自动喷水灭火系统（简称预作用系统）由闭式洒水喷头、水流报警装置（水流指示器或压力开关）、供水与配水管道、雨淋阀组、充气设备和供水设施等组成，在准工作状态时配水管道内不充水，由火灾探测报警与联动控制系统自动开启雨淋阀后，转为湿式系统。预作用系统与湿式系统、干式系统的不同之处在于系统采用雨淋阀，并配套设置火灾自动报警系统。预作用系统的组成如图 7.2-4 所示。

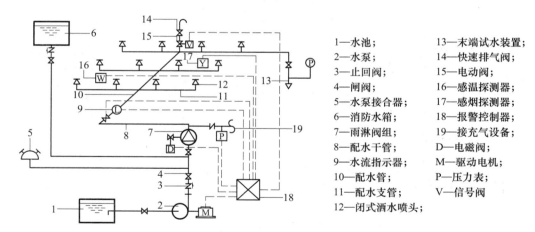

1—水池；　　　　　13—末端试水装置；
2—水泵；　　　　　14—快速排气阀；
3—止回阀；　　　　15—电动阀；
4—闸阀；　　　　　16—感温探测器；
5—水泵接合器；　　17—感烟探测器；
6—消防水箱；　　　18—报警控制器；
7—雨淋阀组；　　　19—接充气设备；
8—配水干管；　　　D—电磁阀；
9—水流指示器；　　M—驱动电机；
10—配水管；　　　　P—压力表；
11—配水支管；　　　V—信号阀
12—闭式洒水喷头；

图 7.2-4　预作用自动喷水灭火系统示意图

4. 雨淋自动喷水灭火系统

雨淋自动喷水灭火系统（简称雨淋系统）由开式洒水喷头、水流报警装置（水流指示器或压力开关）、供水与配水管道、雨淋阀组和供水设施等组成。与上述几个系统的不同之处在于，雨淋系统采用开式洒水喷头，由雨淋阀控制喷水范围，由配套的火灾探测报警与联动系统或传动管系统监测火灾，并自动启动雨淋阀。雨淋系统的组成如图 7.2-5 所示。

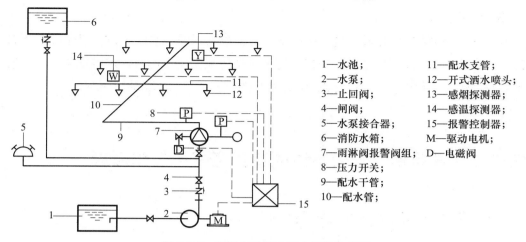

图 7.2-5　雨淋自动喷水灭火系统示意图

1—水池；　　　　　　11—配水支管；
2—水泵；　　　　　　12—开式洒水喷头；
3—止回阀；　　　　　13—感烟探测器；
4—闸阀；　　　　　　14—感温探测器；
5—水泵接合器；　　　15—报警控制器；
6—消防水箱；　　　　M—驱动电机；
7—雨淋阀报警阀组；　D—电磁阀
8—压力开关；
9—配水干管；
10—配水管；

雨淋系统常用的自动控制方法有两种：

（1）电动系统

保护区域内的火灾探测报警与联动控制系统确认火灾后输出信号，打开雨淋阀的附属电磁阀，雨淋阀控制膜室压力下降，雨淋阀开启，压力开关动作，自动启动消防水泵向系统供水，如图 7.2-5 所示。

（2）液压或气动系统

通过充液（水）或充气传动管上闭式喷头受热爆破，使传动管和雨淋阀控制膜室压力下降，雨淋阀打开，压力开关工作，自动启动消防水泵向系统供水，如图 7.2-6 所示。

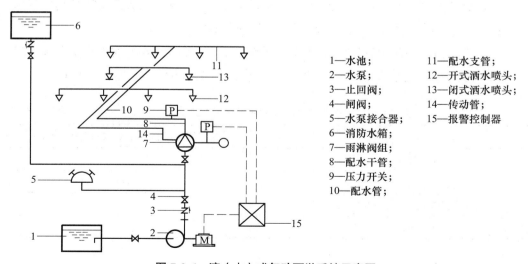

图 7.2-6　液（水）或气动雨淋系统示意图

1—水池；　　　　　11—配水支管；
2—水泵；　　　　　12—开式洒水喷头；
3—止回阀；　　　　13—闭式洒水喷头；
4—闸阀；　　　　　14—传动管；
5—水泵接合器；　　15—报警控制器
6—消防水箱；
7—雨淋阀组；
8—配水干管；
9—压力开关；
10—配水管；

5. 水幕系统

水幕系统由开式洒水喷头或水幕喷头、雨淋报警阀或感温雨淋阀、供水与配水管道、控制阀以及水流报警装置等组成。与上述几种系统不同的是，水幕系统不具备直接灭火的能力，是用于挡烟阻火和冷却分隔物的防止火势蔓延的防火系统。

第三节　自动喷水灭火系统的适用范围和工作原理

一、自动喷水灭火系统的适用范围

1. 湿式自动喷水灭火系统

湿式自动喷水灭火系统适合在环境温度不低于 4℃ 且不高于 70℃ 的环境中使用。低于 4℃ 的场所中使管道和组件内充水有冰冻的危险；高于 70℃ 的场所中，管道和组件内充水蒸气压的升高有破坏管道的危险。

2. 干式自动喷水灭火系统

干式自动喷水灭火系统适用于环境温度低于 4℃ 或高于 70℃ 的场所。

3. 预作用自动喷水灭火系统

预作用自动喷水灭火系统在低温和高温环境中替代干式系统，可在严禁误喷和管道漏水等忌水场所替代湿式系统。

4. 雨淋自动喷水灭火系统

雨淋自动喷水灭火系统主要适用于需大面积喷水、快速扑灭火灾的特别危险场所。一般情况下，具有下列条件之一的场所，应采用雨淋系统：

（1）火灾的水平蔓延速度快、闭式喷头的开放不能及时使喷水有效覆盖着火区域。

（2）室内净空高度超过表 7.3-1 的要求，且必须迅速扑救初起火灾。

采用闭式系统场所的最大净空高度　　　　　　　　　　表 7.3-1

设置场所	采用闭式系统场所的最大净空高度（m）
民用建筑和工业厂房	$h \leqslant 8$
仓库	$h \leqslant 9$
采用快速响应早期抑制喷头的仓库	$h \leqslant 13.5$
非仓库高大净空场所	$h \leqslant 12$

5. 水幕系统

水幕系统分为防火分隔水幕系统和防护冷却水幕系统。

防火分隔水幕系统利用密集喷洒形成的水墙或多层水帘，封堵防火分区处的孔洞，阻挡火灾和烟气的蔓延。

防护冷却水幕系统则利用喷水在物体表面形成的水膜，控制防火分区处分隔设施的温度（如防火卷帘等）使分隔设施的完整性和隔热性免遭火灾破坏。在防火分区处分隔设施附近加密布置的闭式喷头，喷头开放后发挥防护冷却水幕的作用。

二、自动喷水灭火系统的工作原理

1. 湿式自动喷水灭火系统

湿式自动喷水灭火系统在准工作状态时，由消防水箱或稳压泵、气压给水设备等稳压设施维持管道内充水的压力。

发生火灾时，在火灾温度的作用下，闭式喷头的热敏元件动作，喷头开启并开始喷水。此时，管网中的水由静止变为流动，水流指示器动作送出电信号，在火灾报警控制器上指示某一区域已在喷水。由于开启的喷头持续喷水泄压造成湿式报警阀的上部水压低于下部水压，在压力差的作用下，原来处于关闭状态的湿式报警阀自动开启。此时压力水通过湿式报警阀流向管网，同时打开通向水力警铃的通道，当延迟器充满水后，使水力警铃发出声响警报，压力开关动作输出启动供水消防水泵的信号。供水消防水泵投入运行后，完成系统的启动过程。自闭式喷头开启至供水消防水泵投入运行前，由消防水箱、气压给水设备或稳压泵等供水设施为开启的喷头供水。

湿式自动喷水灭火系统的工作原理如图 7.3-1 所示。

2. 干式自动喷水灭火系统

干式自动喷水灭火系统在准工作状态时，由消防水箱或稳压泵、气压给水设备等稳压设施维持干式报警阀入口前管道内充水的压力，由空气压缩机等供气源为干式报警阀出口后的管道内充入有压气体（我国通常采用压缩空气），报警阀处于关闭状态。发生火灾时，闭式喷头受热开启，使干式报警阀出口压力下降，加速器动作后促使干式报警阀迅速开启，开始管道的排气充水过程，剩余压缩空气从系统最高处的排气阀和已打开的喷头处喷出，此时通向水力警铃和压力开关的通道也被打开，随后水力警铃发出声响警报，压力开关动作并输出启泵信号，自动启动系统供水消防水泵。管道完成排气充水过程后，开启的喷头开始喷水。自闭式喷头开启至供水消防水泵投入运行前，由消防水箱、气压给水设备或稳压泵等供水设施为系统的配水管道供水。与湿式自动喷水灭火系统的不同之处，在于该系统采用干式报警阀组和配置保持管道内气压的补气装置。

干式自动喷水灭火系统虽然解决了湿式自动喷水灭火系统不适用高、低温环境场所的问题，但由于准工作状态时配水管道内没有水，喷头动作、系统启动时必须经过一个管道排气充水的过程，因此会出现滞后喷水现象，对系统控火灭火不利。干式自动喷水灭火系统的工作原理如图 7.3-2 所示。

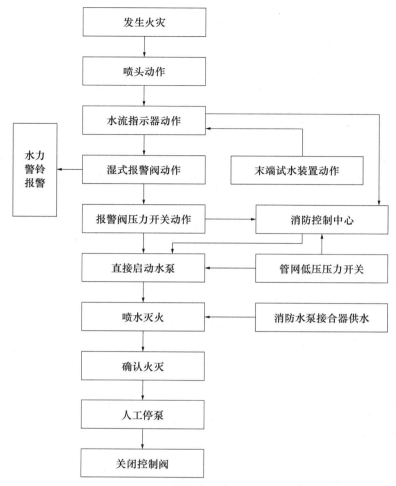

图 7.3-1　湿式自动喷水灭火系统工作原理图

3. 预作用自动喷水灭火系统

准工作状态时，由消防水箱或稳压泵、气压给水设备等稳压设施维持雨淋阀入口前管道内充水的压力，雨淋阀后的管道内平时无水或充以有压气体。发生火灾时，与喷头一起安装在同一保护区的火灾探测器，首先发出火警报警信号，火灾报警控制器确认后，在声光报警的同时即自动启动雨淋阀的电磁阀，将雨淋阀打开，开始配水管道排气充水的预作用过程，使系统在闭式喷头动作前转换成湿式系统，并在闭式喷头开启后立即喷水，因此可消除干式自动喷水灭火系统喷头开放后延迟喷水的弊病。

预作用自动喷水灭火系统有三种类型：电气单连锁系统，即火灾探测装置动作即允许水进入报警阀后的管道系统中；双连锁系统，即火灾探测装置和系统喷头都动作时才允许水进入报警阀后的管道中；无连锁系统，即探测装置或系统喷头动作就允许水进入报警阀后的管道中。国家现行标准中预作用自动喷水灭火系统是指电气单连锁系统。

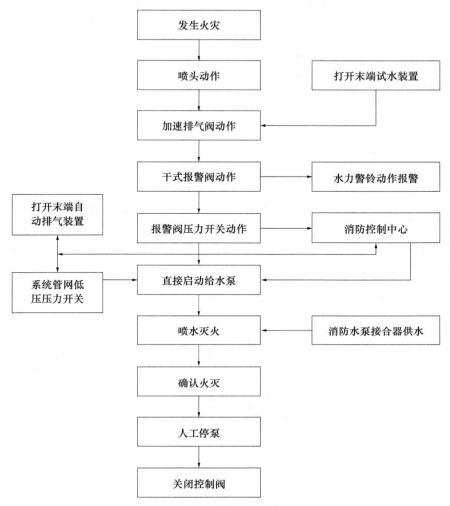

图 7.3-2　干式自动喷水灭火系统工作原理图

　　由于无连锁系统和双连锁系统不能保证在闭式喷头动作前完成为管道充满水的预作用过程，因此不能保证喷头开放后立即喷水，所以不是真正意义上的预作用自动喷水灭火系统，而理应属于干式自动喷水灭火系统。

　　由于上述两类预作用系统具备干式系统的特点，因此其处于警戒状态时配水管道内应充入压缩空气。在电气单连锁系统的配水管道内也可充入压缩空气，但目的是监测管道的严密性。

　　预作用自动喷水灭火系统的工作原理如图 7.3-3 所示。湿式自动喷水灭火系统、干式自动喷水灭火系统及预作用自动喷水灭火系统中的闭式喷头，同时发挥定温探测器的作用。闭式喷头不动作，上述系统将无法启动，因此均为全自动系统。换言之，人为无法干预上述系统的启动。

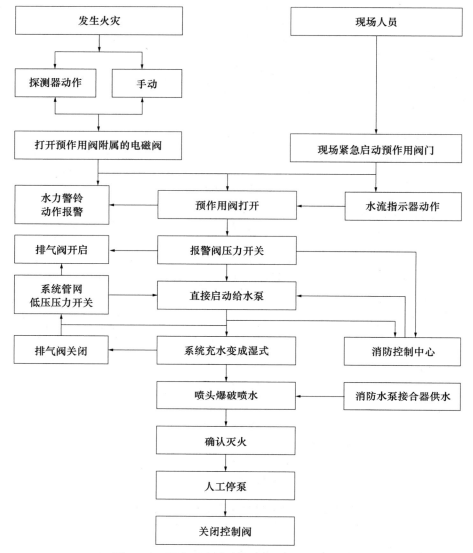

图 7.3-3　预作用自动喷水灭火系统工作原理图

4. 雨淋自动喷水灭火系统

采用开式洒水喷头，由火灾探测报警及联动控制系统或传动管系统联动雨淋阀和供水消防水泵。准工作状态时，由消防水箱或稳压泵、气压给水设备等稳压设施维持雨淋阀入口前管道内充水的压力，系统启动后所有通过已开启雨淋阀供水的开式喷头同时喷水。

雨淋自动喷水灭火系统的喷水范围由雨淋阀控制，因此能在系统启动后实现立即大面积喷水。

雨淋自动喷水灭火系统在超出闭式喷头应用条件的场所中使用。

雨淋自动喷水灭火系统的工作原理如图 7.3-4 所示。

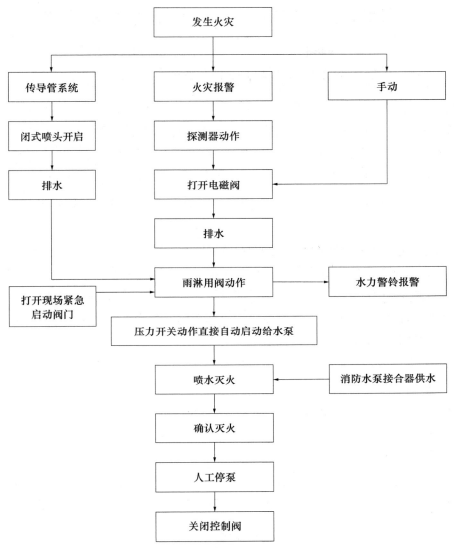

图 7.3-4　雨淋自动喷水灭火系统工作原理图

5. 水幕系统

采用开式洒水喷头或水幕喷头，由火灾探测报警及联动控制系统联动雨淋阀和供水消防水泵。防护冷却水幕系统可采用喷头控制器（亦称感温雨淋阀）启动湿式报警阀和供水消防水泵。准工作状态时，由消防水箱或稳压泵、气压给水设备等稳压设施维持管道内充水的压力。

在防火分区处分隔设施附近加密布置的闭式喷头，喷头开放后发挥防护冷却水幕的作用。

雨淋系统和自动控制的水幕系统，要求具备自动控制、远程手控和现场应急起动三种操作方式。

第四节 自动喷水灭火系统设置场所的危险等级和基本参数

一、自动喷水灭火系统设置场所的危险等级

按照建筑物的用途及生产、储存或使用可燃物性质、数量、堆放形式、室内空间条件和扑救火灾的难易程度，以及建筑物本身的耐火性能等因素，划分自动喷水灭火系统设置场所的危险等级。划分自动喷水灭火系统设置场所危险等级的意义是，根据设置场所的危险等级不同，可以确定不同的作用面积和喷水强度，从而达到既及时有效消灭火灾，又节省系统中各类设施设备的投资成本，实现灭火可靠、节省资金。

1. 自动喷水灭火系统设置场所危险等级划分的原则

我国将自动喷水灭火系统设置场所划分为 4 类 8 级，即轻危险级、中危险级（Ⅰ、Ⅱ级）、严重危险级（Ⅰ、Ⅱ级）、仓库危险级（Ⅰ、Ⅱ、Ⅲ级）。

（1）轻危险级。一般指可燃物品较少，可燃性低和火灾发热量较低，外部增援和疏散人员较容易的场所。

（2）中危险级。一般指可燃物品中等，可燃性也为中等，火灾初期不会引起剧烈燃烧的场所。

（3）严重危险级。一般指火灾危险性大，可燃物品数量多，火灾时容易引起猛烈燃烧的场所。

（4）仓库危险级。

2. 自动喷火灭火系统设置场所危险等级示例

为了使自动喷水灭火系统设置场所具有针对性，国家规定设置场所危险等级示例见表 7.4-1。

自动喷水灭火系统设置场所危险等级示例 表 7.4-1

火灾危险等级		设置场所分类
轻危险级		住宅建筑、幼儿园、老年人建筑、建筑高度为 24m 及以下的旅馆、办公楼；仅在走道设置闭式系统的建筑等
中危险级	Ⅰ级	（1）高层民用建筑：旅馆、办公楼、综合楼、邮政楼、金融电信楼、指挥调度楼、广播电视楼（塔）等； （2）公共建筑（含单多、高层）：医院、疗养院；图书馆（书库除外）、档案馆、展览馆（厅）；影剧院、音乐厅和礼堂（舞台除外）及其他娱乐场所；火车站、机场及码头的建筑；总建筑面积小于 5000m² 的商场、总建筑面积小于 1000m² 的地下商场等； （3）文化遗产建筑：木结构古建筑、国家文物保护单位等； （4）工业建筑：食品、家用电器、玻璃制品等工厂的备料与生产车间等；冷藏库、钢屋架等建筑构件

续表

火灾危险等级		设置场所分类
中危险级	Ⅱ级	（1）民用建筑：书库、舞台（葡萄架除外）、汽车停车场（库）、总建筑面积5000m² 及以上的商场、总建筑面积1000m² 及以上的地下商场、净空高度不超过8m、物品高度不超过3.5m的超级市场等； （2）工业建筑：棉毛麻丝及化纤的纺织、织物及制品、木材木器及胶合板、谷物加工、烟草及制品、饮用酒（啤酒除外）、皮革及制品、造纸及纸制品、制药等工厂的备料与生产车间等
严重危险级	Ⅰ级	印刷厂、酒精制品、可燃液体制品等工厂的备料与车间、净空高度不超过8m、物品高度超过3.5m的超级市场等
	Ⅱ级	易燃液体喷雾操作区域、固体易燃物品、可燃的气溶胶制品、溶剂清洗、喷涂油漆、沥青制品等工厂的备料及生产车间、摄影棚、舞台葡萄架下部等
仓库危险级	Ⅰ级	食品、烟酒；木箱、纸箱包装的不燃、难燃物品等
	Ⅱ级	木材、纸、皮革、谷物及制品、棉毛麻丝化纤及制品、家用电器、电缆、B组塑料与橡胶及其制品、钢塑混合材料制品、各种塑料瓶盒包装的不燃、难燃物品及各类物品混杂储存的仓库等
	Ⅲ级	A组塑料与橡胶及其制品；沥青制品等

表7.4-1中的A组、B组的塑料、橡胶分类：

A组：丙烯腈—丁二烯—苯乙烯共聚物（ABS）、缩醛（聚甲醛）、聚甲基丙烯酸甲酯、玻璃纤维增强聚酯（FRP）、热塑性聚酯（PET）、聚丁二烯、聚碳酸酯、聚乙烯、聚丙烯、聚苯乙烯、聚氨基甲酸酯、高增塑聚氯乙烯（PVC，如人造革、胶片等）、苯乙烯—丙烯腈（SAN）等。

丁基橡胶、乙丙橡胶（EPDM）、发泡类天然橡胶、腈橡胶（丁腈橡胶）、聚酯合成橡胶、丁苯橡胶（SBR）等。

B组：醋酸纤维素、醋酸丁酸纤维素、乙基纤维素、氟塑料、锦纶（锦纶6、锦纶6/6）、三聚氰胺甲醛、酚醛塑料、硬聚氯乙烯（PVC，如管道、管件等）、聚偏二氟乙烯（PVDC）、聚偏氟乙烯（PVDF）、聚氟乙烯（PVF）、脲甲醛等。

氯丁橡胶、不发泡类天然橡胶、硅橡胶等。

粉末、颗粒、压片状的A组塑料。

二、自动喷水灭火系统设计基本参数

1. 民用建筑和厂房采用湿式自动喷水灭火系统时的基本参数

民用建筑和厂房采用湿式自动喷水灭火系统时的基本参数不应低于表7.4-2的要求。

民用建筑和厂房采用湿式自动喷水灭火系统时的基本参数　　表 7.4-2

火灾危险等级		最大净空高度 h（m）	喷水强度［L/（min·m²）］	作用面积（m²）
轻危险级			4	
中危险级	Ⅰ级		6	160
	Ⅱ级	h ≤ 8	8	
严重危险级	Ⅰ级		12	260
	Ⅱ级		16	

注：系统最不利点处洒水喷头的工作压力不应低于 0.05MPa。

2. 民用建筑和厂房高大空间场所采用湿式自动喷水灭火系统时的基本参数

民用建筑和厂房高大空间场所采用湿式自动喷水灭火系统时的基本参数不应低于表 7.4-3 的要求。

民用建筑和厂房高大空间场所采用湿式自动喷水灭火系统时的基本参数　　表 7.4-3

适用场所		最大净空高度 h（m）	喷水强度［L/（min·m²）］	作用面积（m²）	喷头间距 S（m）
民用建筑	中庭、体育馆、航站楼等	8 < h ≤ 12	12	160	1.8 ≤ S ≤ 3.0
		12 < h ≤ 18	15		
	影剧院、音乐厅、会展中心等	8 < h ≤ 12	15		
		12 < h ≤ 18	20		
厂房	制衣制鞋、玩具、木器、电子生产车间等	8 < h ≤ 12	15		
	棉纺厂、麻纺厂、泡沫塑料生产车间等		20		

3. 最大净空高度超过 8m 的超级市场采用湿式自动喷水灭火系统时的基本参数

最大净空高度超过 8m 的超级市场采用湿式自动喷水灭火系统时的基本参数应符合表 7.4-4 和表 7.4-5 的要求。

4. 仓库及类似场所采用湿式自动喷水灭火系统时的基本参数

（1）当设置场所的火灾危险等级为仓库危险级Ⅰ～Ⅲ级时的要求

当设置场所的火灾危险等级为仓库危险级Ⅰ～Ⅲ级时，基本参数不应小于表 7.4-4～表 7.4-7 的要求。

仓库危险级Ⅰ级场所的系统基本参数　　表 7.4-4

储存方式	最大净空高度 h（m）	最大储物高度 h_s（m）	喷水强度［L/（min·m²）］	作用面积（m²）	持续喷水时间（h）
堆垛、托盘	9.0	h_s ≤ 3.5	8.0	160	1.0
		3.5 < h_s ≤ 6.0	10.0	200	1.5

续表

储存方式	最大净空高度 h（m）	最大储物高度 h_s（m）	喷水强度 $[L/（min \cdot m^2）]$	作用面积（m²）	持续喷水时间（h）
堆垛、托盘		$6.0 < h_s \leqslant 7.5$	14.0	200	1.5
单、双、多排货架		$h_s \leqslant 3.0$	6.0	160	
		$3.0 < h_s \leqslant 3.5$	8.0		
单、双排货架	9.0	$3.5 < h_s \leqslant 6.0$	18.0	200	1.5
		$6.0 < h_s \leqslant 7.5$	14.0 + 1J		
多排货架		$3.5 < h_s \leqslant 4.5$	12.0	200	
		$4.5 < h_s \leqslant 6.0$	18.0		
		$6.0 < h_s \leqslant 7.5$	18.0 + 1J		

注：1. 货架储物高度大于 7.5m 时，应设置货架内置洒水喷头。顶板下洒水喷头的喷水强度不应低于 18L/（min·m²），作用面积不应小于 200m²，持续喷水时间不应小于 2h。

2. 本表及表 7.4-5、表 7.4-8 中字母"J"表示货架内置洒水喷头，"J"前的数字表示货架内置洒水的层数。

仓库危险级Ⅱ级场所的系统基本参数　　　　　　　　　表 7.4-5

储存方式	最大净空高度 h（m）	最大储物高度 h_s（m）	喷水强度 $[L/（min \cdot m^2）]$	作用面积（m²）	持续喷水时间（h）
堆垛、托盘		$h_s \leqslant 3.5$	8.0	160	1.5
		$3.5 < h_s \leqslant 6.0$	16.0	200	2.0
		$6.0 < h_s \leqslant 7.5$	22.0		
单、双、多排货架		$h_s \leqslant 3.0$	8.0	160	1.5
		$3.0 < h_s \leqslant 3.5$	12.0	200	
单、双排货架	9.0	$3.5 < h_s \leqslant 6.0$	24.0	280	
		$6.0 < h_s \leqslant 7.5$	22.0 + 1J		2.0
多排货架		$3.5 < h_s \leqslant 4.5$	18.0	200	
		$4.5 < h_s \leqslant 6.0$	18.0 + 1J		
		$6.0 < h_s \leqslant 7.5$	18.0 + 2J		

注：货架储物高度大于 7.5m 时，应设置货架内置洒水喷头。顶板下洒水喷头的喷水强度不应低于 20L/（min·m²），作用面积不应小于 200m²，持续喷水时间不小于 2h。

货架储存时仓库危险级Ⅲ级场所的系统基本参数　　　　　　　表 7.4-6

序号	最大净空高度 h（m）	最大储物高度 h_s（m）	货架类型	喷水强度 $[L/（min \cdot m^2）]$	货架内置洒水喷头		
					层数	高度	流量系数 K
1	4.5	$1.5 < h_s \leqslant 3.0$	单、双、多	12.0	—	—	—
2	6.0	$1.5 < h_s \leqslant 3.0$	单、双、多	18.0	—	—	—

续表

序号	最大净空高度 h（m）	最大储物高度 h_s（m）	货架类型	喷水强度 [L/（min·m²）]	货架内置洒水喷头		
					层数	高度	流量系数 K
3	7.5	3.0＜h_s≤4.5	单、双、多	24.5	—	—	—
4	7.5	3.0＜h_s≤4.5	单、双、多	12.0	1	3.0	80
5	7.5	4.5＜h_s≤6.0	单、双	24.5	—	—	—
6	7.5	4.5＜h_s≤6.0	单、双、多	12.0	1	4.5	115
7	9.0	4.5＜h_s≤6.0	单、双、多	18.0	1	3.0	80
8	8.0	4.5＜h_s≤6.0	单、双、多	24.5	—	—	—
9	9.0	6.0＜h_s≤7.5	单、双、多	18.5	1	4.5	115
10	9.0	6.0＜h_s≤7.5	单、双、多	32.5	—	—	—
11	9.0	6.0＜h_s≤7.5	单、双、多	12.0	2	3.0、6.0	80

注：1. 作用面积不应小于200m²，持续喷水时间不应低于2h。

2. 序号4、6、7、11：货架内设置单排货架内置洒水喷头时，喷头的间距不应大于3.0m；设置双排或多排货架内置洒水喷头时，喷头的间距不应大于3.0×2.4（m）。

堆垛储存时仓库危险级Ⅲ级场所的系统基本参数　　　　表7.4-7

最大净空高度 h（m）	最大储物高度 h_s（m）	喷水强度 [L/（min·m²）]			
		A	B	C	D
7.5	1.5	8.0			
4.5	3.5	16.0	16.0	12.0	12.0
6.0		24.5	22.0	20.5	16.5
9.0		32.5	28.5	24.5	18.5
6.0	4.5	24.5	22.0	20.5	16.5
7.5	6.0	32.5	28.5	24.5	18.5
9.0	7.5	36.5	34.5	28.5	22.5

注：1. A——袋装与无包装的发泡塑料橡胶；B——箱装的发泡塑料橡胶；C——袋装与包装的不发泡塑料橡胶；D——箱装的不发泡塑料橡胶。

2. 作用面积不应小于240m²，持续喷水时间不应低于2h。

（2）当仓库危险级Ⅰ级、仓库危险级Ⅱ级场所中混杂储存仓库危险级Ⅲ级物品时的要求

当仓库危险级Ⅰ级、仓库危险级Ⅱ级场所中混杂储存仓库危险级Ⅲ级物品时，基本参数不应低于表7.4-8的要求。

仓库危险级Ⅰ级、Ⅱ级场所中混杂储存仓库危险级Ⅲ级场所物品时的系统基本参数　表 7.4-8

储物类别	储存方式	最大净空高度 h（m）	最大储物高度 h_s（m）	喷水强度 [L/（min·m²）]	作用面积（m²）	持续喷水时间（h）
储物中包括沥青制品或箱装A组塑料橡胶	堆垛与货架	9.0	$h_s \leq 1.5$	8	160	1.5
		4.5	$1.5 < h_s \leq 3.0$	12	240	2.0
		6.0	$1.5 < h_s \leq 3.0$	16	240	2.0
		5.0	$3.0 < h_s \leq 3.5$			
	堆垛	8.0	$3.0 < h_s \leq 3.5$	16	240	2.0
	货架	9.0	$1.5 < h_s \leq 3.5$	8＋1J	160	2.0
储物中包括袋装A组塑料橡胶	堆垛与货架	9.0	$h_s \leq 1.5$	8	160	1.5
		4.5	$1.5 < h_s \leq 3.0$	16	240	2.0
		5.0	$3.0 < h_s \leq 3.5$			
	堆垛	9.0	$1.5 < h_s \leq 2.5$	16	240	2.0
储物中包括袋装不发泡A组塑料橡胶	堆垛与货架	6.0	$1.5 < h_s \leq 3.0$	16	240	2.0
储物中包括袋装发泡A组塑料橡胶	货架	6.0	$1.5 < h_s \leq 3.0$	8＋1J	160	2.0
储物中包括轮胎或纸卷	堆垛与货架	9.0	$1.5 < h_s \leq 3.5$	12	240	2.0

5. 仓库及类似场所采用早期抑制快速响应喷头时系统的基本参数

仓库及类似场所采用早期抑制快速响应喷头时，系统的基本参数不应低于表 7.4-9 的要求。

采用早期抑制快速响应喷头的系统基本参数　　　　表 7.4-9

储物类别	最大净空高度（m）	最大储物高度（m）	喷头流量系数 K	喷头设置方式	喷头最低工作压力（MPa）	喷头最大间距（m）	喷头最小间距（m）	作用面积内开放的喷头数（个）
Ⅰ级、Ⅱ级、沥青制品、箱装不发泡塑料	9.0	7.5	202	直立型	0.35	3.7	2.4	12
				下垂型				
			242	直立型	0.25			
				下垂型				
			320	下垂型	0.20			

续表

储物类别	最大净空高度（m）	最大储物高度（m）	喷头流量系数 K	喷头设置方式	喷头最低工作压力（MPa）	喷头最大间距（m）	喷头最小间距（m）	作用面积内开放的喷头数（个）
Ⅰ级、Ⅱ级、沥青制品、箱装不发泡塑料	9.0	7.5	363	下垂型	0.15	3.7		
	10.5	9.0	202	直立型	0.50	3.0		
				下垂型				
			242	直立型	0.35			
				下垂型				
			320	下垂型	0.25			
			363	下垂型	0.20			
	12.0	10.5	202	下垂型	0.50			
			242	下垂型	0.35			
			363	下垂型	0.30			
	13.5	12.0	363	下垂型	0.35			
袋装不发泡塑料	9.0	7.5	202	下垂型	0.50	3.7	2.4	12
			242	下垂型	0.35			
			363	下垂型	0.25			
	10.5	9.0	363	下垂型	0.35	3.0		
	12.0	10.5	363	下垂型	0.40			
箱装发泡塑料	9.0	7.5	202	直立型	0.35	3.7		
				下垂型				
			242	直立型	0.25			
				下垂型				
			320	下垂型	0.25			
			363	下垂型	0.15			
	12.0	10.5	363	下垂型	0.40	3.0		
袋装发泡塑料	7.5	6.0	202	下垂型	0.50	3.7		
			242	下垂型	0.35			
			363	下垂型	0.20			
	9.0	7.5	202	下垂型	0.70			
			242	下垂型	0.50			
			363	下垂型	0.30			
	12.0	10.5	363	下垂型	0.50	3.0		20

6. 仓库及类似场所采用仓库型特殊应用喷头时，湿式自动喷水灭火系统的基本参数

仓库及类似场所采用仓库型特殊应用喷头时，湿式自动喷水灭火系统的基本参数不应低于表 7.4-10 的要求。

采用仓库型特殊应用喷头的湿式自动喷水灭火系统基本参数　　　　表 7.4-10

储物类别	最大净空高度（m）	最大储物高度（m）	喷头流量系数 K	喷头设置方式	喷头最低工作压力（MPa）	喷头最大间距（m）	喷头最小间距（m）	作用面积内开放的喷头数（个）	持续喷水时间（h）
I 级、II 级	7.5	6.0	161	直立型	0.20	3.7	2.4	15	1.0
				下垂型					
			200	下垂型	0.15				
			242	直立型	0.10				
			363	下垂型	0.07			12	
				直立型	0.15				
	9.0	7.5	161	直立型	0.35			20	
				下垂型					
			200	下垂型	0.25				
			242	直立型	0.15				
			363	直立型	0.15			12	
				下垂型	0.07				
	12.0	10.5	363	直立型	0.10	3.0		24	
				下垂型	0.20			12	
箱装不发泡塑料	7.5	6.0	161	直立型	0.35	3.7		15	
				下垂型					
			200	下垂型	0.25				
			242	直立型	0.15				
			363	直立型	0.15			12	
				下垂型	0.07				
	9.0	7.5	363	直立型	0.15			12	
				下垂型	0.07				
	12.0	10.5	363	下垂型	0.20	3.0			
箱装发泡塑料	7.5	6.0	161	直立型	0.35	3.7		15	
				下垂型					
			200	下垂型	0.25				
			242	直立型	0.15				
			363	直立型	0.07				
				下垂型					

7. 干式自动喷水灭火系统和雨淋自动喷水灭火系统的基本参数

（1）干式自动喷水灭火系统的喷水强度应按表7.4-2、表7.4-4～表7.4-8要求的值确定，系统的作用面积应按对应值的1.3倍确定。

（2）雨淋自动喷水灭火系统的喷水强度应按表7.4-2要求的值确定，且每个雨淋报警阀控制的喷水面积不宜大于表7.4-2中的作用面积。

8. 预作用自动喷水灭火系统的基本参数

（1）系统的供水强度应按表7.4-2、表7.4-4～表7.4-8要求的值确定。

（2）当系统采用仅由火灾自动报警系统直接控制预作用装置时，系统的作用面积应按表7.4-2、表7.4-4～表7.4-8要求的值确定。

（3）当系统采用由火灾自动报警系统和充气管道上设置的压力开关控制预作用装置时，系统的作用面积应按7.4-2、表7.4-4～表7.4-8要求值的1.3倍确定。

9. 仅在走道上设置洒水喷头的闭式系统，其作用面积应按最大疏散距离所对应的走道面积确定

10. 装设网格、栅板类通透性吊顶的场所，系统喷水强度按表7.4-2、表7.4-4～表7.4-8要求值的1.3倍确定

11. 水幕系统的基本参数

水幕系统的基本参数不应小于表7.4-11的要求。

水幕系统的基本参数   表7.4-11

水幕系统类别	喷水点高度 h（m）	喷水强度［L/（s·m）］	喷头工作压力（MPa）
防火分隔水幕	$h \leqslant 12$	2.0	0.1
防护冷却水幕	$h \leqslant 4$	0.5	

注：1. 防护冷却水幕的喷水点高度每增加1m，喷水强度应增加0.1L/（s·m），但超过9m时喷水强度仍采用1.0L/（s·m）。

2. 系统持续喷水时间不应小于系统设置部位的耐火极限要求。

12. 当采用防护冷却水幕系统保护防火卷帘、防火玻璃墙等防火分隔设施时的要求

当采用防护冷却水幕系统保护防火卷帘、防火玻璃墙等防火分隔设施时，应符合下列要求：

（1）喷头设置高度不应超过8m；当设置高度为4～8m时，应采用快速响应洒水喷头。

（2）喷头设置高度不超过4m时，喷水强度不应小于0.5L/（s·m），当超过4m时，每增加1m，喷水强度应增加0.1L/（s·m）。

（3）持续喷水时间不应小于系统设置部位的耐火极限要求。

第五节　自动喷水灭火系统中的固定消防水泵、消防水泵接合器

一、固定消防水泵

1. 固定消防水泵的作用

自动喷水灭火系统中的固定消防水泵，是向自动喷水灭火系统提供足够水量和水压的供水设备。

2. 固定消防水泵的设置要求

（1）采用临时高压给水系统的自动喷水灭火系统，宜设置独立的消防水泵，并应按一用一备或二用一备，以及最大一台消防水泵的工作性能设置备用泵。

（2）当与消火栓给水系统合用消防水泵时，系统管道应在报警阀前分开。

（3）消防水泵的出水管应设控制阀、止回阀和压力表。

3. 固定消防水泵流量和扬程确定

确定固定消防水泵流量和扬程的步骤：

（1）确定系统供水的最不利处位置。

（2）以作用面积的长边长度和喷头的布置间距为条件，计算作用面积内的喷头数，当计算结果不为整数时，按大于计算值的整数确定。

（3）按作用面积为矩形，其长边平行于配水支管、长度不小于作用面积平方根的1.2倍确定，计算作用面积长边的长度。

（4）以作用面积的长边长度和喷头的布置间距为条件，计算最不利点处作用面积内最不利点处配水支管上的喷头数量，当计算结果不为整数时，按大于计算值的整数确定。

（5）确定最不利点处作用面积内应逐一计算流量的喷头位置。

（6）确定最不利点处喷头的工作压力和流量。

（7）计算最不利点处喷头所在配水支管上各喷头的流量、配水支管各管段的水头损失，以及配水支管的流量和供水压力。

（8）计算最不利点处作用面积内其他配水支管的流量和供水压力。

（9）计算作用面积内系统的流量和供水压力（注意：系统设计流量计算，应保证任意作用面积内的平均喷头强度不应低于有关要求）。

（10）计算配水管道的沿程水头损失和局部水头损失，确定系统的供水压力。

（11）选择供水泵和管道的减压措施（实际上供水消防水泵的扬程为：作用面积内系统的供水压力和配水管道的沿程水头损失以及配水管道的局部水头损失之和；供水消防水泵的供水流量就是作用面积系统部分的供水流量，该流量也是整个自动喷水灭

火系统的流量）。

系统水力计算的方法见《建筑给水排水设计手册（第三版）（上、下册）》中"建筑消防"部分（该手册由中国建筑工业出版社出版）。

二、消防水泵接合器

1. 消防水泵接合器的作用

自动喷水灭火系统中消防水泵接合器的作用是，当向该系统供水的固定消防水泵（一备一用）损坏不能向系统供水时，消防救援人员可利用消防车在室外取水，通过消防水泵接合器向自动喷水灭火系统供水，以充分发挥自动喷水灭火系统的作用扑灭火灾。美国巴格斯城的某商业中心仓库于1981年6月21日发生火灾，由于缺水和火灾时过早断电，未设有消防水泵接合器，消防车无法向自动喷水灭火系统送水，从而造成重大经济损失。

2. 消防水泵接合器的组成和分类

消防水泵接合器的组成和分类见本书第六章第五节。

3. 消防水泵接合的布置要求

消防水泵接合器的布置要求见本书第六章第五节。

4. 消防水泵接合器的供水流量和设置数量

自动喷水灭火系统必须设置消防水泵接合器。消防水泵接合器的数量应按系统的设计流量确定，每个消防水泵接合器的流量宜按10～15L/s计算，一般取中间值13L/s。

第六节　自动喷水灭火系统在灭火实战中的应用

一、灭火实战中应用自动喷水灭火系统的意义

1. 火灾发生时自动喷水灭火系统灭火不成功的原因

根据表7.1-2统计的数据分析，自动喷水灭火系统灭火不成功的原因主要是：第一，供水中断，占整个统计原因的35.4%；第二，供水量不足，占整个统计原因的9.9%。那么，是什么原因造成供水中断和供水量不足呢？

一是，向自动喷水灭火系统供水的消防水泵不工作造成供水中断。消防水泵不工作的原因包括向消防水泵供电电源中断、向消防水泵供应动力的内燃机故障、消防水泵（一用一备）故障等，从而使自动喷水灭火系统无水而不能扑灭火灾。

二是，向自动喷水灭火系统供水的消防水泵虽然能够正常工作，但供应的水量不足，没有达到系统要求的喷水强度而不能扑灭火灾。发生这种问题的原因包括：

（1）消防水泵年久失修，其扬程或流量达不到系统所需要的压力和流量。

（2）高位水箱出水口的止回阀年久失修，不能发挥作用或不能全面发挥作用，虽然消防水泵的性能符合要求，但是造成从消防水泵进入系统内的水倒灌进入高位消防水箱，从而降低了系统内的水压和水量，造成自动喷水灭火系统的喷水强度不能满足要求，从而不能扑灭火灾。

2. 火灾时使用自动喷水灭火系统灭火相比使用室内消火栓给水系统灭火具有事半功倍的效果

自动喷水灭火系统管道走向合理、洒水喷头布置均匀，其系统的水力计算是根据科学实验和灭火实践得出来的，发生火灾时，可以直接利用其管道和洒水喷头的优势进行灭火。不像室内消火栓给水系统需要工作人员或消防救援人员到达火灾现场后铺设水带、水枪灭火，并且在火灾现场烟雾浓度大的情况下，水枪的射流往往不能直接射准火焰。在自动喷水灭火系统管道没有损坏的情况下，无论是供水中断还是供水量不足，只要利用消防车通过消防水泵接合器向系统供水，将灭火用水直接供应至火灾区域进行灭火，就会达到事半功倍的效果。

二、自动喷水灭火系统应用在灭火实战中的可行性

1. 消防救援站的布局，为充分发挥自动喷水灭火系统在灭火实战中的作用奠定了基础

《城市消防站建设标准》建标 152—2017 规定，消防站的布局一般应以接到出动指令后 5min 内消防队可以到达辖区边缘为原则确定。

上述原则来源于 15min 的消防时间。15min 的消防时间分配为：发现起火 4min、报警和指挥中心接处警 2.5min、接警出动 1min、行车到场 4min、开始出水扑救 3.5min。

根据有关科技人员实验，砖木结构建（构）筑物，从起火至火势猛烈燃烧、向外蔓延的时间均在 15min 内。起火后 15min，一般情况下火势已突破门窗、房顶，致使一部分屋架塌落，甚至延烧到毗邻建筑，燃烧面积平均 215m^2。因此，我国将消防队扑救砖木结构建筑初期火灾需要的极限时间定为 15min。消防队必须在起火后 15min 内到场出水，才能防止火势猛烈发展，不致发生更大的损失。

2. 自动喷水灭火系统在火灾时的应用时间，为系统在灭火实战中的作用创造了条件

国家标准规定，自动喷水灭火系统的灭火延续时间一般为 1h，也就是说自动喷水灭火系统在 1h 内喷水灭火，将会发挥其应有的作用。在城镇，一般情况下消防救援队伍到达火灾现场的时间往往在 30min 以内。

三、自动喷水灭火系统在灭火实战中的应用

自动喷水灭火系统的作用，是指在自动喷水灭火系统保护区域内发生火灾时，不需要人员启动任何设备，而是依靠系统本身的动作喷水灭火的系统。如果湿式自动喷水灭火系统在正常运行状态时，被保护区域发生火灾，正常情况下系统自动喷水就会将火灾扑灭。

在非正常情况下，需要人员干预系统，使系统发挥作用。

1. 灭火救援人员到达火灾现场的时间在 1h 之内，且发生火灾区域没有洒水喷头喷水情况下的灭火行动

指挥员应尽快派出 4 路人员分别到高位水箱处、消防水泵房内、消防控制室内、火灾层（或防火分区）的水流指示器处进行处理。

一是，进入火灾层（或防火分区）水流指示器处的人员，迅速查明水流指示器附近（在水流指示器的上游侧，也就是消防竖管与消防横管连接处）的闸阀是否处于开启状态。如果处于关闭状态，则迅速打开该闸阀，此时高位水箱的水就会通过系统管网进入火灾区域灭火，如图 7.6-1 中的③处所示。

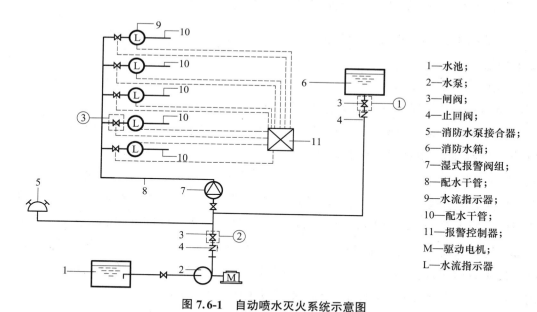

1—水池；
2—水泵；
3—闸阀；
4—止回阀；
5—消防水泵接合器；
6—消防水箱；
7—湿式报警阀组；
8—配水干管；
9—水流指示器；
10—配水干管；
11—报警控制器；
M—驱动电机；
L—水流指示器

图 7.6-1 自动喷水灭火系统示意图

二是，进入消防水泵房内的人员，要与该单位的技术人员迅速确定向火灾区域自动喷水灭火系统供水的消防水泵是否启动，如果没有启动，现场启动消防水泵向系统供水。此时，只要向火灾区域供水的管道上的闸阀（火灾楼层或火灾防火分区水流指示器附近的闸阀）处于开启状态，即使高位水箱出水管处的闸阀处于关闭状态，也不会影响系统出水灭火。

三是，进入高位水箱处的人员，排查高位水箱出水管道通往湿式自动喷水灭火系统的闸阀是否处于开启状态，如果处于关闭状态，立即开启该闸阀，使高位消防水箱内的水进入系统灭火。

四是，进入消防控制室的人员，查看火灾楼层或火灾防火分区的水流指示器是否报警，向火灾区域供水的消防水泵是否故障（查看该消防水泵的反馈信息显示"故障"还是"运行"），用消防控制室与消防水泵房的对讲电话进行沟通，实时掌握情况。此时，如果显示"故障"，则水泵无法运行，需要切换至"备用泵"，查看反馈情况。

通过上述四种措施的处理，自动喷水灭火系统就会喷水灭火。

2. 灭火救援人员到达火灾现场时间没有超过 1h，通过侦查，如果高位水箱不能向系统供水，并且消防水泵（一备一用）均不能运行情况下的灭火行动

立即安排人员进入火灾层（或火灾防火分区）水流指示器上游侧查看闸阀是否开启，湿式报警阀处闸阀是否开启。同时利用消防车连接向火灾区域供水的消防水泵接合器，通过消防水泵接合器向系统供水灭火，如图 7.6-2 所示。

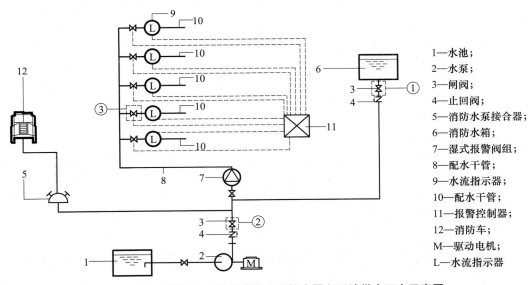

1—水池；
2—水泵；
3—闸阀；
4—止回阀；
5—消防水泵接合器；
6—消防水箱；
7—湿式报警阀组；
8—配水干管；
9—水流指示器；
10—配水干管；
11—报警控制器；
12—消防车；
M—驱动电机；
L—水流指示器

图 7.6-2　利用消防车连接消防水泵接合器向系统供水灭火示意图

当消防水泵不能向自动喷水灭火系统供水，利用消防车通过消防水泵接合器向系统供水灭火时应注意：一是，消防车的供水总量应对照室内向自动喷水灭火系统供水的固定消防水泵流量，使消防车的供水总量与固定消防水泵流量相同，保证消防流量充足。正常情况下，应同时使用向该系统供水的所有消防水泵接合器，以防止供水强度不足，影响火灾扑救效果。二是，消防车的压力应对照室内向自动喷水灭火系统供水的固定消防水泵的扬程，使消防车的供水压力与固定消防水泵的额定压力相同，保证系统压力。同时使用 2 辆或 3 辆消防车及以上向同一个自动喷水灭火系统供水时，应加强 2 辆或 3 辆消防车及以上增加压力的相互协同，使 2 辆或 3 辆消防车及以上的压力上升基本同步。

3. 灭火救援人员到达火灾现场的时间超过 1h，或者在火灾时使用自动喷水灭火系统的总时间达到 1h 的灭火行动

火场指挥员要果断停止使用自动喷水灭火系统，采用固定消火栓给水系统或移动消防设施，利用水带、水枪出水灭火。用来保护防火卷帘门和防火玻璃墙的防护冷却水幕系统除外。

四、自动喷水灭火系统使用中有关问题的处理

1. 当开启消防水泵向系统供水时，火灾现场的水压不足、灭火效果较差时，火场指挥员要派战斗员到高位消防水箱处关闭高位消防水箱与系统连接出水管处的闸阀。此时，此处的单向阀已经失去作用，如图 7.6-2 中①处所示。

2. 当使用消防水泵接合器向系统供水时，火灾现场的水压不足、灭火效果较差时，火场指挥员要分别派战斗员到高位消防水箱间和消防水泵房，分别关闭高位消防水箱出水口与系统连接出水管处的闸阀、关闭消防水泵（一备一用）出水口与系统连接出水管处的闸阀。此时，这两处的单向阀已经失去作用，如图 7.6-2 中①、②处所示。

3. 确定湿式自动喷水灭火系统不能正常运行的方法

（1）火灾区域内的喷头无水喷出的原因及排除

造成火灾区域内喷头无水喷出的原因：

一是，设在楼层（或防火分区）自动喷水灭火系统干管与支管之间的闸阀被关闭（该闸阀设在水流指示器的上游侧），见图 7.6-1 中③处的位置。

二是，湿式报警阀组故障而不能开启。

三是，湿式报警阀组处的闸阀被关闭。

四是，高位消防水箱出水口通往自动喷水灭火系统干管之间的闸阀关闭，见图 7.6-1 中①处的位置。

五是，向自动喷水灭火系统供水的消防水泵（一备一用）发生故障。

六是，向自动喷水灭火系统供水的消防水泵接合器故障。

七是，系统管网故障。

八是，向自动喷水灭火系统消防水泵供电的电源（一备一用）发生故障。

排除方法：针对上述原因，派出消防救援人员进行排除。

（2）火灾区域内的喷头在火灾初期正常喷水，但一段时间后无水喷出的故障判断及排除

故障判断：一是，水流指示器向消防控制室报警；二是，高位消防水箱的消防水

使用完毕；三是，压力开关的作用失效，不能联动自动喷水灭火系统的消防水泵工作。

排除方法：一是，通知消防控制室值班人员直接手动启动自动喷水灭火系统的消防水泵，使之向系统供水；二是，派战斗员到达消防水泵房，直接启动自动喷水灭火系统的消防水泵（当消防控制室不能启动自动喷水灭火系统的消防水泵时），或者用对讲电话通知消防水泵房的管理人员，直接启动消防水泵；三是，利用消防车通过消防水泵接合器向系统内供水（注意：这个方法在固定消防水泵不工作时采用）。

（3）消防控制室显示自动喷水灭火系统的消防水泵故障时的排除方法

故障判断：一是，水流指示器向消防控制室报警；二是，自动喷水灭火系统的消防水泵向消防控制室发出故障报警。

排除方法：立即通知消防救援人员，占领向自动喷水灭火系统供水的消防水泵接合器，利用消防车通过消防水泵接合器向系统供水。

> 【注意】一是，此时在分清楚向不同类别（消火栓给水系统或自动喷水灭火系统）和不同区域（高区自动喷水灭火系统或低区自动喷水灭火系统）供水的基础上，利用向该区域供水的所有消防水泵接合器与消防车连接，按照每辆消防车向一个消防水泵接合器供水流量为10~15L/s的供水量（一般取13L/s）向系统内供水。这里强调的是：向该区域供水的所有消防水泵接合器与消防车连接，否则系统的喷水强度不足，灭火效果大打折扣。二是，要注意各消防车的压力升高速度和压力保持应相对一致，否则不但会造成火场供水中断，而且往往损坏消防车上的车载消防水泵。三是，消防车车载消防水泵扬程的确定，消防车车载消防水泵的压力应与向自动喷水灭火系统供水的固定消防水泵的额定扬程相同。这个扬程在消防水泵房内向自动喷水灭火系统供水的固定消防泵上可以取得。四是，如果消防水泵接合器处设有"永久性标志铭牌"，此牌上标明系统流量和系统工作压力，如图6.5-1所示。

第七节　自动喷水灭火系统日常消防检查和灭火救援准备应注意的问题

一、日常消防检查的重点

1. 查看消防服务机构出具的每月一次的消防维保报告。

2. 抽查在消防控制室能否启动消防水泵（一备一用）。

3. 抽查向消防水泵供电的消防供电情况，是否双回路供电，并且在最末一级配电箱处是否能够自动切换。抽查消防电源的主电源和备用电源自动互投情况。

4. 高位消防水箱、消防水池的水位是否符合要求。

5. 抽查末端试水装置或直径为25mm的试水阀。开启末端试水装置或直径为25mm的试水阀的闸阀，查看是否有压力水流出。在水流出时，要让水流一段时间，同时询问消防控制室是否接收到负责该区域的水流指示器报警信号。

6. 到消防水泵房的湿式报警阀处抽查湿式报警阀的完好情况。开启控制通往延时器的闸阀放水，查看延时器的泄水情况，且要让水流一段时间，查看压力开关是否向消防控制室报警并自动启动消防水泵运行，同时询问消防控制室是否接收到消防水泵运行的信号。此时，查看水力警铃是否发出报警的铃声。

7. 抽查室外消防水泵接合器的"永久性标志铭牌"设置情况、消防水泵接合器的完好情况、消防水泵接合器周围供水的水源情况。

8. 高位消防水箱出水口、消防水泵出水口的止回阀和闸阀的安装及维护情况，必要时要测试止回阀是否能够发挥作用。

二、灭火救援准备应注意的问题

1. 自动喷水灭火系统"六熟悉"的重点内容

（1）通往自动喷水灭火系统消防水泵接合器地点的消防车通道畅通情况。

（2）消防水泵接合器周围室外消火栓的数量、位置以及消防水池的位置、取水口的具体方位。

（3）消防水泵接合器的数量以及向不同自动喷水灭火区域供水的区别。

（4）自动喷水灭火系统覆盖具体区域以及向不同区域供水的消防水泵的区别。

（5）消防水泵出水口处、高位消防水箱出水口处闸阀的具体位置。

（6）自动喷水灭火系统消防竖管与横管连接的位置，此处一般安装有水流指示器和闸阀。

（7）自动喷水灭火系统的分区情况：整个建筑物的自动喷水灭火系统共分为几个区，各分区的消防水泵、高位消防水箱分布的具体楼层。

（8）消防水泵房内控制自动喷水灭火系统消防水泵的配电柜位置。

（9）自动喷水灭火系统中消防水泵的扬程和流量。对于分区自动喷水灭火系统，要分别掌握向不同区域供水消防水泵的流量和扬程。

（10）消防水泵接合器处设有"永久性标志铭牌"的设置情况。

2. 制定灭火作战预案以及灭火实战中获取系统流量和系统压力的技巧

自动喷水灭火系统的系统流量和系统压力是保证自动喷水灭火系统作用发挥的关键要素。根据自动喷水灭火系统的作用面积和系统最不利点处洒水喷头的压力，计算系统流量和系统压力比较烦琐和复杂，如果进行计算，不但要具有良好的运算能力，而且还需要大量的时间，因此，在制定灭火作战预案以及灭火实战中获取系统流量和系统压力的技巧就显得尤为重要。

获取系统流量和系统压力的方法，可以通过以下途径：

（1）国家标准规定，室外消防水泵接合器处应设置永久性标志铭牌，并应标明供水系统、供水范围和额定压力。凡是符合国家要求设置永久性标志铭牌的，可以在"六熟悉"和实战时获得系统流量和系统压力，如图 6.5-1 所示。

（2）对于没有在室外消防水泵接合器处设置永久性标志铭牌的，可以在"六熟悉"和实战时，在单位技术人员的协助下，进入消防水泵房，查看向自动喷水灭火系统供水的消防水泵的铭牌，在该铭牌上能够查出消防水泵的流量和扬程（压力）。注意：向不同区域供水的消防水泵其扬程是不一样的！这个流量和扬程（压力）就是系统流量和系统压力。

（3）在灭火实战中，如果平时不掌握发生火灾建（构）筑物中自动喷水灭火系统的系统流量和扬程（压力），火场指挥员要派战斗员进入消防水泵房，查看向自动喷水灭火系统供水的消防水泵的铭牌，在该铭牌上能够查出消防水泵的流量和扬程（压力）。

第八章

室内固定消防水炮系统在灭火实战中的应用

消防水炮系统是将一定流量、一定压力的水通过能量转换，将势能（压能）转换为动能（速度能），以很高的流速从炮嘴中喷出，形成射流，从而起到扑灭一定距离以外火灾或进行冷却的灭火设施，可应用于石油化工企业、炼油厂、储油罐区、飞机库、油轮、油码头、海上钻井平台和储油平台等易燃液体集中、危险性较大地方的火灾扑救，同时广泛应用于扑救展览馆、大型体育馆、会展中心、大剧院等大型空间建筑内部火灾。

由于介绍固定消防水炮系统应用于石油化工企业、炼油厂、储油罐区、飞机库、油轮、油码头、海上钻井平台和储油平台等构筑物易燃液体火灾扑救的资料较多，故本书不再赘述。

本章仅研究室内固定消防水炮系统在灭火救援实战中的应用。

第一节　固定消防水炮系统的分类

按照消防水炮控制方式的不同，消防水炮可分为手控消防水炮、电控消防水炮、电—液控消防水炮、电—气控消防水炮、智能消防水炮。

1. 手控消防水炮

手控消防水炮是一种由操作人员直接手动控制消防水炮射流姿态，包括水平回转角度、俯仰回转角度、直流／喷雾转换的消防水炮，具有结构简单、操作简便、投资省等优点。

2. 电控消防水炮

电控消防水炮是一种由操作人员通过电气设备间接控制消防水炮射流姿态的消防水炮，其回转角度调整及直流／喷雾转换由交流或直流电动机带动。该类消防水炮能够实现远距离有线或无线控制，具有安全性能高、操作简便等优点。

3. 电—液控消防水炮

电—液控消防水炮是一种由操作人员通过电气设备间接控制消防水炮射流姿态的消防水炮，其回转角度调整及直流／喷雾转换由液压马达或液压活塞带动。该类消防水炮能够实现远距离有线或无线控制，具有安全性能高、故障率低等优点。

4. 电—气控消防水炮

电—气控消防水炮是一种由操作人员通过电气设备间接控制消防水炮射流姿态的消防水炮，其回转角度调整及直流／喷雾转换由气动马达或气缸带动，以高压气体为动力源。该类消防水炮能够实现远距离有线或无线控制，具有安全性能高、操作简便、投资省等优点。

5. 智能消防水炮

智能消防水炮是一种在火灾自动报警系统主机确定着火点坐标位置后，通过 RS-485 总线与消防水炮解码器通信，驱动消防水炮对准着火点后，开启消防水泵及电动阀门进行喷水灭火的水炮，具有精度高、保护范围大、适用场合多、降低总体工程造价等特点。

第二节　固定消防水炮系统的工作原理

一、普通消防水炮系统的工作原理

固定消防水炮系统由水源、动力源、消防泵组、管道阀门、控制装置、消防水炮等设备和消防炮固定设施组成。

如图 8.2-1 所示，消防水炮系统的工作原理：可以自动启动消防泵组为管网加压，

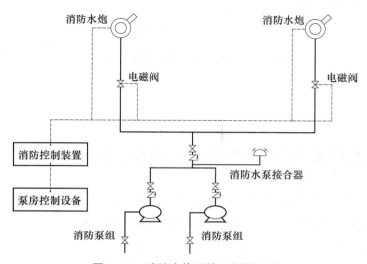

图 8.2-1　消防水炮系统工作原理图

开启管路阀门和水炮，高速水流由水炮喷嘴射向火源或被保护对象，起到冲击火焰、隔绝空气、冷却燃烧物和灭火的作用。同时，消防水炮能够根据着火点的方位做水平或俯仰回转以调节喷射角度，从而提高灭火效能。当消防水炮带有直流／喷雾转换功能时，可以喷射雾化型射流，有效扑灭近距离的火灾或起保护作用。

二、智能消防水炮系统的工作原理

智能消防水炮系统由火灾监控与分析系统、灭火设备、联动控制系统等组成，其区别于普通消防水炮系统的最大特点在于它配有火灾探测与定位装置，能够自动探测到火灾并对着火点进行精确定位，从而引导消防水炮实施扑救。

如图 8.2-2 所示，智能消防水炮系统的工作原理：火灾发生时，火灾探测器自动扫描现场火情，通过红外过滤和图像处理迅速判别找出火源；系统发出火灾报警并自动联动开启相应的消防设备（消防泵组及其管路进、出口阀等）；调整智能消防水炮的角度，根据火源的大小在火源周围 1m 内进循环喷射，实施灭火。

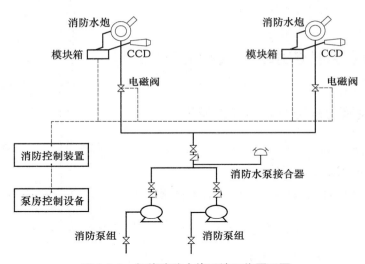

图 8.2-2　智能消防水炮系统工作原理图

第三节　室内固定消防水炮系统消防控制室的功能

远控消防水炮系统的消防控制室应能对消防泵组、消防炮等系统组件进行单机操作与联动操作或自动操作，并应具有下列控制和显示功能：

1. 消防泵组的运行、停止、故障。
2. 电动阀门的开启、关闭及故障。

3. 消防炮的俯仰、水平回转动作。

4. 当接到报警信号后，应能立即向消防泵站等有关部位发出声光报警，声响信号可手动解除，但灯光报警信号必须保留至人工确认后方可解除。

5. 具有无线控制时，显示无线控制器的工作状态。

6. 其他需要控制和显示的设备。

第四节　系统组件和消防水炮的布置

一、系统组件

1. 消防水炮

消防水炮是固定消防水炮系统的核心部件，其过流部件应具有良好的防腐性能或由经过可靠防腐处理的材料制成。

消防水炮的性能参数见表 8.4-1。

消防水炮的性能参数

表 8.4-1

流量（L/s）	额定工作压力上限（MPa）	射程（m）	流量允差（%）
20		≥48	
25		≥50	
30	1.0	≥55	±8
40		≥60	
50		≥65	
60		≥70	
70		≥75	
80	1.2	≥80	±6
100		≥85	
120		≥90	
150		≥95	±5
180	1.4	≥100	±4
200		≥105	

2. 消防泵组

消防泵组应符合国家有关规定。

消防泵组的性能参数见表 8.4-2。

消防泵组的性能参数　　　　　　　　　　　　　　表 8.4-2

主参数	单位	代号	额定工况
额定流量	L/s	Qn	5，10，15，20，25，30，35，40，45，50，55，60，65，70，75，80，85，90，95，100，105，110，115，120，125，130，140，150，160，180，200
额定压力	MPa	Pa	0.3 ～ 3.0
吸深	m	Hsz	除深井、潜水泵吸深为 0m 外，其余为 1.0m

注：1. 对稳压泵，其额定流量可小于 5L/s。
　　2. 上述流量系列为建议系列。
　　3. 此处额定压力是指额定转速下进、出口压力的代数差。

3. 阀门与管道

（1）阀门应有明显的启闭标志，远控阀门应具有快速启闭功能。

（2）常开或常闭的阀门应设锁定装置，控制阀和需要启闭的阀门应设启闭指示器。参与远控消防水炮系统联动控制的控制阀的启闭信号应传至系统消防控制室。

4. 控制设备

消防水炮系统控制设备应具有对消防泵组、消防水炮及相关设备等进行远程控制的功能。

5. 动力源

动力源为消防炮调整喷射姿态及消防水炮直流／喷雾转换提供电、液、气驱动装置等动力，应具有良好的耐腐、防雨、防尘和防爆性能。

动力源应满足远控消防水炮系统在规定时间内操作控制与联动控制的要求。

6. 消防水泵接合器

固定消防水炮系统应设置消防水泵接合器。消防水泵接合器的给水流量宜按每个 10～15L/s 计算。

二、消防水炮的布置

室内消防水炮的布置数量不应少于 2 门，其布置高度应保证消防水炮的射流不受上部建筑构件的影响，并应能使 2 门水炮的水射流同时到达被保护区域的任意部位。

室内消防水炮系统应采用湿式给水系统，消防炮位处应设置消防水泵启动按钮。

第五节　室内固定消防水炮系统在灭火实战中的应用

一、固定消防水炮系统在灭火实战应用中的意义

室内固定消防水泡系统一般设置在机场候机厅、大型会展中心、展览馆空间等高大的场所，这些场所一旦发生火灾，往往造成很大的社会影响和严重的火灾损失，是消防救援队伍保护的重点单位和场所。

1. 系统管道设置均经过水力计算，保障了消防用水量。

2. 消防水炮布置合理，在被保护区域内的任何部位均设置 2 门消防水炮使其射流同时到达，可以说对火焰的打击没有任何死角。

3. 消防水泵接合器的合理设置，当消防泵组不能正常供水时，为消防救援人员及时利用该系统灭火提供了保障。

4. 消防救援人员使用消防水炮系统的管网、消防水炮等固定消防设施，与火灾时铺设消防水带、设立水枪阵地相比，赢得了宝贵的时间。

二、灭火实战中应用固定消防水炮系统的条件

众所周知，如果整个消防水炮系统均处于正常状态，一旦被保护区域发生火灾，就会及时自动启动系统很快将火灾消灭，不需要消防救援人员到达火灾现场实施救援。

消防救援人员到达火灾现场后，通过火场侦察，在下列条件下，可以迅速采用室内固定消防水炮系统灭火：

1. 消防水炮系统的控制系统正常运行，通过消防控制室可以控制消防水炮的水平回转、俯仰时。

2. 消防泵组不能正常向消防水炮系统供水，而系统管网及消防水炮应用正常时。

3. 消防水泵接合器（向系统供水的所有消防水泵接合器）能够正常使用。

三、系统在灭火实战中的应用

通过火场侦察，当具备可以运用固定消防水炮实施灭火救援的条件后，指挥员应立即安排消防车占领消防水泵接合器（向所有着火区域室内消防炮系统供水的所有消防水泵接合器）向系统供水的同时，安排消防救援人员进入消防控制室，在消防控制室值班人员的协助下操作消防水炮射水，如图 8.5-1、图 8.5-2 所示。

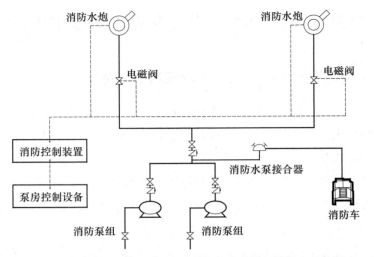

图 8.5-1 消防车通过消防水泵接合器向固定消防炮系统供水示意图（一）

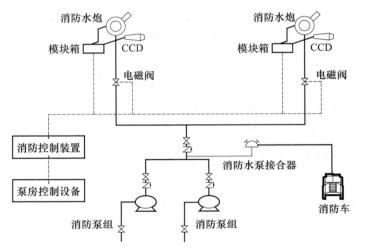

图 8.5-2 消防车通过消防水泵接合器向固定消防炮系统供水示意图（二）

四、灭火实战中应注意的问题

1. 消防车与向系统供水消防水泵接合器的数量要匹配。也就是说，消防水炮系统有几个消防水泵接合器，就要安排几辆消防车，二者的数量必须相同，否则不能满足系统需要的消防流量。因为，设计师在设计固定消防水炮系统时，依据国家消防技术标准规定的供水流量进行计算，从而计算出消防水泵接合器的数量。

2. 每辆消防车的供水量按 10～15L/s 计算（一般取 13L/s）向消防水泵接合器供水（向系统供水的总供水量可以在灭火准备时通过查看固定消防泵组消防水泵的流量确定）。

3. 消防车的供水压力，要达到系统供水压力的要求（系统供水压力可以查看固定消防泵组消防水泵的扬程）。

4. 如果消防水泵接合器处，按照国家标准要求设置了"永久性标志铭牌"，此牌上会标明系统流量和系统工作压力，这样会给消防救援人员灭火救援实战时及时掌握系统流量和系统压力提供很大的方便。

5. 多辆消防车通过不同的消防水泵接合器向系统供水，涉及消防车载水泵并联供水的问题，应引起火场指挥员和消防车驾驶员的注意，要按照消防水泵并联的训练方法进行操作。

第九章

消防控制室和火灾自动报警系统在灭火实战中的应用

第一节　消防控制室在灭火实战中的应用

消防控制室是消防管理、火灾救援的信息管理和指挥中心。

一、消防控制室的设置位置及消防控制室的管理

1．消防控制室的设置位置

消防控制室的设置应符合下列要求：

（1）单独建造的消防控制室，其耐火等级不应低于二级。

（2）附设在建筑物内的消防控制室，宜设置在建筑物内首层或地下一层，并宜布置在靠外墙的部位。

（3）不应设置在电磁场干扰较强及其他可能影响消防控制设备正常工作的房间附近。

（4）消防控制室的疏散门应直通室外或安全出口。

（5）消防控制室应采取防水淹的技术措施。

2．消防控制室的管理

（1）消防控制室实行每日24h值班制度。值班人员应通过消防行业特有工种职业技能鉴定。监控、操作设有联动控制设备的消防控制室值班人员，应持有中级（四级）及以上等级的职业资格证书。

（2）消防控制室值班人员每班工作时间不应大于8h，每班人员不应少于2人（有些省、市、区规定：凡是与城市消防设施远程监控中心联网的消防控制室，可以实行单人值班，如浙江省、广东省、重庆市、新疆维吾尔自治区、广西壮族自治区、福建省等），值班人员应对火灾报警控制器进行日检查，接班、交班时，应填写《消防控制室值班记录表》（表9.1-1）的相关内容。值班期间每2h记录一次消防控制室内消防设备的运行情况，及时记录消防控制室内消防设备的火警或故障情况。

表 9.1-1

消防控制室值班记录表

序号：

火灾报警控制器运行情况						控制室内其他消防系统运行情况					值班情况							
正常	火警		监管报警	漏报	报警、故障部位、原因及处理情况	消防系统及其相关设备名称	控制状态		运行状态		报警、故障部位、原因及处理情况	值班员		值班员		值班员		故障及处理情况
	火警	故障 误报					自动	手动	正常	故障		时段	—	时段	—	时段	—	
												时间记录						

火灾报警控制器日检查情况记录								
火灾报警控制器型号	检查内容					检查时间	检查人	
	自检	消音	复位	主电源	备用电源			

对发现的问题应及时处理，当场不能处置的要填报《建筑消防设施故障维修记录表》（表 9.1-2）将处理记录表序号填入"故障及处理情况"栏。

注 1. 交接班时，接班人员对火灾报警控制器进行日检查后，如实填写"火灾报警控制器日检查情况记录"；值班期间按规定时限，异常情况出现时间如实填写运行情况栏内相应内容，填写时，在对应项目栏中打"√"；存在问题或故障的，在"报警、故障部位、原因及处理情况"栏中填写详细信息。

2. 本表为样表，使用单位可根据火灾报警控制器数量、其他消防系统及相关设备数量及值班时段制表。

消防安全责任人或消防安全管理人（签字）：

建筑消防设施故障维修记录表 表 9.1-2

序号：

故障情况				故障维修情况						故障排除确认
发现时间	发现人签名	故障部位	故障情况描述	是否停用系统	是否报消防部门备案	安全保护措施	维修时间	维修人员（单位）	维修方法	

注　1. "故障情况"由值班、巡查、检测、灭火演练时的当事者如实填写。

2. "故障维修情况"中因维修故障需要停用系统的，由单位消防安全责任人在"是否停用系统"栏签字；停用系统超过24h的，单位消防安全责任人在"是否报消防部门备案"及"安全保护措施"栏如实填写；其他信息由维护人员（单位）如实填写。

3. "故障排除确认"由单位消防安全管理人在确认故障排除后如实填写并签字。

4. 本表为样表，单位可根据建筑消防设施实际情况制表。

（3）正常工作状态下，不应将自动喷水灭火系统、防烟排烟系统和联动控制的防火卷帘等防火分隔设施设置在手动控制状态。其他消防设施及其相关设备如设置在手动状态时，应有在火灾情况下迅速将手动控制转换为自动控制的可靠措施。

（4）消防控制室应设置用于火灾报警的外线电话。

3. 消防控制室值班人员接到报警信号后的处理

消防控制室值班人员接到报警信号后，应按下列程序进行处理：

（1）接到火灾报警信息后，应以最快的方式确认。

（2）确认属于误报时，查找误报原因并填写有关记录。

（3）火灾确认后，立即将火灾报警联动控制开关转入自动状态（处于自动状态的除外），同时拨打"119"火警电话报警。

（4）立即启动单位内部灭火和应急疏散预案，同时报告单位消防安全责任人。单位消防安全责任人接到报告后应立即赶赴现场。

二、消防控制室的组成及功能

1. 消防控制室的组成

根据建筑物规模功能的不同，消防控制室应至少由火灾报警控制器、消防联动控制器、消防控制室图形显示装置或其组合设备组成。对于设有多个消防控制室的建筑，上一级的消防控制室应能显示下一级消防控制室各类系统的相关状态，下一级消防控制室应能将所控制的各类系统的相关状态、信息传输到上一级消防控制室。相同级别的消防控制室之间可以互相传输状态信息，但不能互相控制。消防控制室中各类系统之间的系统兼容性应满足国家相关标准的要求。

2. 消防控制室的功能

消防控制室应能显示建筑总平面布局图、监视区域的建筑平面图、系统图。建筑总平面布局图应能用一个界面完整显示。监视区域的建筑平面图应能显示各个监视区域及主要部位的名称和疏散路线，并能显示火灾自动报警和联动控制系统及其控制的各类消防设备（设施）的名称、物理位置和各消防设备（设施）的实时状态信息。系统图应包括火灾自动报警及联动控制系统、自动喷水灭火系统、消火栓给水系统、气体灭火系统、泡沫和干粉灭火系统、防烟排烟系统、消防应急照明系统等内容。用图标表示各个消防设备（设施）的名称时，应采用图例对每个图标加以说明，显示应至少采用中文标注和中文界面。当有火灾报警信号、监管报警信号、反馈信号、屏蔽信号、故障信号输入时，消防控制室应有相应状态的专用总指示，显示相应部位对应总平面布局图中的建筑位置、建筑平面图，在建筑平面图上指示相应部位的物理位置、记录时间和部位等信息。火灾报警信号专用总指示不受消防控制室任一设备复位操作以外的任何操作的影响。消防控制室在火灾报警信号、反馈信号输入 10s 内显示相应状态信息，其他信号输入 100s 内显示相应状态信息。

（1）火灾探测报警系统

消防控制室应能显示监视区域内火灾报警控制器、火灾探测器、火灾显示盘、手动火灾报警按钮的工作状态，包括火灾报警状态、屏蔽状态、故障状态及正常监视状态等相关信息。

消防控制室应能显示消防水箱（池）液位、管网压力等监管报警信息。消防控制室应能接收监视区域内的可燃气体探测报警系统、电气火灾监控系统的报警信号并显示相关信息。消防控制室应能控制火灾声和／或光警报器的工作状态。

（2）消防联动控制系统

消防控制室应能显示监视区域内消防联动控制器、模块、消防电气控制装置、消防电动装置等消防设备的工作状态，包括上述设备的正常工作状态、联动控制状态、屏蔽状态、故障状态，也包括消防电动装置控制的消防电动阀、电动防火门窗等受控设备的正常工作状态和动作状态。

消防控制室应能显示并查询监视区域内消防电话、电梯、传输设备、消防应急广播系统、自动喷水灭火系统、消火栓给水系统、气体灭火系统、泡沫和干粉灭火系统、防烟排烟系统、防火门及卷帘系统、消防应急照明系统等消防设备或系统以及各类受控现场设备的联动控制状态和报警、联动信息。

消防控制室应能控制监视区域内气体灭火控制器、消防电气控制装置、消防设备应急电源、消防应急广播设备、消防电话、传输设备、消防电动装置等消防设备的控制输出，并显示反馈信号。

消防控制室应能控制监视区域内消防电气控制装置、消防电动装置所控制的电气设备、电动门窗等，并显示反馈信号。

① 自动喷水灭火系统。消防控制室应能显示喷淋泵电源的工作状态。消防控制室应能显示系统的喷淋泵的启、停状态和故障状态，显示水流指示器、信号阀、报警阀、压力开关等设备的正常工作状态、动作状态和管网压力报警等信息。消防控制室应能自动和手动控制喷淋泵的启、停，并能接收和显示喷淋泵的反馈信号。

② 消火栓给水系统。消防控制室应能显示消防水泵电源的工作状态。

消防控制室应能显示系统的消防水泵的启、停状态和故障状态，并能显示消火栓按钮的工作状态、物理位置和管网压力报警等信息。消防控制室应能自动和手动控制消防水泵的启、停，并能接收和显示消防水泵的反馈信号。

③ 气体灭火系统。消防控制室应能显示系统的手动、自动工作状态及故障状态。

消防控制室应能显示系统的阀驱动装置的正常状态和动作状态，并能显示防护区域中的防火门窗、防火阀、通风空调等设备的正常工作状态和动作状态。消防控制室应能自动和手动控制系统的启动和停止，并显示延时状态信号、压力反馈信号和停止信号，显示喷洒各阶段的动作状态。

④ 泡沫灭火系统。消防控制室应能显示消防水泵、泡沫液泵电源的工作状态。

消防控制室应能显示系统的手动、自动工作状态及故障状态。消防控制室应能显示消防水泵、泡沫液泵、管网电磁阀的正常工作状态和动作状态。消防控制室应能自动和手动控制消防水泵、泡沫液泵的启动和停止，并接收和显示动作反馈信号。

⑤ 干粉灭火系统。消防控制室应能显示系统的手动、自动工作状态及故障状态。

消防控制室应能显示系统的阀驱动装置的正常状态和动作状态，并能显示防护区域中的防火门窗、防火阀、通风空调等设备的正常工作状态和动作状态。消防控制室应能自动和手动控制系统的启动和停止，并显示延时状态信号、压力反馈信号和停止信号，显示喷洒各阶段的动作状态。

⑥ 防烟排烟系统。消防控制室应能显示防烟排烟风机、电动防火阀、电动排烟阀的电源工作状态和故障状态。

消防控制室应能显示系统的工作状态及系统内的防烟排烟风机、电动防火阀、电动排烟阀的动作状态。消防控制室应能控制系统的启、停及系统内的防排烟风机、电动防火阀、电动排烟阀的开、关，并显示其反馈信号。消防控制室应能停止相关部位正常通风的空调，并接收和显示通风系统内防火阀的反馈信号。

⑦ 防火门及防火卷帘系统。消防控制室应能显示防火卷帘控制器、防火门监控器的工作状态和故障状态。

消防控制室应能显示防火卷帘、楼梯间和疏散通道上的防火门正常工作状态和动作状态。消防控制室应能关闭防火卷帘和常开防火门，并能接收和显示其反馈信号。消防控制室应能显示防火卷帘、楼梯间和疏散通道上防火门的故障状态。

⑧ 电梯。消防控制室应能控制所有电梯全部停于首层，并能接收和显示其反馈信号。

⑨ 传输设备。消防控制室应能显示传输设备的工作状态和故障状态。

⑩ 消防电话。消防控制室应能接收和呼叫被监控的消防电话分机，并能通话；能显示其他消防电话分机的通话状态及消防电话总机的通话状态。消防控制室应能接收消防电话插孔的呼叫，并能通话。

⑪ 消防应急广播系统。消防控制室应能显示处于应急广播状态的广播分区、预设广播信息。消防控制室应能分别通过手动和按照预设控制逻辑自动控制选择广播分区、启动或停止应急广播，并在传声器进行应急广播时自动对广播内容进行录音。

⑫ 消防应急照明系统。消防控制室应能显示消防应急照明系统的主电工作状态和应急工作状态。消防控制室应能分别通过手动和自动控制集中电源型消防应急照明系统及集中控制型消防应急照明系统从主电工作状态切换到应急工作状态。

三、消防控制室在灭火救援实战中的应用

消防控制室在灭火救援实战中具有十分重要的作用，因此，在灭火救援实战中必须充分利用消防控制室内的设备，为灭火救援工作创造条件。

1. 进行火情侦察

（1）利用火灾自动报警系统侦察火情：火灾自动报警系统的火灾报警控制器安装在消防控制室内，消防援救人员进入消防控制室，通过查看火灾报警控制器上的报警信号，结合消防控制室内图形显示装置，查看火灾首报时间、位置及后续报警的时间和位置，并且与消防控制室值班人员交流后，判断、确定发生火灾的区域及火灾发展蔓延的方向。

（2）利用自动喷水灭火系统侦察火情：自动喷水灭火系统中的水流指示器安装在每个防火分区中或者高层建筑的每个楼层中，可以通过消防控制室内水流指示器的报警情况，确定火灾发生的防火分区或所在楼层。

2. 利用联动控制器辅助灭火行动

（1）自动启动联动设备。消防援救人员在消防控制室值班人员的协助下，查看有

关自动启动的联动设备是否处于自动状态，如果没有处在自动状态，立即责令消防控制室值班人员将控制按钮调至自动状态。

（2）手动启动联动设备。当需要启动火灾蔓延方向防火分区的防火分隔设施时，消防援救人员责令消防控制室值班人员启动相应的消防设备、设施，阻止火势蔓延。

（3）手动启动有关设备时，消防援救人员要在消防控制室值班人员的协助下，查找设备启动的反馈信号，无论反馈信号是"故障"还是"正常"，均应立即向火场指挥员报告，以便火场指挥员调整火灾现场灭火力量的部署。

（4）利用消防总、分机电话进行火场通信

① 总机呼叫分机。在消防控制室值班人员的协助下，拨通有关分机电话，与相对应的分机（如消防水泵房、防烟排烟机房等）进行通话。

② 分机呼叫总机。在设有分机的场所（如消防水泵房、防烟排烟机房等），直接将挂在墙上的分机拿在手上，即可接通设置在消防控制室内的总机电话（无须拨号）通话。

（5）利用火灾事故广播疏散人员和安抚被困人员的情绪

消防援救人员在消防控制室值班人员的协助下，通过火灾事故广播系统引导人员疏散，安抚被困人员的情绪。火场指挥员也可以通过火灾事故广播系统指挥建筑物内的消防救援人员开展救援活动。

【注意】郑重强调！消防救援人员无论是进入消防控制室，还是进入配电室、消防水泵房、防烟排烟机房等部位后，一定要在消防控制室值班人员（在消防控制室内）和单位工作人员或技术人员（在消防水泵房等设备房间内）的协助下操作有关设备，原则是"消防救援人员发出指令，单位工作人员或技术人员执行指令进行操作，然后消防救援人员再确认操作是否到位"。在此过程中，消防救援人员应加强与现场值班人员（或工作人员）的交流、沟通。消防救援人员切不可亲自动手操作设备，原因是：辖区内的各类消防设备的生产厂家不同，有些虽然是同一厂家生产的设备，也因为设备型号的不同而操作方法也不同。如果不了解设备的操作方法，往往会造成设备故障或消防救援人员伤亡事故。记住：消防救援人员不是超人，不是万能的。

第二节　火灾自动报警系统在灭火实战中的应用

一、火灾自动报警系统的组成和工作原理

1. 火灾自动报警系统的组成

火灾自动报警系统是依据被动防火对策，以被监测的各类建筑物或其他场所为警戒对象，通过自动化手段实现火灾早期探测、发出火灾报警信号、启动疏散设施、发

出各类消防设备联动控制信号并完成各项消防功能的系统，一般由火灾报警控制器、联动控制器或火灾报警控制器及消防联动控制器的组合，即火灾报警控制器（联动型）、手动火灾报警按钮、火灾探测器、火灾警报装置、用于采集其他关联设备工作状态的信号输入模块、用于控制启动或关闭其他关联设备的控制模块、各类自动消防设施的控制装置以及具有其他辅助功能的装置组成，如图 9.2-1 所示。其中，火灾探测器分为感烟火灾探测器、感温火灾探测器及火焰探测器等。

　　家用火灾安全系统是适合于住宅类建筑中设置的火灾自动报警系统，主要由家用火灾报警控制器、家用火灾探测器、手动报警开关组成，其可以分为三种形式，包括有集中监控功能的家用火灾安全系统、没有集中监控功能的家用火灾安全系统和独立式感烟火灾探测器组成的系统。

　　可燃气体探测报警系统及电气火灾监控报警系统是火灾自动报警系统中具有特殊探测与报警功能的子系统。可燃气体探测报警系统由可燃气体探测器和可燃气体报警控制器组成。电气火灾监控报警系统由电气火灾监控设备和电气火灾监控探测器组成。这两个子系统的报警信息分别通过可燃气体控制器和电气火灾监控设备与火灾报警系统相连接，实现集中报警和集中管理的功能。

　　火灾自动报警系统的组成如图 9.2-1 所示。

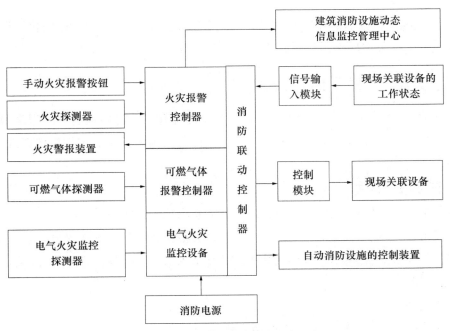

图 9.2-1　火灾自动报警系统的组成

2. 火灾自动报警系统的工作原理

火灾自动报警系统中，安装在现场的火灾探测器监测保护区域内火灾特征参数的变化情况，一旦探测到火灾事故的发生，火灾探测器将火灾报警信息传输给火灾报警控制器，同时也可以在人工确认火灾事故发生时，按下现场的手动火灾报警按钮将火灾报警信息传输给火灾报警控制器。火灾报警控制器接收到现场的火灾报警信息后，发出火灾报警信号，启动相应的火灾警报并将火灾报警信息传给消防联动控制器，消防联动控制器再发出各类联动控制信号，启动相应疏散设施和各类灭火设施。

二、火灾探测器的分类

根据工作原理，火灾探测器可以分为感烟火灾探测器、感温火灾探测器、火焰探测器、可燃气体探测器和电气火灾监控探测器等。

1. 感烟火灾探测器。对火灾烟参数响应的火灾探测器，包括点型光电感烟火灾探测器、点型离子感烟火灾探测器、红外光束感烟火灾探测器、吸气式感烟火灾探测器。

2. 感温火灾探测器。对火灾温参数响应的火灾探测器，包括点型感温火灾探测器、线型感温火灾探测器（缆式线型感温火灾探测器和光纤线型感温火灾探测器）。

3. 火焰探测器。对火灾光参数响应的火灾探测器包括点型红外火灾探测器和点型紫外火灾探测器。

4. 可燃气体探测器。对可燃气体响应的火灾探测器，包括点型可燃气体探测器和线型可燃气体探测器。

5. 电气火灾监控探测器。对电气火灾剩余电流或温参数响应的火灾探测器，包括剩余电流式电气火灾探测器和测温式电气火灾探测器。

三、火灾自动报警系统的形式

根据建筑物的使用性质、火灾危险性、人员疏散和火灾扑救的难易程度等因素，综合考虑将火灾自动报警系统形式分为三种，即区域报警系统、集中报警系统和控制中心报警系统。

1. 区域报警系统

该系统适用于仅需要报警，不需要联动自动消防设备的保护对象。

区域报警系统，应由火灾探测器、手动火灾报警按钮、火灾声光警报器及火灾报警控制器等组成，系统中可包括消防控制室图形显示装置和指示楼层的区域显示器，如图 9.2-2 所示。

2. 集中报警系统

该系统适用于具有联动要求的保护对象。

集中报警系统，应由火灾探测器、手动火灾报警按钮、火灾声光警报器、消防应急广播、消防专用电话、消防控制室图形显示装置、火灾报警控制器、消防联动控制器等组成。

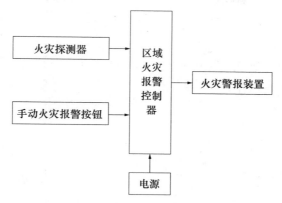

图 9.2-2　区域报警系统

系统中的火灾报警控制器、消防联动控制器和消防控制室图形显示装置、消防应急广播的控制装置、消防专用电话总机等具有集中控制作用的消防设备，应设置在消防控制室内，如图 9.2-3 所示。

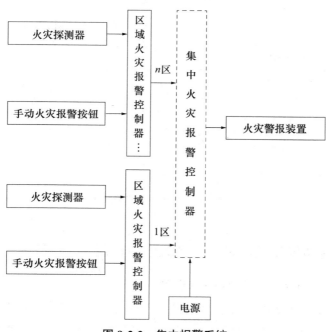

图 9.2-3　集中报警系统

3. 控制中心报警系统

该系统一般适用于建筑群或体量很大的保护对象，这些保护对象中可能设置几个消防控制室，也可能由于分期建设而采用不同企业的产品或同一企业不同型号的产品，或由于系统容量限制而设置多个起集中作用的火灾报警控制器等情况。这些情况下均应选择控制中心报警系统。

控制中心报警系统中，当有 2 个及以上的消防控制室时，应确定 1 个主消防控制室。

主消防控制室应能显示所有火灾报警信号和联动控制状态信号，并应能控制重要的消防设备，各分消防控制室内消防设备之间可互相传输、显示状态信息，但不应互相控制，如图 9.2-4 所示。

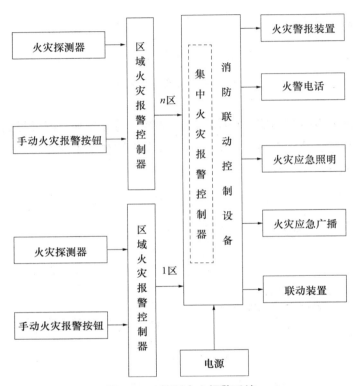

图 9.2-4　控制中心报警系统

四、火灾自动报警系统在灭火实战中的应用

1. 区域报警系统在灭火实战中的应用

区域报警系统的火灾报警控制器一般设在有人值班的场所（一般不设单独的消防控制室），消防救援人员要向发生火灾的单位工作人员了解火灾报警控制器安装的具体位置。只要找到火灾报警控制器的位置，就可以侦察火灾区域及火势发展蔓延的方向。

有的区域报警系统设有消防控制室，此种情况下，只要消防救援人员找到消防控制室，就可以利用火灾报警控制器侦察火情。

2. 集中火灾报警系统和控制中心报警系统在灭火实战中的应用

这两种系统均设有消防控制室，消防救援人员可以直接进入消防控制室，在消防控制室值班人员的协助下，通过火灾报警控制器上的报警信息，以及向消防控制室值班人员了解情况、侦查火情，了解火灾区域和火势发展蔓延的方向，及时向火场指挥员报告，以便火场指挥员安排部署兵力、确定控制火势和消灭火灾的战术。

第三节　消防控制室及火灾自动报警系统的日常检查和灭火救援准备

一、消防控制室及火灾自动报警系统的日常检查

1. 查看消防控制室设置位置是否符合要求，经过验收合格的消防控制室是否位置改变。

2. 消防控制室的疏散出口是否符合要求。

3. 消防控制室的值班人员数量是否符合要求，值班人员是否持有"消防行业特有工种职业技能鉴定证书"，证书的级别是否与国家规定相匹配。

4. 抽查《消防控制室值班记录表》填写是否规范。

5. 查看消防联动控制设备（自动喷水灭火系统、防烟排烟系统、联动控制的防火卷帘等防火分隔设施）是否在自动控制状态。

6. 抽查消防应急广播是否好用，消防控制室是否设有用于火灾报警的外线电话。

7. 提问消防控制室值班人员掌握有关技能的情况：

（1）火灾自动报警系统显示"火警"情况的处理。

（2）消防应急广播的操作和使用。

（3）平时设置在手动状态的控制设备，火灾时应如何操作。

（4）利用外线电话模拟向"119"消防指挥中心报警等。

8. 抽查火灾自动报警系统地址编号与火灾探测器实际位置的关系图等。

9. 查看消防技术服务机构出具的消防设施维护保养报告书。

二、灭火救援准备中应注意的问题

1. 做好调研

（1）建筑物中消防控制室的具体位置。

（2）建筑物采用火灾自动报警系统的形式，是区域报警系统、集中报警系统还是控制中心报警系统。

（3）火灾自动报警系统中的地址编码与火灾探测器实际位置的关系，也就是说地址编码与火灾探测器物理位置的对应要准确。

（4）消防控制室内能够控制有关设备（如消火栓给水系统消防水泵、自动喷水灭火系统消防水泵、消防送风机和排烟风机等）的情况。

2. 建立档案

（1）通过平面图显示消防控制室在建筑物的具体位置以及从室外进入消防控制室的路线。

（2）火灾探测器的分布、火灾探测器地址编码与火灾探测器实际位置的对应平面图。

（3）消防控制室能够直接启动的有关消防设备等。

第十章

消防安全重点单位灭火救援信息与灭火救援预案

一、消防安全重点单位

原公安部《机关、团体、企业、事业单位消防安全管理规定》(公安部令第61号)第13条规定,下列范围的单位是消防安全重点单位,应当按照本规定的要求,实行严格管理:

1. 商场(市场)、宾馆(饭店)、体育场(馆)、会堂、公共娱乐场所等公众聚集场所(以下统称公众聚集场所)。

2. 医院、养老院和寄宿制的学校、托儿所、幼儿园。

3. 国家机关。

4. 广播电台、电视台和邮政、通信枢纽。

5. 客运车站、码头、民用机场。

6. 公共图书馆、展览馆、博物馆、档案馆以及具有火灾危险性的文物保护单位。

7. 发电厂(站)和电网经营企业。

8. 易燃易爆化学物品的生产、充装、储存、供应、销售单位。

9. 服装、制鞋等劳动密集型生产、加工企业。

10. 重要的科研单位。

11. 其他发生火灾可能性较大以及一旦发生火灾可能造成重大人身伤亡或者财产损失的单位。

高层办公楼(写字楼)、高层公寓楼等高层公共建筑,城市地下铁道、地下观光隧道等地下公共建筑和城市重要的交通隧道,粮、棉、木材、百货等物资集中的大型仓库和堆场,国家和省级等重点工程的施工现场,应当按照本规定对消防安全重点单位的要求,实行严格管理。

二、火灾高危单位

2012年2月6日发布的《国务院关于加强和改进消防工作的意见》(国发〔2011〕

46 号）第六条规定火灾高危单位：严格火灾高危单位消防安全管理。对容易造成群死群伤火灾的人员密集场所、易燃易爆单位和高层、地下公共建筑等高危单位，要实施更加严格的消防安全监管，督促其按要求配备急救和防护用品，落实人防、物防、技防措施，提高自防自救能力。根据权威部门的解释，火灾高危单位是消防安全重点单位中的"消防安全重点单位"。

为了方便表达，以下均称为消防安全重点单位。

第一节　消防安全重点单位灭火救援信息

一、建立消防安全重点单位灭火救援信息的意义

1. 提高灭火作战指挥效能的需要

《孙子兵法·谋攻篇》中"知己知彼，百战不殆"。军队作战除最大限度地获取敌方人员、装备等信息外，作为指挥员更要研究作战区域的地形、地貌及敌方的军事部署，然后再运用合理的战术进行排兵布阵。上述的地形、地貌等要素通常由"军事地图"来提供。

作为消防救援队伍，我们需要自己的"军事地图"，这就是灭火作战的对象——建（构）筑物的基本信息和灭火设施的有关信息等，只有掌握作战对象的有关信息，消防救援队伍才能合理部署兵力控制火灾、合理运用灭火战术消灭火灾。消防救援队伍的作战与军队作战的最大不同点是，消防救援队伍的作战对象是相对固定的、是有针对性的。因此，必须建立消防安全重点单位灭火救援信息。

2. 正确运用灭火救援战术、战法的需要

在灭火作战准备中建立的消防安全重点单位信息数据库，在发生火灾时，火场指挥员就会利用数据库提供的有关信息，分别采取不同的战术、战法，有针对性地进行设防、进攻、消灭火灾。例如，高层建筑火场供水，要区分向高区、中区、低区消火栓给水系统供水的消防水泵接合器；在设有防火分区的城市综合体建筑和其他建（构）筑物中，以防火分区为依托进行设防，防止火灾蔓延等。

3. 建设"智慧消防"的需要

"智慧消防"涉及的面比较广泛，这里所说的"智慧消防"是依托消防安全重点单位的信息，运用大数据、AI 技术、边缘计算和灭火战术战法，研发灭火救援辅助决策系统，为火场指挥员提供针对性强、措施具体的战术和战法。当然，经过系统研发还可以为消防监督、建筑消防设施维护保养等提供服务。

4. 熟悉灭火作战对象的需要

利用消防安全重点单位的信息，经过系统开发可以建成三维建（构）筑物模型，利用建（构）筑物的信息和固定消防设施的信息，形成具体、直观的建（构）筑物模型，通过计算机熟悉灭火作战对象，减少消防救援队伍到消防安全重点单位进行灭火实战演练的频次，不但可以减少消防救援队伍人力物力的消耗，而且最大限度地减少对实战演练单位（消防安全重点单位）的影响。

5. 计算机推演的需要

通过假设的火灾现场，进行现场救人、进攻灭火、防火分区设防、火场供水、火场警戒、灭火剂以及装备投入计算等，进一步提高指挥员的指挥水平和战斗员的战术水平以及后勤保障能力。

二、消防安全重点单位灭火救援信息采集的内容和深度

消防安全重点单位信息采集的内容，应紧紧围绕实战的需要分类确定，应分为建筑类（包括高层建筑和地下建筑）、可燃气体类、可燃液体类、露天货场类、交通工具类（包括地铁、高铁、普通货运列车、轮船等）、城市综合体类等。

现以"高层建筑"为例介绍消防安全重点单位信息应采集的内容和深度。

1. 单位基本情况

用表格、文字表述。单位名称；单位地址（××路××号）；消防控制室值班电话；单位消防安全责任人、单位消防安全管理人及电话；单位消防管理部门负责人及电话；建筑消防设施维护保养人员及电话等。每幢建筑的情况：建筑结构、层数、高度、面积、耐火等级及各层的使用性质等。

2. 单位详细情况（建筑情况）

（1）用平面图（加以文字）表述

① 总平面图。建筑物的位置（与辖区消防救援站的相对位置）；本建筑物与周围建（构）筑物之间的关系（要标有尺寸）和防火间距；消防车通道情况；消防救援登高面情况；高层主体与裙房的关系；消防救援场地情况；室外消火栓情况；消防水池取水口情况；消防水泵接合器情况（标注向高区、中区、低区消火栓给水系统供水和向高区、中区、低区自动喷水灭火系统供水的消防水泵接合器；消防水泵接合器的额定压力等）；地面能否承重情况（防止消防车将地下管线及管井压坏影响的承重）；空中是否有影响登高消防车操作的障碍物等；市政消防设施情况等。

② 各层平面图。除标准层平面图外的各层平面图要显示：各楼梯的位置及楼梯的构造；走道的布置；电梯的布置；消防电梯的布置；防火门的位置；电缆井的位置；管道井的位置以及其他竖井的位置；防火分区的划分情况（要注意防火门、防火卷帘、防火窗等的位置）；特别要注意防火卷帘、防火玻璃是否设有自动喷水灭火系统保护的

情况）；首层由室外进入室内各出入口的情况。注明标准层平面图涉及的起始和终点楼层；防火分区的划分情况。

③ 重点房间的平面图及具体位置图：消防控制室；消防水泵房；配电室；高位水箱间；消防电梯机房；设备层；屋顶直升飞机停机坪；避难层（间）等。

（2）建筑立面图

建筑外墙窗上、下层开口之间的间距及结构显示，并标注间距；建筑幕墙的设置情况；消防救援窗口的位置情况。

3. 建筑消防设施情况

（1）平面图

在各层建筑平面图上标注室内消火栓的位置；自动喷水灭火系统水流指示器的位置；防烟、排烟风机、送风口、排烟口的位置；火灾自动报警系统中火灾探测器的位置等。

（2）系统图

高区、中区、低区消火栓给水系统图。系统图应显示消火栓给水系统管网管径、管网布置、管网上的各种闸阀的具体位置；高区、中区、低区之间的关系；消防水泵接合器的数量。

高区、中区、低区自动喷水灭火系统图。系统图应显示报警阀、各层（各防火分区）水流指示器的位置；系统中各闸阀的位置等；高区、中区、低区之间的关系；消防水泵接合器的数量。

防烟、排烟系统图。送风机、送风口的位置；排烟风机、排烟口的位置；排烟管道的布置。

4. 其他

其他涉及灭火救援的各要素。消防安全重点单位信息包含的内容较多，建议有关部门制定行业标准、团体标准或国家标准，规范消防安全重点单位信息采集的内容和深度。在有关标准出台前亦可出台规范性文件加以规范，以方便业界应用。

三、消防安全重点单位灭火救援信息采集的基本思路

1. 政府统一主导

《中华人民共和国消防法》要求消防工作由政府统一领导。城市人民政府要建立消防安全重点单位信息采集长效机制，由政府立法，明确消防安全重点单位信息的采集方法、采集主体、资金保障、信息保密、信息应用等规定，为灭火救援数据库建设奠定基础。各级消防救援队伍的领导要积极推动，特别是资金保障，必须由政府统一保障。

2. 专业人员实施

消防安全重点单位信息采集，必须由专业人员实施，实行资质管理。消防安全重

点单位信息采集不但要对已经形成的建（构）筑物实施，也要对符合消防安全重点单位标准的新建工程进行信息采集。由于信息采集技术含量较高、保密要求较强。因此，必须实行资质管理，由专业人员来做专业的工作，不能有丝毫的误差。战国末期韩非的《韩非子·喻老》："千丈之堤，以蝼蚁之穴溃；百尺之室，以突隙之烟焚"。

3. 强化信息核实

专业机构将采集的信息形成成果后交由消防救援部门，消防救援部门在开展消防安全重点单位熟悉时，核实相关情况，确保信息的正确性。

4. 及时更新信息

消防救援部门与消防安全重点单位、信息采集机构要建立信息更新维护机制，使数据库的信息保持鲜活，确保信息的正确无误。

5. 信息的应用

（1）消防救援部门对消防安全重点单位熟悉。

（2）发生火灾时，火场指挥员实施灭火救援组织指挥的依据。

第二节　深化灭火救援预案编制

灭火救援预案是灭火救援中实行计划指挥的重要依据。制订灭火救援预案，是消防救援队伍中一项十分重要的业务工作，是灭火准备的重要内容。它是针对重点地区和消防重点保卫单位或部位可能发生的火灾，根据灭火战斗的指导思想、战术原则以及建筑构造、建筑消防设施和消防救援队伍配备的器材装备而拟定的灭火战斗行动预案，是灭火指挥员下达作战命令的主要依据。

通过制订灭火救援预案，有助于消防救援人员掌握责任区消防保卫对象的情况，预测火灾发生的规律和特点，提高战术、技术水平和快速反应能力。一旦发生火灾，火场指挥员可以按照计划实施组织指挥，从而赢得战机，夺取灭火战斗的主动权。

通过制订灭火救援预案，依据灭火救援预案进行实地演练，可以促进平战结合、训练与实战相结合，有助于增强"练为战"的思想。

通过制订灭火救援预案，可以促使消防救援人员学习和掌握一定的防火知识。在调查研究过程中，按照消防法律法规对火险隐患提出整改意见，既做到火灾的预防工作，一旦发生火灾，又为开展灭火行动做好必要的准备，有助于全面贯彻"预防为主，防消结合"的消防工作方针。

通过制订灭火救援预案，可以使灭火指挥员由经验型向科学型转变，为实现灭火指挥现代化创造必要的条件。

一、当前灭火救援预案存在的短板

1. 灭火作战对象的确定不全面

不可否认，当前灭火救援预案将消防安全重点单位的消防重点部位确定为灭火救援预案的灭火部位是非常正确的，但是随着国家经济建设的快速发展，高层建筑和超高层建筑迅速崛起。将高层建筑或超高层建筑的灭火救援最不利点（最高层的位置）作为灭火救援预案的目标刻不容缓，其原因涉及登高灭火（使用消防电梯和保证消防电梯在灭火救援过程中正常运行以及消防援救人员被困消防电梯的自救、外部救援等）、利用建筑固定消防设施（消火栓给水系统、自动喷水灭火系统等）保障灭火剂供应、直升飞机停机坪、避难层的应用等。

2. 灭火作战力量的调度不精准

目前，灭火作战力量的调度一般是估算，没有科学依据。实际上，扑救建筑火灾的第一出动力量是可以通过计算精确派出作战力量的（下文介绍）。

3. 灭火战术措施的应用不具体

仍然以高层建筑火灾扑救为例，"依托防火、防烟分区设置水枪阵地，合理组织实施梯次进攻"，按照"先控制、后消灭"的作战原则和"果断灵活地运用堵截、突破、夹攻……等战术方法，科学有序地开展火灾扑救行动"是国家有关部门的要求。"先控制"就是将火势控制在防火分区内，而不是控制在防烟分区内，在此基础上实施"后消灭"。"先控制，后消灭"是基本要求，"堵截、突破、夹攻等"是手段。"堵截"的目的是实现"先控制"，"突破、夹攻等"是"后消灭"的具体措施。

4. 灭火剂保障手段不完备

国家有关部门要求"优先利用室内消火栓给水系统出水灭火"，这个问题应该认真进行商榷。根据国家有关消防技术标准的规定，建筑物中安装的自动喷水灭火系统的作用面积一般为 $160\sim280m^2$，并且按照连续供水时间为 1h 进行设计。也就是说，对于安装自动喷水灭火系统的建筑物发生火灾，消防救援队伍到达火灾现场的时间在 1h 之内时，当自动喷水灭火系统中的管网正常运行而消防水泵不能供水的情况下，优先使用自动喷水灭火系统扑灭火灾是有科学依据的。因此，当被保护区域同时安装室内消火栓给水系统和自动喷水灭火系统时，两个系统的供水管网均正常工作时，利用消防车通过消防水泵接合器，应首选采用自动喷水灭火系统供水灭火。根据调查，由于部分消防救援人员对建筑消防设施的调查研究不深入，在编制灭火救援预案时，一般没有考虑采用室内消火栓给水系统和自动喷水灭火系统向火场供应灭火剂。在实战中，自然而然地也就没有考虑利用固定消防设施向火场供应灭火剂。

5. 消防登高的方式不合理

根据某省会城市消防救援支队支队长介绍一例总层数为 21 层，在第 15 层发生火灾的住宅建筑火灾扑救时，说"消防援救人员即深入建筑物内部，沿楼梯到达着火层上层楼搜索被困人员，同时，部署沿楼梯敷设水带至着火层下层"。通过这段话可以看出，消防救援人员是沿楼梯从首层到达着火层上层的，同时是沿楼梯敷设消防水带的，没有使用消防电梯。为什么没有使用消防电梯呢？是没有使用消防电梯登高的意识，还是消防电梯不能运行？没有介绍。为什么是沿楼梯敷设消防水带呢？为什么不采用消防水泵接合器通过室内消火栓给水系统管网供水？也没有介绍。根据调查，有些基层消防救援站的人员对消防电梯的认识和了解还是比较欠缺的。

二、改进灭火救援预案编制的基本思路

仍然以高层建筑为例，针对高层建筑和超高层建筑的实际情况，灭火救援预案内容应作相应的增加。

1. 作战对象要选择高层建筑（或超高层建筑）的最高层（即最不利点）或接近最高的楼层作为灭火救援目标进行灭火作战。

2. 灭火作战力量的计算。灭火作战力量的计算宜按照自动喷水灭火系统和室内消火栓给水系统的供水流量计算。自动喷水灭火系统的供水流量按照现行国家标准《自动喷水灭火系统设计规范》GB 50084 的规定进行计算，然后以作用面积、喷水强度等技术数据为依据进行复核，确定第一出动水罐消防车的数量，在此基础上根据高层建筑的实际情况，调派登高消防车、高层供水消防车等车辆装备。以某建筑高度 100.8m（地上 36 层）、每层高度 2.8m 的旅馆建筑为例，该旅馆的危险等级为中危险级 I 级，根据规定其喷水强度为 $6L/min \cdot m^2$，作用面积为 $160m^2$，通过水力计算该旅馆的供水流量为 27L/s（可以通过固定消防水泵的额定流量查到）。然后根据作用面积、喷水强度计算出该旅馆自动喷水灭火系统的供水量不得小于 16L/s（$6 \times 160/60 = 16$），进行复核，27L/s ＞ 16L/s，符合国家标准的要求。同时室内消火栓给水系统的供水量，应按照以下内容计算。现行国家标准《建筑设计防火规范》GB 50016 规定，建筑高度大于 50m 的公共建筑为一类高层民用建筑，现行国家标准《消防给水及消火栓系统技术规范》GB 50974 规定，高层一类公共建筑当建筑高度大于 50m 时，其室内消火栓供水流量不得小于 40L/s（同时使用水枪的支数为 8 支）。因此，第一出动水罐消防车的供水量应为 40 ＋ 27 ＝ 67L/s（自动喷水灭火系统与室内消火栓给水系统的供水流量之和）。按照每个消防水泵接合器由一辆水罐消防车供水计算，其水罐消防车的数量应为 5.15 辆，67÷13 ＝ 5.15（67 为总供水流量，13 为每个消防水泵接合器的供水流量），即 6 辆水罐消防车。

上述计算的依据为，室内向消火栓给水系统和自动喷水灭火系统供水的消防水泵失去作用，而室内消火栓给水系统和自动喷水系统管网完整好用情况下的消防供水流量。同理，当抛弃使用自动喷水灭火系统和室内消火栓给水系统（也就是说，这两个

系统的室内管网均损坏不能使用）时，只能通过消防车连接消防水带（注意供水方式）向火场供水时的供水流量也是 67L/s。

3. 以防火分区为依托布置灭火救援力量。高层建筑的高层主体（指没有设置裙房的部分），基本上是以竖向划分防火分区的，这样划分防火分区是依据国家消防技术标准，当耐火等级为一、二级耐火等级时，高层民用建筑防火分区最大允许建筑面积为 $1500m^2$，并且规定当建筑物内设置自动喷水灭火系统时，其面积可以扩大一倍，即 $3000m^2$。一般来说，高层主体都不会超过 $3000m^2$，所以一般不可能划分为水平防火分区，但是必须按照要求划分竖向防火分区。划分竖向防火分区主要考虑是否有中庭、管道井和电缆井等竖井是否严格进行封堵、玻璃幕墙的情况、窗槛墙等的高度等。一句话概括：高层建筑依托防火分区设防，即通过对上述涉及的因素派出消防救援人员重点在着火层的上一层设防，同时也要在着火层的下一层设防，目的是"先控制"。

4. 以固定消防设施（主要是自动喷水灭火系统和室内消火栓给水系统）为主要途径向火场供应灭火剂（水或压缩空气泡沫）。只要建筑物内的自动喷水灭火系统和室内消火栓给水系统管网正常使用，消防救援人员就可以利用消防车通过消防水泵结合器向火场供水灭火。对于室内消火栓给水系统，当消防水泵结合器损坏后，消防救援人员也可以使用消防车通过首层室内消火栓向室内消火栓给水系统供水灭火，但是必须将首层室内消火栓中的减压孔板（或减压稳压装置）拆除，这样的供水方式与直接敷设水带（垂直或沿楼梯）的供水方式相比，可以达到事半功倍的效果，不但供水速度快，而且安全可靠。

5. 充分利用消防电梯、避难层、直升飞机停机坪等消防设施。消防电梯是专门提供给消防救援人员方便登高灭火和运送灭火器材、装备的交通工具。在灭火实战中应用消防电梯，不但可以节省消防救援人员的体力，而且还为快速到达火场提供了方便。

消防救援人员引导有关人员进入避难层（间），可以减少人员伤亡，并且可以等待救援。

直升飞机停机坪，不但方便直升飞机运送消防救援人员到达着火建筑，而且利用直升飞机运送被困人员安全疏散，是一种保障人员生命安全的被证明了的方式。

在编制灭火救援方案和灭火实战时，高层或超高层建筑利用消防电梯、避难层、直升飞机停机坪等消防设施，一定要引起高度重视。

三、充分运用灭火救援预案进行应急演练

一份切实可行的灭火救援预案需要通过应急演练进行检验。原国务院应急管理办公室印发的《突发事件应急演练指南》规定"按组织形式划分，应急演练可分为桌面演练和实战演练"。

1. 灭火救援桌面演练

（1）桌面演练的定义

桌面演练是指参战人员利用地图、沙盘、流程图、计算机模拟、视频会议等辅助手段，依据应急预案对事先假定的演练情景进行交互式讨论和推演应急决策及现场处置的过程，从而促进相关人员掌握应急预案中规定的职责和程序，提高指挥决策和协同配合能力。

（2）桌面演练的目的

桌面演练的目的包括：

① 检验预案。通过开展应急演练，查找应急预案中存在的问题，进而完善应急预案，提高应急预案的可操作性。

② 完善准备。通过开展应急演练检查对应突发事件所需队伍、物资、装备、技术等方面的准备情况，发现不足及时予以调整补充，做好应急准备工作。

③ 锻炼队伍。通过开展应急演练，增强演练组织单位、参与单位和人员等对应急预案的熟悉程度，提高其应急处置能力。

④ 磨合机制。通过开展应急演练，进一步明确相关人员的职责任务，理顺工作关系，提高素质。通过开展演练，加强对建筑构造、建筑消防设施、消防技术装备的认识和熟悉，提高指挥员和战斗员的业务素质。

（3）桌面演练的方式

主要是在室内进行，采取设置情景、问答和相关人员根据情景对话等方式进行。

（4）桌面演练优点

方便组织。桌面演练与实战演练相比，具有组织方便的优点，它不需要动用车辆装备，只需在室内进行即可。

① 不影响生产生活秩序。由于在室内进行、不动用车辆装备、不到预案单位的现场进行，对生产生活和交通不会造成影响，因此，不但不影响生产、生产秩序，而且还节省资金。

② 分析问题到位。根据灭火救援预案进行推演，参演者没有携带装备行动，心情比较平稳，故提出的问题和考虑的问题都比较缜密，容易发现灭火救援预案中的问题和提出解决问题的方案。

2. 灭火救援实战演练

（1）实战演练

灭火救援实战演练就是根据灭火救援预案，将消防救援队伍和装备以及社会联动单位共同到达预案救援现场进行战斗展开的灭火救援演练。

（2）实战演练的地位和作用

① 对于提高消防救援队伍自身素质、能力的培养和提升起到重要作用。

② 是检验消防救援队伍能否胜任特定环境和特定场景下消防救援任务的方法。

③ 能够发现灭火救援预案中的不足和缺陷。

④ 是检验建筑消防设施和消防救援装备性能的有效手段。

⑤ 是消防救援人员进一步熟悉作战对象和建筑消防设施性能的有效途径。

（3）实战演练的优点

① 演练接近实战，检验预案存在的缺陷。如果说灭火救援预案是纸上谈兵，那么实战演练就是接近真正的灭火救援行动。灭火救援预案是根据有关灭火技术理论、有关科学技术数据和消防装备的性能以及消防救援人员的个人素质等条件，结合灭火作战对象的建筑构造、建筑消防设施运行是否正常等条件编制的灭火救援行动方案。通过实战演练检验预案存在的问题，然后进行修订完善，提高其针对性。

② 参加演练的部门多、人员多，检验指挥员的组织指挥能力。排除社会其他部门人员，仅消防救援人员就数量众多，火情侦察、建筑消防设施应用、火场救人、火场排烟、消防装备与建筑消防设施的匹配、消防救援人员空气呼吸器的保障等，需要科学组织、精心安排，不但检验指挥员的现场组织指挥能力，还能检验现场指挥员的组织协调能力。

③ 物资需求大，装备需求多，检验消防救援队伍消防装备和车辆装备应对辖区火灾事故救援任务的能力。消防装备、消防车辆的数量和性能能否保证辖区内火灾扑救的需要，一是通过灭火救援实战检验，二是通过灭火救援实战演练检验。高层建筑、大型城市综合体、石油化工生产储存企业发生火灾后，需要消防救援人员众多，消防车辆、消防装备的数量和性能也是保证火灾能否及时扑灭的重要因素。通过实战演练，可以发现消防车辆、消防装备能否保障火灾扑救的需要。实战演练是未雨绸缪，而灭火救援实战则是亡羊补牢。

第三节　消防装备器材创新

"工欲善其事，必先利其器"，城市建设的高速发展，对灭火救援工作提出了新的要求，要适应灭火救援的新需求，必须要针对灭火救援对象的特点，研制出火灾扑救需要的消防装备器材，使得灭火救援人员在火灾扑救中产生事半功倍的效果。

一、移动消防泵的动力、体积、供水量及扬程的研究

高层建筑、超高层建筑发生火灾后，对于分区消火栓给水系统和分区自动喷水灭火系统，当其动力源发生故障后，需要移动消防泵通过消防电梯登高进行接力供水，目前一般使用手抬消防机动泵和浮艇泵实现，目前国内手抬消防机动泵的外形尺寸有

两种，分别是 500mm×531mm×654mm（其供水量及扬程分别是 $Q = 5.3L/s$、$H = 0.38MPa$ 和 $Q = 7L/s$、$H = 0.42MPa$ 两种型号）和 580mm×600mm×520mm（$Q = 7.67L/s$、$H = 0.53MPa$）；浮艇泵的外形尺寸为 770mm×770mm×460mm（其供水量及扬程分别是 $Q = 20L/s$、$H = 60m$）。消防电梯轿厢的规格为 1100mm×1400mm（宽度×进深），上述手抬消防机动泵的流量和扬程都不是很理想。虽然浮艇泵的流量与扬程相比手抬消防机动泵的性能较好，但其需要移动消防水槽，这就给快速供水带来影响。

火场需要的移动消防水泵体积要合适，能够通过消防电梯登高，流量和扬程要尽可能满足供水需要。

二、阻止灭火用水进入消防电梯的产品研究

虽然国家相关标准提出要求，在建筑设计时要防止水进入消防电梯。但是根据调查，这个要求基本上没有得到落实。一旦发生火灾，扑救火灾用的消防用水往往会进入消防电梯，影响消防电梯的运行，甚至使消防电梯停止运行，造成消防救援人员及装备登高困难，贻误灭火战机。

阻止灭火用水进入消防电梯，需要挡水效果好、方便操作，最好的手段是采用某种物质与水混合，当布置在消防电梯口时能够快速凝固，阻止灭火用水进入消防电梯。

三、室内消火栓减压孔板和减压稳压装置拆卸工具

为了利用消防车通过首层室内消火栓向室内消火栓给水系统供水，需要将室内消火栓接口拆除后，再将消火栓减压孔板或减压稳压装置拆卸。目前由于消防救援队伍没有专门的拆卸工具，在灭火战斗中往往影响消防供水。因此，需要制作或向有关厂家购买专门的拆卸工具，使之快速供水。

四、高层建筑防烟楼梯间加压送风机不能运行的情况下，排烟消防车与防烟楼梯间风口之间快速连接的设施

众所周知，高层建筑防烟楼梯间的防烟原理是：防烟楼梯间压力＞消防前室（或合用前室）压力＞走道压力。火灾时只要按照这个原理，防烟楼梯间就会形成一个安全地带，以便于人员安全疏散。如果正压送风机发生故障，需要加压送风时，可以利用排烟消防车通过防烟楼梯间和消防前室（或合用前室）送风加压。其加压的最好方式是利用首层或二、三层距离地面较近的出风口向竖向送风井送风。这种送风方法需要解决排烟消防车风管与建筑物中风口的连接，这需要一种快速连接的设施，实现既能快速连接，又能最大限度地减少漏风量。

五、室外地下式消火栓出口快速转换接口

室外地下式消火栓按照国家有关标准，只有一个快速连接水带的 65mm 接口和一个连接吸水管的丝扣接口。按照每个室外消火栓供水量 10～15L/s 的要求，一个 65mm 的接口是不能满足要求的。如果利用消防车吸水管与地下消火栓连接，操作烦琐，影响火场供水。如果生产一个转换接口，不但操作十分方便，而且还满足供水量 10～15L/s 的要求。

六、手抬消防机动泵吸水管接口与室内消火栓给水系统接口的转换接口

手抬消防机动泵吸水管与消防水箱出水口连接的转换接口。利用手抬消防机动泵从设备层中的消防水箱吸水，一端与消防水箱"手抬消防机动泵接力供水的吸水口"连接，需要制作连接手抬消防机动泵吸水管丝扣连接与消防水箱出水口快速接口连接的接口。

上述接口也可应用于手抬消防机动泵吸水管丝扣连接与室内消火栓快速接口连接的转换接口。

附　表

各类非木结构构件的燃烧性能和耐火极限

序号	构件名称		构件厚度或截面最小尺寸（mm）	耐火极限（h）	燃烧性能
一	**承重墙**				
1	普通黏土砖、硅酸盐砖，混凝土、钢筋混凝土实体墙		120	2.50	不燃性
			180	3.50	不燃性
			240	5.50	不燃性
			370	10.50	不燃性
2	加气混凝土砌块墙		100	2.00	不燃性
3	轻质混凝土砌块、天然石料的墙		120	1.50	不燃性
			240	3.50	不燃性
			370	5.50	不燃性
二	**非承重墙**				
1	普通黏土砖墙	1. 不包括双面抹灰	60	1.50	不燃性
			120	3.00	不燃性
		2. 包括双面抹灰（15mm 厚）	150	4.50	不燃性
			180	5.00	不燃性
			240	8.00	不燃性
2	七孔黏土砖墙（不包括墙中空 120mm）	1. 不包括双面抹灰	120	8.00	不燃性
		2. 包括双面抹灰	140	9.00	不燃性
3	粉煤灰硅酸盐砌块墙		200	4.00	不燃性
4	轻质混凝土墙	1. 加气混凝土砌块墙	75	2.50	不燃性
			100	6.00	不燃性
			200	8.00	不燃性
		2. 钢筋加气混凝土垂直墙板墙	150	3.00	不燃性
		3. 粉煤灰加气混凝土砌块墙	100	3.40	不燃性
		4. 充气混凝土砌块墙	150	7.50	不燃性
5	空心条板隔墙	1. 菱苦土珍珠岩圆孔	80	1.30	不燃性
		2. 炭化石灰圆孔	90	1.75	不燃性

续表

序号	构件名称		构件厚度或截面最小尺寸（mm）	耐火极限（h）	燃烧性能
6	钢筋混凝土大板墙（C20）		60	1.00	不燃性
			120	2.60	不燃性
7	轻质复合隔墙	1. 菱苦土板夹纸蜂窝隔墙，构造（mm）： 2.5 ＋ 50（纸蜂窝）＋ 25	77.5	0.33	难燃性
		2. 水泥刨花复合板隔墙（内空层 60mm）	80	0.75	难燃性
		3. 水泥刨花板龙骨水泥板隔墙，构造（mm）： 12 ＋ 86（空）＋ 12	110	0.50	难燃性
		4. 石棉水泥龙骨石棉水泥板隔墙，构造（mm）： 5 ＋ 80（空）＋ 60	145	0.45	不燃性
8	石膏空心条板隔墙	1. 石膏珍珠岩空心条板，膨胀珍珠岩的密度为（50 ～ 80）kg/m³	60	1.50	不燃性
		2. 石膏珍珠岩空心条板，膨胀珍珠岩的密度为（60 ～ 120）kg/m³	60	1.20	不燃性
		3. 石膏珍珠岩塑料网空心条板，膨胀珍珠岩的密度为（60 ～ 120）kg/m³	60	1.30	不燃性
		4. 石膏珍珠岩双层空心条板，构造（mm）： 60 ＋ 50（空）＋ 60 膨胀珍珠岩的密度为（50 ～ 80）kg/m³ 膨胀珍珠岩的密度为（60 ～ 120）kg/m³	170 170 60	3.75 3.75 1.50	不燃性 不燃性 不燃性
		5. 石膏硅酸盐空心条板	90	2.25	不燃性
		6. 石膏粉煤灰空心条板	60	1.28	不燃性
		7. 增强石膏空心墙板	90	2.50	不燃性
9	石膏龙骨两面钉表右侧材料的隔墙	1. 纤维石膏板，构造（mm）： 10 ＋ 64（空）＋ 10 8.5 ＋ 103（填矿棉，密度为 100kg/m³）＋ 8.5 10 ＋ 90（填矿棉，密度为 100kg/m³）＋ 10	84 120 110	1.35 1.00 1.00	不燃性 不燃性 不燃性
		2. 纸面石膏板，构造（mm）： 11 ＋ 68（填矿棉，密度为 100kg/m³）＋ 11 12 ＋ 80（空）＋ 12 11 ＋ 28（空）＋ 11 ＋ 65（空）＋ 11 ＋ 28（空）＋ 11 9 ＋ 12 ＋ 128（空）＋ 12 ＋ 9 25 ＋ 134（空）＋ 12 ＋ 9 12 ＋ 80（空）＋ 12 ＋ 12 ＋ 80（空）＋ 12	90 104 165 170 180 208	0.75 0.33 1.50 1.20 1.50 1.00	不燃性 不燃性 不燃性 不燃性 不燃性 不燃性
10	木龙骨两面钉表右侧材料的隔墙	1. 石膏板，构造（mm）： 12 ＋ 50（空）＋ 12	74	0.30	难燃性
		2. 纸面玻璃纤维石膏板，构造（mm）： 10 ＋ 55（空）＋ 10	75	0.60	难燃性

续表

序号	构件名称	构件厚度或截面最小尺寸（mm）	耐火极限（h）	燃烧性能
10	木龙骨两面钉表右侧材料的隔墙	3. 纸面纤维石膏板，构造（mm）： 10＋55（空）＋10	75	0.60	难燃性
		4. 钢丝网（板）抹灰，构造（mm）： 15＋50（空）＋15	80	0.85	难燃性
		5. 板条抹灰，构造（mm）： 15＋50（空）＋15	80	0.85	难燃性
		6. 水泥刨花板，构造（mm）： 15＋50（空）＋15	80	0.30	难燃性
		7. 板条抹1∶4石棉水泥隔热灰浆， 构造（mm）：20＋50（空）＋20	90	1.25	难燃性
		8. 苇箔抹灰，构造（mm）： 15＋70＋15	100	0.85	难燃性
11	钢龙骨两面钉表右侧材料的隔墙	1. 纸面石膏板，构造： 20mm＋46mm（空）＋12mm	78	0.33	不燃性
		2×12mm＋70mm（空）＋2×12mm	118	1.20	不燃性
		2×12mm＋70mm（空）＋3×12mm	130	1.25	不燃性
		2×12mm＋75mm（填岩棉，密度为100kg/m³）＋2×12mm	123	1.50	不燃性
		12mm＋75mm（填50mm玻璃棉）＋12mm	99	0.50	不燃性
		2×12mm＋75mm（填50mm玻璃棉）＋2×12mm	123	1.00	不燃性
		3×12mm＋75mm（填50mm玻璃棉）＋3×12mm	147	1.50	不燃性
		12mm＋75mm（空）＋12mm	99	0.52	不燃性
		12mm＋75mm（其中5.0%厚岩棉）＋12mm	99	0.90	不燃性
		15mm＋9.5mm＋75mm＋15mm	123	1.50	不燃性
		2. 复合纸面石膏板，构造（mm）： 10＋55（空）＋10	75	0.60	不燃性
		15＋75（空）＋1.5＋9.5（双层板受火）	101	1.10	不燃性
		3. 耐火纸面石膏板，构造： 12mm＋75mm（其中5.0%厚岩棉）＋12mm	99	1.05	不燃性
		2×12mm＋75mm＋2×12mm	123	1.10	不燃性
		2×15mm＋100mm（其中8.0%厚岩棉）＋15mm	145	1.50	不燃性
		4. 双层石膏板，板内掺纸纤维，构造： 2×12mm＋75mm（空）＋2×12mm	123	1.10	不燃性
		5. 单层石膏板，构造（mm）： 12＋75（空）＋12	99	0.50	不燃性
		12＋75（填50mm厚岩棉，密度为100kg/m³）＋12	99	1.20	不燃性
		6. 双层石膏板，构造： 18mm＋70mm（空）＋18mm	106	1.35	不燃性
		2×12mm＋75mm（空）＋2×12mm	123	1.35	不燃性
		2×12＋75mm（填岩棉，密度为100kg/m³）＋2×12mm	123	2.10	不燃性

序号	构件名称		构件厚度或截面最小尺寸（mm）	耐火极限（h）	燃烧性能
11	钢龙骨两面钉表右侧材料的隔墙	7. 防火石膏板，板内掺玻璃纤维，岩棉密度为60kg/m³，构造：			
		2×12mm＋75mm（空）＋2×12mm	123	1.35	不燃性
		2×12mm＋75mm（填40mm岩棉）＋2×12mm	123	1.60	不燃性
		12mm＋75mm（填50mm岩棉）＋12mm	99	1.20	不燃性
		3×12mm＋75mm（填50mm岩棉）＋3×12mm	147	2.00	不燃性
		4×12mm＋75mm（填50mm岩棉）＋4×12mm	171	3.00	不燃性
		8. 单层玻镁砂光防火板，硅酸铝纤维棉密度为180kg/m³，构造：			
		8mm＋75mm（填硅酸铝纤维棉）＋8mm	91	1.50	不燃性
		10mm＋75mm（填硅酸铝纤维棉）＋10mm	95	2.00	不燃性
		9. 布面石膏板，构造：			
		12mm＋75mm（空）＋12mm	99	0.40	难燃性
		12mm＋75mm（填玻璃棉）＋12mm	99	0.50	难燃性
		2×12mm＋75mm（空）＋2×12mm	123	1.00	难燃性
		2×12mm＋75mm（填玻璃棉）＋2×12mm	123	1.20	难燃性
		10. 矽酸钙板（氧化镁板）填岩棉，岩棉密度为180kg/m³，构造：			
		8mm＋75mm＋8mm	91	1.50	不燃性
		10mm＋75mm＋10mm	95	2.00	不燃性
		11. 硅酸钙板填岩棉，岩棉密度为100kg/m³，构造：			
		8mm＋75mm＋8mm	91	1.00	不燃性
		2×8mm＋75mm＋2×8mm	107	2.00	不燃性
		9mm＋100mm＋9mm	118	1.75	不燃性
		10mm＋100mm＋10mm	120	2.00	不燃性
12	轻钢龙骨两面钉表右侧材料的隔墙	1. 耐火纸面石膏板，构造：			
		3×12mm＋100mm（岩棉）＋2×12mm	160	2.00	不燃性
		3×15mm＋100mm（50mm厚岩棉）＋2×12mm	169	2.95	不燃性
		3×15mm＋100mm（80mm厚岩棉）＋2×15mm	175	2.82	不燃性
		3×15mm＋150mm（100mm厚岩棉）＋3×15mm	240	4.00	不燃性
		9.5mm＋3×12mm＋100mm（空）＋100mm（80mm厚岩棉）＋2×12mm＋9.5mm＋12mm	291	3.00	不燃性
		2. 水泥纤维复合硅酸钙板，构造（mm）4（水泥纤维板）＋52（水泥聚苯乙烯粒）＋4（水泥纤维板）	60	1.20	不燃性
		20（水泥纤维板）＋60（岩棉）＋20（水泥纤维板）	100	2.10	不燃性
		4（水泥纤维板）＋92（岩棉）＋4（水泥纤维板）	100	2.00	不燃性
		3. 单层双面夹矿棉硅酸钙板	100	1.50	不燃性
			90	1.00	不燃性
			140	2.00	不燃性

续表

序号	构件名称		构件厚度或截面 最小尺寸（mm）	耐火极限 （h）	燃烧 性能
12	轻钢龙骨 两面钉表 右侧材料 的隔墙	4. 双层双面夹矿棉硅酸钙板 钢龙骨水泥刨花板，构造（mm）：12＋76（空）＋12 钢龙骨石棉水泥板，构造（mm）：12＋75（空）＋6	100 93	0.45 0.30	难燃性 难燃性
13	两面用强 度等级 32.5# 硅酸 盐水泥， 1:3 水泥 砂浆的抹 面的隔墙	1. 钢丝网架矿棉或聚苯乙烯夹芯板隔墙，构造（mm）： 25（砂浆）＋50（矿棉）＋25（砂浆） 25（砂浆）＋50（聚苯乙烯）＋25（砂浆）	100 100	2.00 1.07	不燃性 难燃性
		2. 钢丝网聚苯乙烯泡沫塑料复合板隔墙，构造（mm）： 23（砂浆）＋54（聚苯乙烯）＋23（砂浆）	100	1.30	难燃性
		3. 钢丝网塑夹芯板（内填自熄性聚苯乙烯泡沫）隔墙	76	1.20	难燃性
		4. 钢丝网架石膏复合墙板，构造（mm）： 15（石膏板）＋50（硅酸盐水泥）＋50（岩棉）＋ 50（硅酸盐水泥）＋15（石膏板）	180	4.00	不燃性
		5. 钢丝网岩棉夹芯复合板	110	2.00	不燃性
		6. 钢丝网架水泥聚苯乙烯夹芯板隔墙，构造（mm）： 35（砂浆）＋50（聚苯乙烯）＋35（砂浆）	120	1.00	难燃性
14	增强石膏轻质板墙 增强石膏轻质内墙板（带孔）		60 90	1.28 2.50	不燃性 不燃性
15	空心轻质 板墙	62mm 孔空心板拼装，两侧抹灰 19mm（砂：碳：水泥 比为 5:1:1）	100	2.00	不燃性
16	混凝土 砌块墙	1. 轻集料小型空心砌块	330×140 330×190	1.98 1.25	不燃性 不燃性
		2. 轻集料（陶粒）混凝土砌块	330×240 330×290	2.92 4.00	不燃性 不燃性
		3. 轻集料小型空心砌块（实体墙体）	330×190	4.00	不燃性
		4. 普通混凝土承重空心砌块	330×140 330×190 330×290	1.65 1.93 4.00	不燃性 不燃性 不燃性
17	纤维增强硅酸钙板轻质复合隔墙		50～100	2.00	不燃性
18	纤维增强水泥加压平板墙		50～100	2.00	不燃性
19	1. 水泥聚苯乙烯粒子复合板（纤维复合）墙		60	1.20	不燃性
	2. 水泥纤维加压板墙		100	2.00	不燃性
20	采用纤维水泥加轻质粗细填充骨料混合浇筑，振动滚压成型玻璃 纤维增强水泥空心板隔墙		60	1.50	不燃性
21	金属岩棉夹芯板隔墙，构造： 双面单层彩钢板，中间填充岩棉（密度为 100kg/m³）		50 80 100 120 150 200	0.30 0.50 0.80 1.00 1.50 2.00	不燃性 不燃性 不燃性 不燃性 不燃性 不燃性

序号	构件名称		构件厚度或截面最小尺寸（mm）	耐火极限（h）	燃烧性能
22	轻质条板隔墙，构造： 双面单层 4mm 硅钙板，中间填充聚苯混凝土		90	1.00	不燃性
			100	1.20	不燃性
			120	1.50	不燃性
23	轻集料混凝土条板隔墙		90	1.50	不燃性
			120	2.00	不燃性
24	灌浆水泥板隔墙，构造（mm）	6＋75（中灌聚苯混凝土）＋6	87	2.00	不燃性
		9＋75（中灌聚苯混凝土）＋9	93	2.50	不燃性
		9＋100（中灌聚苯混凝土）＋9	118	3.00	不燃性
		12＋150（中灌聚苯混凝土）＋12	174	4.00	不燃性
25	双面单层彩钢面玻镁板夹芯板隔墙	1. 内衬一层 5mm 玻镁板，中空	50	0.30	不燃性
		2. 内衬一层 10mm 玻镁板，中空	50	0.50	不燃性
		3. 内衬一层 12mm 玻镁板，中空	50	0.60	不燃性
		4. 内衬一层 5mm 玻镁板，中填容重为 $100kg/m^3$ 的岩棉	50	0.90	不燃性
		5. 内衬一层 5mm 玻镁板，中填铝蜂窝	50	0.60	不燃性
		6. 内衬一层 12mm 玻镁板，中填铝蜂窝	50	0.70	不燃性
26	双面单层彩钢面石膏复合板隔墙	1. 内衬一层 12mm 石膏板，中填纸蜂窝	50	0.70	难燃性
		2. 内衬一层 12mm 石膏板，中填岩棉（$120kg/m^3$）	50	1.00	不燃性
			100	1.50	不燃性
		3. 内衬一层 12mm 石膏板，中空	75	0.70	不燃性
			100	0.90	不燃性
27	钢框架间填充墙、混凝土墙，当钢框架为	1. 用金属网抹灰保护，其厚度为 25mm	—	0.75	不燃性
		2. 用砖砌面或混凝土保护，其厚度为： 60mm	—	2.00	不燃性
		120mm	—	4.00	不燃性
三		柱			
1	钢筋混凝土柱		180×240	1.20	不燃性
			200×200	1.40	不燃性
			200×300	2.50	不燃性
			240×240	2.00	不燃性
			300×300	3.00	不燃性
			200×400	2.70	不燃性
			200×500	3.00	不燃性
			300×500	3.50	不燃性
			370×370	5.00	不燃性
2	普通黏土砖柱		370×370	5.00	不燃性

序号	构件名称		构件厚度或截面最小尺寸（mm）	耐火极限（h）	燃烧性能
3	钢筋混凝土圆柱		直径 300 直径 450	3.00 4.00	不燃性 不燃性
4	有保护层的钢柱，保护层	1. 金属网抹 M5 砂浆，厚度为（mm）： 25 50	— —	0.80 1.30	不燃性 不燃性
		2. 加气混凝土，厚度为（mm）： 40 50 70 80	— — — —	1.00 1.40 2.00 2.33	不燃性 不燃性 不燃性 不燃性
		3.C20 混凝土，厚度为（mm）： 25 50 100	— — —	0.80 2.00 2.85	不燃性 不燃性 不燃性
		4. 普通黏土砖，厚度为（mm）：120	—	2.85	不燃性
		5. 陶粒混凝土，厚度为（mm）：80		3.00	不燃性
		6. 薄涂型钢结构防火涂料，厚度为（mm）： 5.5 7.0	— —	1.00 1.50	不燃性 不燃性
		7. 厚涂型钢结构防火涂料，厚度为（mm）： 15 20 30 40 50	— — — — —	1.00 1.50 2.00 2.50 3.00	不燃性 不燃性 不燃性 不燃性 不燃性
5	有保护层的钢管混凝土圆柱（$\lambda \leqslant 60$），保护层	金属网抹 M5 砂浆，厚度为（mm）： 25 35 45 60 70	$D = 200$	1.00 1.50 2.00 2.50 3.00	不燃性 不燃性 不燃性 不燃性 不燃性
		金属网抹 M5 砂浆，厚度为（mm）： 20 30 35 45 50	$D = 600$	1.00 1.50 2.00 2.50 3.00	不燃性 不燃性 不燃性 不燃性 不燃性

序号		构件名称	构件厚度或截面最小尺寸（mm）	耐火极限（h）	燃烧性能
5	有保护层的钢管混凝土圆柱（λ≤60），保护层	金属网抹M5砂浆，厚度为（mm）： 18 26 32 40 45	D＝1000	1.00 1.50 2.00 2.50 3.00	不燃性 不燃性 不燃性 不燃性 不燃性
		金属网抹M5砂浆，厚度为（mm）： 15 25 30 36 40	D≥1400	1.00 1.50 2.00 2.50 3.00	不燃性 不燃性 不燃性 不燃性 不燃性
		厚涂型钢结构防火涂料，厚度为（mm）： 8 10 14 16 20	D＝200	1.00 1.50 2.00 2.50 3.00	不燃性 不燃性 不燃性 不燃性 不燃性
		厚涂型钢结构防火涂料，厚度为（mm）： 7 9 12 14 16	D＝600	1.00 1.50 2.00 2.50 3.00	不燃性 不燃性 不燃性 不燃性 不燃性
		厚涂型钢结构防火涂料，厚度为（mm）： 6 8 10 12 14	D＝1000	1.00 1.50 2.00 2.50 3.00	不燃性 不燃性 不燃性 不燃性 不燃性
		厚涂型钢结构防火涂料，厚度为（mm）： 5 7 9 10 12	D≥1400	1.00 1.50 2.00 2.50 3.00	不燃性 不燃性 不燃性 不燃性 不燃性
6	有保护层的钢管混凝土方柱、矩形柱（λ≤60），保护层	金属网抹M5砂浆，厚度为（mm）： 40 55 70 80 90	B＝200	1.00 1.50 2.00 2.50 3.00	不燃性 不燃性 不燃性 不燃性 不燃性

序号	构件名称		构件厚度或截面最小尺寸（mm）	耐火极限（h）	燃烧性能
6	有保护层的钢管混凝土方柱、矩形柱（λ≤60），保护层	金属网抹 M5 砂浆，厚度为（mm）： 30 40 55 65 70	B = 600	1.00 1.50 2.00 2.50 3.00	不燃性 不燃性 不燃性 不燃性 不燃性
		金属网抹 M5 砂浆，厚度为（mm）： 25 35 45 55 65	B = 1000	1.00 1.50 2.00 2.50 3.00	不燃性 不燃性 不燃性 不燃性 不燃性
		金属网抹 M5 砂浆，厚度为（mm）： 20 30 40 45 55	B ≥ 1400	1.00 1.50 2.00 2.50 3.00	不燃性 不燃性 不燃性 不燃性 不燃性
		厚涂型钢结构防火涂料，厚度为（mm）： 8 10 14 18 25	B = 200	1.00 1.50 2.00 2.50 3.00	不燃性 不燃性 不燃性 不燃性 不燃性
		厚涂型钢结构防火涂料，厚度为（mm）： 6 8 10 12 15	B = 600	1.00 1.50 2.00 2.50 3.00	不燃性 不燃性 不燃性 不燃性 不燃性
		厚涂型钢结构防火涂料，厚度为（mm）： 5 6 8 10 12	B = 1000	1.00 1.50 2.00 2.50 3.00	不燃性 不燃性 不燃性 不燃性 不燃性
		厚涂型钢结构防火涂料，厚度为（mm）： 4 5 6 8 10	B = 1400	1.00 1.50 2.00 2.50 3.00	不燃性 不燃性 不燃性 不燃性 不燃性

序号	构件名称	构件厚度或截面 最小尺寸（mm）	耐火极限 （h）	燃烧 性能
四	梁			
	简支的钢 筋混凝土 梁	1. 非预应力钢筋，保护层厚度为（mm）：			
		10	—	1.20	不燃性
		20	—	1.75	不燃性
		25	—	2.00	不燃性
		30	—	2.30	不燃性
		40	—	2.90	不燃性
		50	—	3.50	不燃性
		2. 预应力钢筋或高强度钢丝，保护层厚度为（mm）：			
		25	—	1.00	不燃性
		30	—	1.20	不燃性
		40	—	1.50	不燃性
		50	—	2.00	不燃性
		3. 有保护层的钢梁：			
		15mm 厚 LG 防火隔热涂料保护层	—	1.50	不燃性
		20mm 厚 LY 防火隔热涂料保护层	—	2.30	不燃性
五	楼板和屋顶承重构件			
1	非预应力简支钢筋混凝土圆孔空心楼板，保护层厚度为（mm）：			
	10	—	0.90	不燃性
	20	—	1.25	不燃性
	30	—	1.50	不燃性
2	预应力简支钢筋混凝土圆孔空心楼板，保护层厚度为（mm）：			
	10	—	0.40	不燃性
	20	—	0.70	不燃性
	30	—	0.85	不燃性
3	四边简支的钢筋混凝土楼板，保护层厚度为（mm）：			
	10	70	1.40	不燃性
	15	80	1.45	不燃性
	20	80	1.50	不燃性
	30	90	1.85	不燃性
	四边简支的钢筋混凝土楼板，保护层厚度为（mm）：			
	10	70	1.40	不燃性
	15	80	1.45	不燃性
	20	80	1.50	不燃性
	30	90	1.85	不燃性
4	现浇的整体式梁板，保护层厚度为（mm）：			
	10	80	1.40	不燃性
	15	80	1.45	不燃性
	20	80	1.50	不燃性

续表

序号	构件名称		构件厚度或截面最小尺寸（mm）	耐火极限（h）	燃烧性能
4	现浇的整体式梁板，保护层厚度为（mm）：				
	10		90	1.75	不燃性
	20		90	1.85	不燃性
	现浇的整体式梁板，保护层厚度为（mm）：				
	10		100	2.00	不燃性
	15		100	2.00	不燃性
	20		100	2.10	不燃性
	30		100	2.15	不燃性
	现浇的整体式梁板，保护层厚度为（mm）：				
	10		110	2.25	不燃性
	15		110	2.30	不燃性
	20		110	2.30	不燃性
	30		110	2.40	不燃性
	现浇的整体式梁板，保护层厚度为（mm）：				
	10		120	2.50	不燃性
	20		120	2.65	不燃性
5	钢丝网抹灰粉刷的钢梁，保护层厚度为（mm）：				
	10		—	0.50	不燃性
	20		—	1.00	不燃性
	30		—	1.25	不燃性
6	屋面板	1. 钢筋加气混凝土屋面板，保护层厚度为10mm	—	1.25	不燃性
		2. 钢筋充气混凝土屋面板，保护层厚度为10mm	—	1.60	不燃性
		3. 钢筋混凝土方孔屋面板，保护层厚度为10mm	—	1.20	不燃性
		4. 预应力钢筋混凝土槽形屋面板，保护层厚度为10mm	—	0.50	不燃性
		5. 预应力钢筋混凝土槽瓦，保护层厚度为10mm	—	0.50	不燃性
		6. 轻型纤维石膏板屋面板	—	0.60	不燃性
六	吊顶				
1	木吊顶搁栅	1. 钢丝网抹灰	15	0.25	难燃性
		2. 板条抹灰	15	0.25	难燃性
		3. 1：4 水泥石棉浆钢丝网抹灰	20	0.50	难燃性
		4. 1：4 水泥石棉浆板条抹灰	20	0.50	难燃性
		5. 钉氧化镁锯末复合板	13	0.25	难燃性
		6. 钉石膏装饰板	10	0.25	难燃性
		7. 钉平面石膏板	12	0.30	难燃性
		8. 钉纸面石膏板	9.5	0.25	难燃性
		9. 钉双层石膏板（各 8mm 厚）	16	0.45	难燃性
		10. 钉珍珠岩复合石膏板（穿孔板和吸声板各 15mm 厚）	30	0.30	难燃性

序号	构件名称		构件厚度或截面最小尺寸（mm）	耐火极限（h）	燃烧性能
1	木吊顶搁栅	11. 钉矿棉吸声板	—	0.15	难燃性
		12. 钉硬质木屑板	10	0.20	难燃性
2	钢吊顶搁栅	1. 钢丝网（板）抹灰	15	0.25	不燃性
		2. 钉石棉板	10	0.85	不燃性
		3. 钉双层石膏板	10	0.30	不燃性
		4. 挂石棉型硅酸钙板	10	0.30	不燃性
		5. 两侧挂 0.5mm 厚薄钢板，内填密度为 100kg/m³ 的陶瓷棉复合板	40	0.40	不燃性
3	双面单层彩钢面岩棉夹芯板吊顶，中间填密度为 120kg/m³ 的岩棉		50	0.30	不燃性
			100	0.50	不燃性
4	钢龙骨单面钉表右侧材料	1. 防火板，填密度为 100kg/m³ 的岩棉，构造： 9mm + 75mm（岩棉） 12mm + 100mm（岩棉） 2×9mm + 100mm（岩棉）	84 112 118	0.50 0.75 0.90	不燃性 不燃性 不燃性
		2. 纸面石膏板，构造： 12mm + 2mm 填缝料 + 60mm（空） 12mm + 1mm 填缝料 + 12mm + 1mm 填缝料 + 60mm（空）	74 86	0.10 0.40	不燃性 不燃性
		3. 防火纸面石膏板，构造： 12mm + 50mm（填 60kg/m³ 的岩棉） 15mm + 1mm 填缝料 + 15mm + 1mm 填缝料 + 60mm（空）	62 92	0.20 0.50	不燃性 不燃性
七	防火门				
1	木质防火门：木质面板或木质面板内设防火板	1. 门扇内填充珍珠岩 2. 门扇内填充氯化镁、氧化镁			
		丙级	40～50	0.50	难燃性
		乙级	45～50	1.00	难燃性
		甲级	50～90	1.50	难燃性
2	钢木质防火门	1. 木质面板 （1）钢质或钢木质复合门框、木质骨架，迎/背火面一面或两面设防火板，或不设防火板。门扇内填充珍珠岩，或氯化镁、氧化镁 （2）木质门框、木质骨架，迎/背火面一面或两面设防火板或钢板。门扇内填充珍珠岩，或氯化镁、氧化镁 2. 钢质面板 钢质或钢木质复合门框、钢质或木质骨架，迎/背火面一面或两面设防火板，或不设防火板。门扇内填充珍珠岩，或氯化镁、氧化镁			
		丙级	40～50	0.50	难燃性
		乙级	45～50	1.00	难燃性
		甲级	50～90	1.50	难燃性

序号	构件名称		构件厚度或截面最小尺寸（mm）	耐火极限（h）	燃烧性能
3	钢质防火门	钢质门框、钢质面板、钢质骨架。迎／背火面一面或两面设防火板，或不设防火板。门扇内填充珍珠岩或氯化镁、氧化镁			不燃性
		丙级	40～50	0.50	不燃性
		乙级	45～50	1.00	不燃性
		甲级	50～90	1.50	不燃性
八	防火窗				
1	钢质防火窗	窗框钢质，窗扇钢质，窗框填充水泥砂浆，窗扇内填充珍珠岩，或氧化镁、氯化镁，或防火板。复合防火玻璃	25～30	1.00	不燃性
			30～38	1.50	不燃性
2	木质防火窗	窗框、窗扇均为木质，或均为防火板和木质复合。窗框无填充材料，窗扇迎／背火面外设防火板和木质面板，或为阻燃实木。复合防火玻璃	25～30	1.00	难燃性
			30～38	1.50	难燃性
3	钢木复合防火窗	窗框钢质，窗扇木质，窗框填充采用水泥砂浆，窗扇迎背火面外设防火板和木质面板，或为阻燃实木。复合防火玻璃	25～30	1.00	难燃性
			30～38	1.50	难燃性
九	防火卷帘				
1	钢质普通型防火卷帘（帘板为单层）			1.50～3.00	不燃性
2	钢质复合型防火卷帘（帘板为双层）			2.00～4.00	不燃性
3	无机复合防火卷帘（采用多种无机材料复合而成）			3.00～4.00	不燃性
4	无机复合轻质防火卷帘（双层，不需要水幕保护）			4.00	不燃性

注：1. λ 为钢管混凝土构件长细比，对于圆钢管混凝土，$\lambda = 4L/D$；对于方、矩形钢管混凝土，$\lambda = 2\sqrt{3}L/B$；L 为构件的计算长度。

2. 对于矩形钢管混凝土柱，B 为截面短边边长。

3. 钢管混凝土柱的耐火极限根据福州大学土木建筑工程学院提供的理论计算值，未经逐个试验验证。

4. 确定墙的耐火极限不考虑墙上有无洞孔。

5. 墙的总厚度包括抹灰粉刷层。

6. 中间尺寸的构件，其耐火极限建议经试验确定，亦可按插入法计算。

7. 计算保护层时，应包括抹灰粉刷层在内。

8. 现浇的无梁楼板按简支板的数据采用。

9. 无防火保护层的钢梁、钢柱、钢楼板和钢屋架，其耐火极限可按 0.25h 确定。

10. 人孔盖板的耐火极限可参照防火门确定。

11. 防火门和防火窗中的"木质"均为经阻燃处理。

后 记

    2022 年 10 月，山东省消防救援总队战训处领导与我通电话，告知总队将在 11 月举办全省基层消防救援站和支队指挥员学习班，希望我在学习班上对"建筑消防设施及灭火救援中的实战应用"进行授课。

    作为共和国第一届具有全日制消防专业学历的毕业生，经历了中队指挥员、消防监督检查参谋、建筑防火设计审核参谋、建审科副科长、监督指导科科长、防火监督处处长、消防支队副支队长、消防支队支队长、消防总队防火监督部部长等职。在从事消防工作的几十年里，我的消防专业知识得到了很大的提高，1998 年被上级组织任命为"建筑防火设计审核"高级工程师，2009~2019 年被原中国人民武装警察部队学院连续三届聘请为"消防指挥学专业硕士研究生"兼职指导教师。

    在任副支队长分管司令部工作和担任支队长负责支队全面工作的十几年里，体会到消防队伍中防火工作和灭火工作不但在形式上分为司令部和防火部，在工作中也没有很好的融和，导致防消分家。在担任副支队长分管司令部工作期间，支队举办基层指挥员业务培训班，我在培训班上作了主要内容为"消防电梯的应用、消防队员被困在消防电梯内的自救及外部救助"和"建筑室内消火栓给水系统在实战中的应用"等的分享。课后，同志们与我交谈说收获很大，有的同志甚至说在高层建筑中根本不会辨别哪些是普通电梯，哪些是消防电梯，更别说如何使用了；在火灾扑救中，没有使用室内消火栓给水系统的意识。根据这些情况，在担任副支队长分管司令部工作和担任支队长负责全面工作中，我注重了防火和灭火工作的融合。

    由于多年从事建筑设计防火设计审核和消防监督检查工作，我对国家消防技术标准（规范）涉及的建筑构造和建筑消防设施的设置要求，以及在灭火救援中的作用理解得较深较透。可以总结为一句话：国家消防技术标准（规范）中规定的建筑防火构造、耐火等级、防火分区、各类消防设施（系统）等，基本上是提供给消防救援人员"控制火灾和消灭火灾"的基础要素。火场指挥员只有将这些基础要素掌握并在灭火组织指挥中结合火灾现场实际情况，充分发挥它们的"阻止火势蔓延和快速供水"作用等，就会将火灾控制在一定范围（至少控制在防火分区内），减少火灾损失，取得灭火战斗的胜利，而不会造成整幢建筑物全部过火。如果火场指挥员掌握建筑物的耐火等级，就可以根据建筑构件的耐火极限，估算建筑物在火灾情况下的坍塌时间，从而保护消防救援人员的人身安全。

2022 年 11 月，在山东省消防救援总队基层消防救援站和支队指挥员学习班上，我以"建筑消防设施及在灭火救援中的实战应用"进行了授课。课后总队又以视频的形式在全省范围内播放。本以为是一次正常的业务交流，但课后反响很大。有很多同志通过电话（由于我的电话是总队机关的号段）与我进行交流，询问了很多建筑构造和建筑消防设施应用方面的问题。通过与同志们交流，反思同志们提出的问题和山东省消防救援总队战训处领导对学习班授课内容的设置，认识到目前消防救援队伍中，亟须建筑构造和消防设施在灭火救援实战中应用的业务知识，决定以文字形式将多年来总结归纳的经验向全国消防救援队伍的指挥员进行分享。

为防止冲突，通过网上查询，我发现竟然没有系统介绍国家消防技术标准中规定的建筑防火要求与灭火救援实战结合的论述。

怀着一名消防老兵对消防事业的情结，我将多年来积累的消防实战经验进行归纳，特别是防与消的深度融合，以期同行们应用在灭火救援实战中，减少火灾造成的危害。